Leitfaden des Baubetriebs und der Bauwirtschaft

Herausgegeben von
Fritz Berner
Bernd Kochendörfer

Der Leitfaden des Baubetriebs und der Bauwirtschaft will die in Praxis, Lehre und For-schung als Querschnitts-Funktionen angelegten Felder – von der Verfahrenstechnik über die Kalkulation bis hin zum Vertrags- und Projektmanagement – in einheitlich konzipier-ten und inhaltlich zusammenhängenden Darstellungen erschließen. Die Reihe möchte alle an der Planung, dem Bau und dem Betrieb von baulichen Anlagen Beteiligten, vom Stu-dierenden über den Planer bis hin zum Bauleiter ansprechen. Auch der konstruierende Ingenieur, der schon im Entwurf über das anzuwendende Bauverfahren und damit auch über die Wirtschaftlichkeit und die Risiken bestimmt, soll in dieser Buchreihe praxisori-entierte und methodisch abgesicherte Arbeitshilfen finden.

Herausgegeben von
Fritz Berner
Bernd Kochendörfer

Horst König
Herausgeber

Maschinen im Baubetrieb

Grundlagen und Anwendung

4., aktualisierte Auflage

 Springer Vieweg

Herausgeber

Horst König
Augsburg, Deutschland

ISSN 1615-6013
ISBN 978-3-658-03288-3   ISBN 978-3-658-03289-0 (eBook)
DOI 10.1007/978-3-658-03289-0

Die Deutsche Nationalbibliothek verzeichnet diese Publikation in der Deutschen Nationalbibliografie; detaillierte bibliografische Daten sind im Internet über http://dnb.d-nb.de abrufbar.

Springer Vieweg
© Springer Fachmedien Wiesbaden 2014

Lektorat: Karina Danulat, Annette Prenzer

Gedruckt auf säurefreiem und chlorfrei gebleichtem Papier.

Springer Vieweg ist eine Marke von Springer DE. Springer DE ist Teil der Fachverlagsgruppe Springer Science+Business Media
www.springer-vieweg.de

Vorwort zur 4. Auflage

Die Baumaschinen bestimmen das Bild heutiger moderner Baustellen. Sie sind die Grundlage für wirtschaftliches und qualitätsgerechtes Arbeiten am Bau.

Die Zielsetzung auch der 4. Auflage ist, über den Aufbau und die Anwendungsmöglichkeiten der im Baubetrieb verwendeten Maschinen zu informieren. Der Inhalt des Buches ermöglicht eine aktuelle und umfassende Orientierung über Baumaschinen für Bauingenieure, Architekten, Bautechniker, Studierende im Bauwesen und Baupraktiker. Trotz des hohen technischen Niveaus und der hohen Zuverlässigkeit der heutigen Baumaschinen ist für die vorher genannten Berufe die Kenntnis über Einsatzmöglichkeit und Funktion unerlässlich.

Es werden auch Maschinen beschrieben, die in Verbindung mit Bauverfahren eingesetzt werden. Wie bereits in den vorhergehenden Auflagen wurden technische Fortschritte und Verbesserungen an Baumaschinen und deren Ausrüstung neu aufgenommen und ergänzt.

Zu erwähnen ist die Überarbeitung und Erweiterung der Zusatzgeräte und Arbeitseinrichtungen für Hydraulikbagger. Außerdem werden die Möglichkeiten der Bodenverdichtung mit Walzenzügen und die Verdichtung mit Vibrationsplatten als Anbaugeräte erweitert dargestellt.

Neu aufgenommen wurde die grabenlose Verlegung von Rohrsträngen im hydraulischen Rohrschiebeverfahren zur Unterquerung von Flüssen, Bauwerken und schwer zugänglicher Bereiche.

In dem Buch werden die Baumaschinen auf dem heutigen technischen Stand so dargestellt und beschrieben, dass eine breite Kenntnis über Funktion und Einsatzmöglichkeit vermittelt wird.

Augsburg, Mai 2014   Horst König

Inhaltsverzeichnis

Entwicklung der Baumaschinen in den letzten 70 Jahren

Die Entwicklung der in diesem Buch dargestellten Baugeräte bzw. Gerätegruppen seit Ende des Krieges 1945 soll hier kurz beschrieben werden.

Die **Betonherstellung** erfolgte stets vor Ort mit handbedienten Baustellenmisch- und Wiegeanlagen verschiedener Größe, die dem Leistungsbedarf angepasst wurden. Anfang der 60er Jahre entstanden die ersten stationären Transportbetonanlagen mit Fahrmischer-Betrieb, die heute die Baustellen flächendeckend versorgen. Für das Einbringen des Betons in Schalungen mit **Betonpumpen** gab es Geräte mit mechanischen Antrieben und mechanischer Schiebersteuerung mit Leistungen von ca. 30 m Höhe bzw. 150 m horizontaler Weite. In den 70er Jahren wurde die vollhydraulische Doppelkolbenpumpe entwickelt, die heute Förderhöhen von über 600 m bzw. Weiten bis 1500 m überwindet.

Bei den **Turmdrehkranen** ist die Entwicklung des selbstaufstellenden, schnell umsetzbaren Turmdrehkranes mit teleskopierbarem Turm und Kurvenfahrwerk in den 50er Jahren bemerkenswert. Ihm folgten die Kletterkrane in den 60er und 70er Jahren bis zu den Baukasten-Kransystemen mit Funkfernsteuerungen und elektronisch programmierbaren Kransteuersystemen mit maximalen Lastmomenten bis 5000 mt heute.

Ende der 60er, Anfang der 70er Jahre leitete der dieselelektrische und diesel-hydraulische **Autokran** mit Teleskopausleger einen Wandel ein. Es war jetzt möglich, große Lasten schnell und gefahrlos zu bewegen, was besonders bei Montagen und im Fertigteilbau neue Möglichkeiten schaffte. Autokrane werden heute bis 500 t Traglast hergestellt.

Bei den **Erdbaugeräten** ist besonders die Entwicklung des Hydraulikbaggers zu erwähnen, der den Seilbagger, der in den 50er Jahren im Erdbau eine dominierende Rolle spielte, in den 60er Jahren weitgehend ablöste. Andere Erdbaugeräte wie Planierraupen, Radlader, Grader und Scraper wurden nach dem 2. Weltkrieg stetig verbessert durch die Anwendung von hydrostatischen und hydrodynamischen Fahrantrieben sowie die Verwendung von leistungsfähigeren und umweltfreundlicheren Dieselmotoren bis hin zum Einbau von elektronischen Steuerungssystemen in den 80er Jahren. Je nach Bedarf werden heute Maschinen und Anlagen mit programmierbaren oder laser- und satellitengestützten Steuerungssystemen betrieben. Dies ermöglicht vorgegebene Bewegungs- und Arbeitsabläufe

H. König (Hrsg.), *Maschinen im Baubetrieb*, Leitfaden des Baubetriebs und der Bauwirtschaft, 1
DOI 10.1007/978-3-658-03289-0_1, © Springer Fachmedien Wiesbaden 2014

abzurufen. Gleichzeitig geben Diagnosesysteme einen Überblick über alle wichtigen Maschinendaten.

Zu erwähnen wären noch Fortschritte im Umweltbereich und bei der Bedienung von Baumaschinen. Dazu gehören die Lärmminderung und sparsamer Energieverbrauch bei Dieselmotoren und sonstigen Antriebsaggregaten.

Im Bedienbereich überwiegen klimatisierte und lärmgeschützte Fahrerkabinen mit Überrollschutz sowie ergonomisch gestaltete Fahrersitze und Bedieneinrichtungen.

Bei der **Bodenverdichtung** kam es in den 60er Jahren zum Einsatz der ersten Vibrationswalzen, die die bis dahin vorherrschenden statischen Walzen ablösten. Flächenrüttler für die Bodenverdichtung wurden bereits in den 50er Jahren verwendet.

Im **bituminösen Straßenbau** wurden in den 50er und 60er Jahren hauptsächlich fahrbare, schnell umsetzbare Asphaltanlagen eingesetzt. Die Bedienung erfolgte von Hand, der Betrieb war sehr personalintensiv. Infolge der Einführung der elektronischen Steuerungen und der Umweltauflagen in den 70er Jahren wurden dann überwiegend stationäre Anlagen installiert. Die elektronische Steuerung ermöglicht heute die Bedienung durch nur einen Mann.

Bei den **Schwarzdeckenfertigern** sind seit den 70er Jahren hydraulische Ausziehbohlen bis zu einer Arbeitsbreite von ca. 5 m und Normalbohlen bis zu einer Gesamtarbeitsbreite von 12 m üblich. Die Einführung der Hochverdichtungsbohlen in den 80er Jahren erspart heute weitgehend eine nachfolgende Verdichtung mit Walzen. Die Entwicklung leistungsfähiger Asphaltfräsen und Recyclinganlagen hat, ebenfalls in den 80er Jahren, die Wiederverwertung von Altasphalt möglich gemacht. In den letzten Jahren werden immer mehr Verfahren zur Erneuerung und Stabilisierung von Fahrbahndecken durch Auffräsen, Aufmischen, Zugabe von Bindemittel und sofortigen Wiedereinbau angewendet.

Im **Betondeckenbau** hat der Gleitschalungsfertiger in den 70er Jahren die bis dahin übliche Bauweise mit Fertigern auf Schalungsschienen abgelöst.

Bei den **Wasserpumpen** sind die Tauchmotorpumpen seit den 60er Jahren für alle Förderbereiche im Baubetrieb vorherrschend. Vorher wurden selbstansaugende Kreiselpumpen verwendet.

In den 70er Jahren hat der **Schraubenkompressor** den bis dahin üblichen Kolbenkompressor ersetzt. Aus Umweltgründen wurden der schallgedämmte Kompressor und der schallgedämmte Drucklufthammer entwickelt.

Im **Kanalbau** hat das Verbauplatten-System in den 70er Jahren die bis dahin übliche konventionelle Grabenschaltechnik mit Holzverbau abgelöst.

In der **Rammtechnik** hat sich seit den 70er Jahren die Vibrationsramme durchgesetzt. Die in den 50er und 60er Jahren verwendeten Dieselrammen und Schnellschlaghämmer werden nur noch für die Pfahlrammung verwendet.

Zur Herstellung von **Bohrungen für Pfähle** bei nichtstandfesten Böden wurden Verrohrungseinrichtungen schon in den 50er Jahren entwickelt. Die Geräte waren auf Schlittenrahmen aufgebaut und daher unbeweglich. In den 60er Jahren wurde die Verrohrungseinrichtung als Anbaugerät für Seilbagger angeboten, wodurch die Beweglichkeit verbessert wurde. Der Seilbagger war mit einem Bohrgreifer ausgerüstet. Einen weiteren Fortschritt brachten in den 80er Jahren die Verrohrungseinrichtung und die Bohreinrichtung als Anbaugerät am Hydraulikbagger, die über die Bordhydraulik angetrieben wurden. Die ersten suspensionsgestützten **Schlitzwände** wurden in der 50er Jahren hergestellt. Fortschritte brachte die Verbesserung der Schlitzwandgreifer in den 60er Jahren, die in den 80er Jahren zum hydraulischen Schlitzwandgreifer und zur Schlitzwandfräse weiter entwickelt wurden, die erst durch die Möglichkeiten der Hydrauliksysteme und der hydraulischen Feststofffförderpumpen realisierbar waren.

Im **Tunnelbau** haben besonders der U-Bahnbau und der Schnellbahnbau nach dem 2. Weltkrieg die Entwicklung vorangetrieben. Während früher die Schächte im Handvortrieb und Holzverbau aufgefahren wurden, diente in den 60er Jahren der Rohrvortrieb als Schutz für den Abbau und die Stützung des Gebirges. Es folgten Voll- und Teilschnittmaschinen mit der Hohlraumsicherung durch Beton- oder Stahltübbings bis hin zur hydraulischen Ortsbruststützung (Hydraulik-Schild). In den 80er Jahren wurden die Tunnel der DB-Schnellbaustrecken überwiegend nach der „Neuen Österreichischen Tunnelbauweise" NÖT aufgefahren, deren Gewölbesicherung durch Stahlbögen, Stahlmatten und Spritzbeton und anschließender Ausbetonierung der Tunnelröhre mit einem Schalwagen erfolgt.

2.1 Inhalt

Die Baugeräteliste gibt einen Überblick über alle im Baubetrieb üblichen Maschinen. Sie erscheint etwa alle 10 Jahre im Bauverlag. Die z. Zt. gültige Ausgabe ist von 2007. Für die einzelnen Maschinen können ihr die wichtigsten technischen und wirtschaftlichen Daten entnommen werden.

Die in der BGL verwendeten Begriffe „Maschinen" und „Geräte" sind, bezogen auf den Baubereich, in ihrer Anwendung nicht eindeutig zu trennen. Verwendet werden meist die in der Praxis üblichen Begriffsformulierungen.

Allgemein gilt: Maschinen sind aus beweglichen Teilen zusammengesetzte Vorrichtungen, die das Ziel haben, Arbeit umzusetzen. Sie sind als eigenständige Einheit funktionsfähig.

Geräte werden dagegen als Oberbegriff für alle möglichen Gegenstände verwendet, mit denen etwas bearbeitet oder bewirkt werden kann. Insofern kann der Begriff Gerät auch sinnverwandt mit Maschine verwendet werden.

Die BGL ist unterteilt in 24 alphabetisch geordnete Geräte-Hauptgruppen:

A Geräte zur Materialaufbereitung
B Geräte zur Herstellung, zum Transport und zur Verteilung von Beton, Mörtel und Putz
C Hebezeuge
D Geräte für Erdbewegung und Bodenverdichtung
E Straßenbaugeräte
F Gleisoberbaugeräte
G Schwimmende Geräte
H Geräte für Tunnel- und Stollenbau
J Ramm- und Ziehgeräte, Geräte für Injektionsarbeiten
K Bohrgeräte, Schlitzwandgeräte
L Geräte für horizontalen Rohrvortrieb und Geräte für Pipelinebau

H. König (Hrsg.), *Maschinen im Baubetrieb*, Leitfaden des Baubetriebs und der Bauwirtschaft,
DOI 10.1007/978-3-658-03289-0_2, © Springer Fachmedien Wiesbaden 2014

M Geräte und Anlagen zur Dekontamination und zum Umweltschutz

P Transportfahrzeuge

Q Druckluftgeräte, Druckluftwerkzeuge

R Geräte zur Energieerzeugung, Energieumwandlung und Energieverteilung

S Hydraulikzylinder und Hydraulikaggregate

T Kreisel- und Kolbenpumpen, Rohrleitungen

U Schalungen und Rüstungen

W Maschinen und Geräte für Werkstattbetrieb

X Baustellenunterkünfte, Container

Y Vermessungsgeräte, Laborgeräte, Büromaschinen, Kommunikationsgeräte

2.2 Erläuterung der wichtigsten Daten am Beispiel eines Radladers

BGL-Nummer Gliederung der BGL-Nummer am Beispiel Radlader D.3.10.0020.AA (s. auch Abb. 2.1)

D.3 Ladegeräte

➔ **D.3.1**   **Frontlader mit Reifenfahrwerk**

	Nutzungsjahre	Vorhaltemonate	Monatlicher Satz für Abschreibung und Verzinsung	Monatlicher Satz für Reparaturkosten
D.3.10	4	35–30	3,2%–3,8%	2,7%

R

D.3.10   **Frontlader – Radlader –**   BGL 1991-Nr. 3330
RADLADER

Standardausrüstung:
Grundgerät mit Allradantrieb, mit hydrostatischem Antrieb oder Drehmomentenwandler, mit Lastschaltgetriebe, Kabine, Standardschaufel.
Bis Nr. 0070:   Mit Schnellwechseleinrichtung.
Mit: Standardbereifung.
Kenngröße: Motorleistung (kW).

Nr.	Motorleistung kW	Schaufelinhalt nach CECE m³	Reifengröße	Gewicht kg	Mittlerer Neuwert Euro	Monatliche Reparaturkosten Euro	Monatlicher Abschreibungs- und Verzinsungsbetrag von Euro	bis
D.3.10.0020	20	0,34	10.5–18	2500	38 700,00	1 040,00	1 240,00	1 470,00
D.3.10.0030	30	0,60	12.5–18	4000	47 600,00	1 290,00	1 520,00	1 810,00
D.3.10.0040	40	0,70	12.5–18	4500	51 600,00	1 390,00	1 650,00	1 960,00
D.3.10.0045	45	0,80	335/80 R20	5000	55 500,00	1 500,00	1 780,00	2 110,00
D.3.10.0050	50	1,00	365/80 R20	6000	58 300,00	1 570,00	1 870,00	2 220,00
D.3.10.0060	60	1,20	15.5 R26	6500	70 000,00	1 890,00	2 240,00	2 660,00
D.3.10.0070	70	1,40	17.5 R25	8000	91 600,00	2 470,00	2 930,00	3 480,00
D.3.10.0080	80	1,80	17.5 R25 XT	9500	106 000,00	2 860,00	3 390,00	4 030,00
D.3.10.0090	90	2,00	20.5 R25	11 500	129 000,00	3 480,00	4 130,00	4 900,00

Abb. 2.1 Auszug aus der Baugeräteliste 2007, Bauverlag Wiesbaden

D   Geräte-Hauptgruppe (Geräte für Erdbewegung)
D.3   Gerätegruppe (Ladegeräte)
D.3.10   Frontlader-Radlader (Geräteart)
D.3.10.0020   Kenngröße (Gerätegröße) 20 kW
D.3.10.0020.AA Zusatzausrüstung (z. B. Schnellwechseleinrichtung)

Kenngröße Die Kenngröße dient zur Kennzeichnung einer Gerätegröße innerhalb einer Geräteart, auch technische Kenngröße genannt. Beim Radlader ist die Kenngröße die Motorleistung in kW.

Mittlerer Neuwert Der mittlere Neuwert ist ein Mittelwert der Listenpreise der gebräuchlichen Fabrikate einschließlich Fracht, Verpackung und Inbetriebnahme des Neugerätes.

Monatliche Reparaturkosten Die Reparaturkosten sind Durchschnittswerte für die Erhaltung und Wiederherstellung der Betriebsbereitschaft von Geräten. Dazu zählen Löhne, Ersatzteile und Verschleißteile, jedoch nicht die Aufwendungen für Wartung und Pflege. Sie werden in Prozent vom mittleren Neuwert pro Monat angegeben.

Monatliche Abschreibung und Verzinsung Die monatliche Abschreibung und Verzinsung des eingesetzten Kapitals für Geräte erfolgt in Prozent vom mittleren Neuwert. Es werden Von-Bis-Werte angegeben, um Fälle zu berücksichtigen, die vom Durchschnitt abweichen. Der Prozentsatz errechnet sich aus den Nutzungsjahren und Vorhaltemonaten unter Einbeziehung eines kalkulatorischen Zinssatzes von 6,5 %. Die Nutzungsjahre entsprechen den amtlichen, steuerlichen Vorgaben für die Abschreibung von Geräten im Baugewerbe. Vorhaltemonate sind praktische Erfahrungswerte der Zeiten, die das Gerät während der Nutzungsjahre tatsächlich im Einsatz ist. Weitere Daten am Beispiel des Radladers sind das Gewicht, die Reifengröße und der Schaufelinhalt.

2.3   Wesentliche Anwendungsbereiche der BGL

- Die BGL bildet die Grundlage für die Organisation und Disposition für die Maschinenverwaltungen in Bauunternehmungen.
- Die BGL-Daten sind die Basis für die Verrechnung von Vorhalte- und Reparaturkosten, innerbetrieblich sowie beim Verleih an Arbeitsgemeinschaften und an Fremde.
- Mit den BGL-Daten können Wirtschaftlichkeitsvergleiche (Soll-Ist) für die Gerätenutzung und die Reparaturaufwendungen sowohl für Einzelgeräte als auch Gerätgruppen durchgeführt werden.
- Die BGL-Werte bilden die Grundlage für die Gerätkosten bei der Kalkulation.
- Die BGL-Werte können als Grundlage für die Zeitwertbestimmung herangezogen werden (z. B. bei Versichungsschäden).

Geräte zur Betonherstellung und Betonverteilung 3

3.1 Allgemeines

Die Bundesrepublik Deutschland ist flächendeckend mit Transportbeton-Anlagen und den dazugehörigen Fahrmischern für die Herstellung und Lieferung von Qualitätsbeton versorgt. Bei normalen Baustellen besteht daher keine Notwendigkeit, eine Betonmischanlage aufzubauen. Ausnahmen bilden Großbaustellen, wie Kraftwerke, Flughäfen sowie der Autobahnbau, für die in der Regel große Leistungen verlangt werden.

In der DIN EN 206 „Beton und Stahlbeton, Bemessung und Ausführung" sind die Normen, Vorschriften und Richtlinien für die Herstellung von Qualitätsbeton festgelegt. Diese Vorschriften bedingen entsprechende Dosier, Mess- und Mischsysteme in den Betonanlagen.

Wesentliche Anforderungen sind:

- Zuschlagstoffverwiegung auf 3 % Genauigkeit,
- Zementverwiegung auf 3 % Genauigkeit,
- Wasserverwiegung oder Dosierung auf 3 % Genauigkeit, wobei die Oberflächenfeuchte der Körnungen und die Sandfeuchtigkeit zu berücksichtigen sind,
- Mischzeit im Zwangsmischer nach Zugabe des Wassers mindestens 30 s.

Zwischenzeitlich haben sich alle Hersteller von Neuanlagen auf die Anforderungen der DIN eingestellt und erfüllen damit die eben beschriebenen Auflagen für die Herstellung von Qualitätsbeton.

H. König (Hrsg.), *Maschinen im Baubetrieb*, Leitfaden des Baubetriebs und der Bauwirtschaft, 9
DOI 10.1007/978-3-658-03289-0_3, © Springer Fachmedien Wiesbaden 2014

3.2 Betonmischanlagen

3.2.1 Mischsysteme

Vom Mischsystem her werden Freifall- und Zwangsmischer unterschieden (s. Abb. 3.1).

3.2.1.1 Freifallmischer

Freifallmischer bestehen aus einer sich drehenden Mischtrommel mit eingebauten Misch-
und Leitblechen. Füllen und Entleeren kann durch Drehrichtungsänderung (Umkehr-
trommel) oder Kippen der Trommel (Kipptrommel) erfolgen. Freifallmischer kommen
heute fast nur noch als Kleinmischer für geringe Betonmengen zum Einsatz. Auch Fahrmischer sind in dieser Gruppe einzuordnen.

3.2.1.2 Zwangsmischer

Mischergrößen und Mischerleistungen der für die Qualitätsbetonherstellung meist verwendeten Maschinen zeigt Abb. 3.2.

Die Mischergrößen werden nach dem Trog- bzw. Tellerinhalt meist mit zwei Werten
angegeben, z. B.:

$$1500/2250\,l$$

Festbeton/lose Masse

Dies bedeutet: Ein Mischer für 1500 l Festbeton hat ein Fassungsvermögen für eine lose
Zuschlagstoffmasse von 2250 l.

Der Tellerzwangsmischer durchmischt die Zuschlagstoffe durch zwangsweises Drehen
der Mischwerkzeuge, bei manchen Typen durch Drehen des Mischtellers bei stehenden

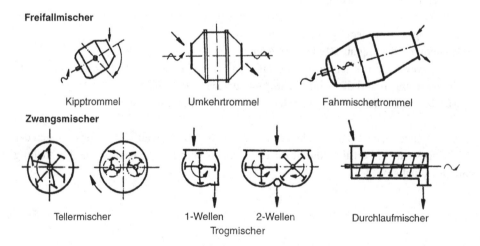

Abb. 3.1 Mischsysteme

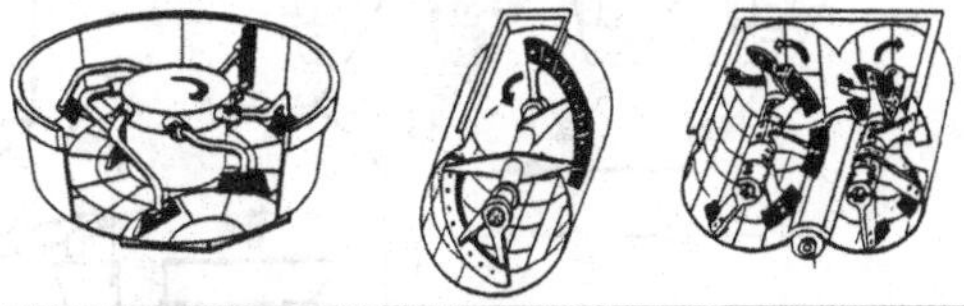

	Tellermischer	Trogmischer 1-Wellen	Trogmischer 2-Wellen
– Max. Mischergrößen, Festbeton (m³)	3 m³	3 m³	4 m³
– Max. Leistung Festbeton (m³/h) bei einer Nassmischzeit von 30 s	120 m³/h	120 m³/h	150 m³/h
– Max. Korngröße (mm)	64 mm	150 mm	190 mm

Abb. 3.2 Maximale Leistung von Zwangsmischern [42]

Mischwerkzeugen. Tellerzwangsmischer können auch mit Wirblern (schnelllaufende zusätzliche Mischflügel-Einheit) ausgerüstet werden. Der Vorteil ist eine noch intensivere Durchmischung und damit Verringerung der Mischzeit. Anwendung finden sie hauptsächlich in der Betonwaren- und Betonsteinindustrie oder bei schwer mischbaren Stoffen wie Staub und in der chemischen Industrie.

Trogzwangsmischer werden in Einwellen- und Zweiwellenausführung hergestellt. Hauptanwendungsgebiete für Trogmischer sind der Einsatz in Beton-Mischtürmen und Asphaltmischanlagen.

Durchlaufmischer sind bei der Betonherstellung meist Zweiwellen-Zwangsmischer. Dabei werden die Zuschlagstoffe auf der einen Seite aufgegeben, durchlaufen aufgrund der Schrägstellung der Mischschaufeln unter Zugabe von Wasser den Mischer und werden am anderen Ende ausgetragen. Durch den kontinuierlichen Durchlauf können hohe Leistungen erzielt werden. Durchlaufmischer werden überwiegend für die Herstellung von HGT (hydraulisch gebundene Tragschichten) oder sonstige nicht qualitätsgebundene Mischprozesse verwendet. Nur in wenigen Fällen ist der Durchlaufmischer durch vorherige Umbauten für Qualitätsbeton geeignet.

3.2.2 Fließschema einer Betonmischanlage

Abbildung 3.3 stellt den Materialfluss der Hauptgerätegruppen, wie sie in jeder Betonmischanlage für Qualitätsbeton vorhanden sein müssen, dar.

3.2.3 Grundtypen der Betonmischanlagen

Die Hersteller unterscheiden zwischen Vertikal- und Horizontalanlagen.

Vertikalanlagen sind in der Regel Mischtürme (s. Abb. 3.4), deren Materialvorrat über der Wiegeeinrichtung und über der Mischmaschine angeordnet ist.

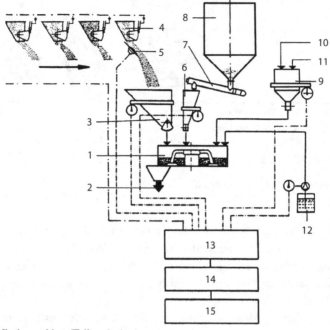

1 Mischmaschine (Tellermischer)
2 Frischbeton
3 Zuschlagstoffwaage
4 Zuschlagstoffdosierung   8 Zementsilo   12 Zusatzmitteldosierung
5 Sandfeuchtemessung   9 Wasserwaage   13 Dosiersteuerung
6 Zementwaage   10 Frischwasser   14 Prozeßsteuerung
7 Zementschnecke   11 Schmutzwasser   15 Leistungsteil

Abb. 3.3 Fließschema einer Betonmischanlage

Theoretische Leistung: ca. 130 m^3/h maximal
Einsatzbereiche: Transportbetonwerke, Fertigteilwerke
Aktive Zuschlagstofflagerung: 100 bis 875 m^3

Bei der Zuschlagstofflagerung werden die Silodurchmesser und die Silohöhen meist für den 1- bis 1,5fachen Tagesbedarf ausgelegt.

Horizontalanlagen (s. Abb. 3.5 und 3.6) sind Anlagen, deren Materialvorrat in Rundsilos, Taschensilos oder Reihensilos gelagert wird. Die Verwiegung aus den Silos erfolgt meist in dem Mischeraufzugskübel, der als Waage dient. Die Zuschlagstoffe gelangen dann über die Aufzugsbahn in den Mischer.

Bei der Verwiegung aus Reihensilos wird das Sammelband unter den Doseuren als Waage (Wiegeband) verwendet. Nach der Verwiegung werden die Zuschlagstoffe in den Aufzugskübel übergeben und gelangen so in den Mischer.

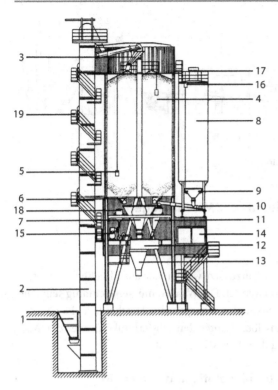

Aufbau eines Betonturms

1 Aufgabetrichter für die Beschickung des Silos mit Abdeckrost
2 Gurtbecherwerk
3 Drehverteiler zur Verteilung der Zuschläge in die Silokammern
4 Mehrkammersilo für Zuschläge
5 Füllstandsanzeiger zur Überwachung des Zuschlag-siloinhaltes
6 Dosierorgane für Zuschläge
7 Zuschlagwaage für additive Mehrkomponentenver-wiegung
8 Zementsilos mit pneumatischer Befüllung
9 Zementauflockerungseinrichtung
10 Zementschnecken
11 Zementwaage
12 Tellerzwangsmischer
13 Auslauftrichter mit Gummirüssel zur Fahrmischer-bzw. LKW-Beladung
14 Im Steuerraum das Steuerpult zur vollautomatischen Bedienung der gesamten Anlage
15 Drucklufterzeuger für die Dosierverschlüsse und die Zementauflockerungseinrichtung
16 Kontinuierliche Füllstandsanzeige für Zement zur Überwachung des Siloinhaltes
17 Abluftfilter für die Zementsilos
18 Wasserwaage
19 Aufstiegstreppe zur Zuschlagverteilerbühne

Abb. 3.4 Mischturm (schematischer Aufbau) [42]

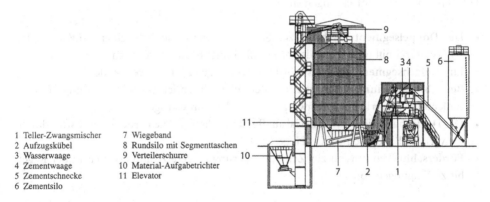

1 Teller-Zwangsmischer	7 Wiegeband
2 Aufzugskübel	8 Rundsilo mit Segmenttaschen
3 Wasserwaage	9 Verteilerschurre
4 Zementwaage	10 Material-Aufgabetrichter
5 Zementschnecke	11 Elevator
6 Zementsilo	

Abb. 3.5 Horizontale Mischanlage mit Rundsilo [42]

Mobile Horizontalanlagen mit Reihensilos sind in gut transportable Bauteile zerlegbar. Sie können schnell und kostengünstig umgesetzt und montiert werden.

Theoretische Leistung: ca. 110 m³/h maximal
Einsatzbereiche: Großbaustellen, Straßenbau

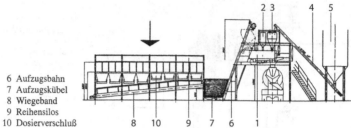

1 Teller-Zwangsmischer   6 Aufzugsbahn
2 Wasserwaage   7 Aufzugskübel
3 Zementwaage   8 Wiegeband
4 Zementschnecke   9 Reihensilos
5 Zementsilo   10 Dosierverschluß

Abb. 3.6 Mobile Mischanlage mit Reihensilos [42]

3.2.4 Technische Ausrüstungsdetails der Mischanlagen für Qualitätsbeton

3.2.4.1 Wiegeeinrichtungen

Für Zuschlagstoffe, Zement, Wasser und Betonzusätze werden fast ausschließlich Behälterwaagen mit elektronischen Wägezellen verwendet. Die Waagen müssen eichfähig sein. Die Behältergrößen richten sich nach den maximalen Chargen der Mischanlage. Es ist auch üblich, dass bei Mischanlagen das Sammelband unter den Dosierbunkern oder der Aufzugskübel in Wägezellen gelagert ist und damit als Waage dient.

3.2.4.2 Dosiereinrichtungen für Zuschlagstoffe und Zement in Mischanlagen

Die üblichen Dosiereinrichtungen sind:

- Der **Doppelsegmentverschluss** zur Sanddosierung ermöglicht einen größeren Öffnungsquerschnitt und vermeidet Brückenbildung im Auslaufbereich.
- Ein **Einfachsegmentverschluss** wird für Körnungen ab 4 mm verwendet.
- Bei **Vibrationsrinnen** entsteht ein Materialfluss durch leichte Schrägstellung und die Einleitung von gerichteten Schwingungen in den Fördertrog.
- Das **Dosierband** zieht das Material am Bunkerauslauf ab. Die Förderleistung wird durch die variable Bandgeschwindigkeit geregelt.
- **Förderschnecken** werden zur Zementförderung eingesetzt und arbeiten in der Regel bis zu Neigungen von 45°.

3.2.4.3 Wasserzugabe in den Mischer

Es ist darauf zu achten, dass die Wasserzugabe in den Mischer möglichst gleichmäßig verteilt auf das Material erfolgt. Dazu sind im Mischer eine Sprühtraverse oder eine Ringleitung mit Düsen installiert. Die Wassermenge wird über einen Wasserzähler oder eine Wasserwaage dosiert zugegeben.

3.2.4.4 Sandfeuchtemessung und Sand-Wasser-Korrektur bei Mischanlagen

Wechselnde Feuchte der Zuschlagstoffe hat Einfluss auf die Konsistenz des Betons. Da die Feuchte der gröberen Körnungen relativ konstant ist, wird bei jeder Charge nur die Sandfeuchte gemessen. Die Messung erfolgt über eine kapazitiv arbeitende Sonde (Veränderung des elektrischen Widerstandes unter Einfluss von Feuchtigkeit), über die der Materialstrom während des Dosiervorganges gleitet, oder durch eine Sandprobeentnahme während der Dosierung. Die Feuchtemessung erfolgt hier ebenfalls durch eine Sonde. Der gemessene Wert der Sandfeuchtigkeit geht in das programmierte Rezept mit ein und korrigiert den Sand- und Wasserwert bei zu feuchtem Sand mit weniger Wasser und mehr Sand bzw. bei zu trockenem Sand mit mehr Wasser und weniger Sand.

3.2.4.5 Konsistenzmessung im Mischer

Die Messung erfolgt über im Mischer eingebaute Sonden, die die Leitfähigkeit des Betons messen, die sich bei der Wasserzugabe verändert. Mit dieser Methode kann man sehr genaue Konsistenzwerte erreichen. Nachteilig ist, dass relativ lange Mischzeiten erforderlich sind. Anwender sind meist die Betonstein- und Betonwarenindustrie.

3.2.4.6 Betonmischanlagen im Winterbetrieb (Warmbeton)

Für die Aufrechterhaltung des Winterbetriebes und die Herstellung von Warmbeton sind meist 2 Methoden üblich:

Aufheizen der Zuschlagstoffe mit Warmluft Diese Möglichkeit ist sehr gut bei Hochsiloanlagen und Betontürmen anwendbar, wobei die Warmluft im unteren Teil der Silotaschen eingeblasen wird und das Material nach oben hin erwärmt.

Zugabe von angewärmtem Anmachwasser In diesem Falle kommen Thermalölheizkessel mit entsprechendem Wasserbereiter in Kompaktbauweise im Container zum Einsatz. Diese Anlagen arbeiten bei Öltemperaturen bis 280°, so dass sich das Wasser schnell erwärmen lässt.

Als Faustregel gilt bei Beton mit Regelkonsistenz: 5° bis 6° Anmachwasser-Temperaturerhöhung erhöht die Betontemperatur um ca. 1°, d. h., bei Anmachwasser von 60° wird eine Betontemperaturerhöhung von ca. 10° erreicht.

Für die Aufrechterhaltung des Winterbetriebes sollten alle Hauptfunktionsgruppen (Mischer, Wiege- und Dosiereinheit, Förderanlagen) eingehaust und beheizt sein.

3.2.4.7 Betonmischanlagen und Umweltschutz

Im Folgenden werden die üblichen Auflagen für den Umweltschutz genannt.

Restbetonrecycling Restbetonmengen, die im Fahrmischer von der Baustelle zurückkommen, sowie das Waschwasser, das bei der Mischer- und Anlagenreinigung anfällt, müssen wiederaufbereitet werden. Der Beton wird in einer Recyclinganlage ausgewaschen. Gleichzeitig erfolgt die Trennung von gereinigten Zuschlagstoffen und Wasser, das mit Zement angereichert ist. Die Zuschlagstoffe werden zur Betonherstellung wiederverwendet. Das mit Zement angereicherte Wasser kann bis zu einem Anteil von 50 % dem Anmachwasser des Betons über die Wasserwaage zugegeben werden. Für den Auswaschprozess werden Auswaschschnecken, Trogwäscher oder Waschtrommeln verwendet. Alle Einrichtungen arbeiten nach dem gleichen Prinzip. Der Restbeton durchläuft den mit Wasser gefüllten Trog oder die Trommel, wobei der Materialtransport und der Wascheffekt durch rotierende Spiralen erfolgt. Am Trog- oder Trommelende wird das gewaschene Material ausgetragen. Das mit Zement angereicherte Wasser fließt in ein Becken und wird in Intervallen mit einem Rührwerk aufgemischt, sodass keine Verfestigung eintreten kann.

Die Auswaschleistung dieser Anlagen beträgt ca. 20 bis 30 m^3/h.

Lärmemissionen Lärmquellen an Mischanlagen werden am zweckmäßigsten durch Einhausungen in Grenzen gehalten. Im Bereich der Anlage ist die Lärmentwicklung durch Radlader, Fahrmischer und Transportfahrzeuge für die Zuschlagstoffe zu berücksichtigen.

Staubemissionen Besondere Beachtung findet bei Mischanlagen die Förderung und Dosierung von Zement. Dabei werden die geforderten Umweltauflagen der TA Luft (20 mg/m^3 Luft) bei der Silobefüllung mit Druckluft durch entsprechende Filter und Sicherheitsventile gegen Überfüllung von der technischen Ausrüstung her eingehalten. Ferner sind Staubfilter an der Zementwaage und am Mischer Standard.

3.2.4.8   Steuerung von Betonmischanlagen

Die bei der Betonherstellung erforderlichen automatischen Abläufe werden je nach Anforderung durch SPS (Speicher-Programmierbare-Steuerung) oder Computer-Steuerungen gewährleistet. Die Bedienung der Anlagen erfolgt an einem Steuerpult oder mit Computer und einer übersichtlichen Bildschirmvisualisierung mit Maus.

Abbildung 3.7 zeigt einen Steuerplatz zur Bedienung einer Betonmischanlage sowie einen Bildschirm zur Überwachung und Steuerung der wichtigsten Elemente in übersichtlicher Darstellung.

Zur Standardausrüstung einer Anlage gehört meist:

- Stammdatenverwaltung (Materialdaten, Sieblinien, Rezepturen, Kunden und Baustellen, Fahrzeuge, Fahrzeugarten und Fahrer)
- Zuschlagstofffeuchtemessung und Sand-Wasser-Korrektur
- Rezeptbezogene Steuerung der Mischerbeschickung
- Mischerkonsistenzanzeige entsprechend Vorgabe
- Archivieren der Chargenprotokolle auf Disketten- oder CD-Rom-Laufwerk
- Erfassen der Materiallieferungen und Materialverbrauchsdaten einschließlich Füllstandsanzeigen
- Auftragsverwaltung
- Lieferscheindruck nach DIN-EN 206-1
- Statistische Auswertungen

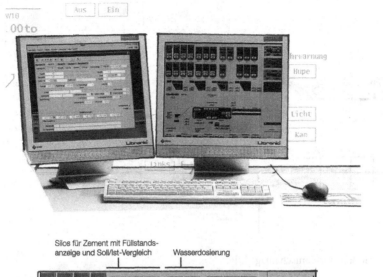

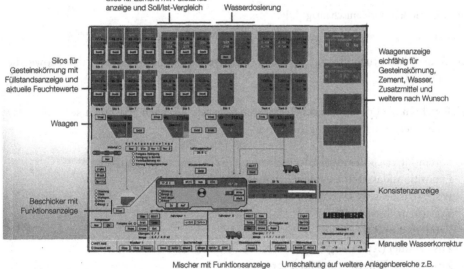

Silos für Zement mit Füllstands-
anzeige und Soll/Ist-Vergleich   Wasserdosierung

Silos für
Gesteinskörnung mit
Füllstandsanzeige und
aktuelle Feuchtewerte

Waagenanzeige
eichfähig für
Gesteinskörnung,
Zement, Wasser,
Zusatzmittel und
weitere nach Wunsch

Waagen

Beschicker mit
Funktionsanzeige

Konsistenzanzeige

Manuelle Wasserkorrektur

Mischer mit Funktionsanzeige   Umschaltung auf weitere Anlagenbereiche z.B.
und Verschluß   Beschickung der Silos, Kiesverladung u.s.w.

Abb. 3.7 Steuerplatz und Bildschirmmaske zur Überwachung und Steuerung einer Mischanlage
[42]

3.2.4.9 Formularwesen für die Herstellung und Lieferung von Qualitätsbeton nach DIN EN 206-1

Betonsortenverzeichnis Transportbetonwerke bieten den Beton und seine Zusammen-
setzung nach einem Betonsortenverzeichnis an Hand der neuen Europa-Norm für Qualitätsbeton nach DIN EN 206-1 an. Maßgebend ist dabei die Anforderung an Bauteile in den
verschiedenen Bausparten (z. B. Wohnungsbau, Industriebau, Umwelt- und Gewässerbau

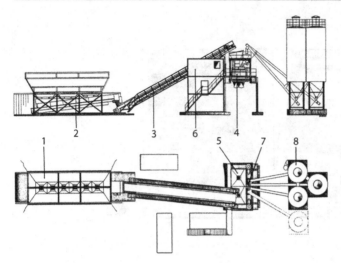

1 Zuschlagstoff-Doseure
2 Wiegeband
3 Schwenkband
4 Doppelwellen-Trogmischer
5 Vorsilo
6 Steuerkabine
7 Zuschlagstoffwaage
8 Zuschlagstoffsilos

Abb. 3.8 Mobile Großmischanlage [9]

usw.), die Beanspruchung von Bauteilen (z. B. Frost, Chemie, Verschleiß usw.) sowie die Druckfestigkeit.

Lieferschein Auf dem Lieferschein müssen folgende Angaben ersichtlich sein, die meist schon bei der Bestellung anzugeben sind:

- Sorten-Nr. nach Betonsortenverzeichnis
- Expositionsklassen (besondere Eigenschaften, X-Werte)
- Festigkeitsklasse (C-Wert)
- Konsistenzklasse (F-Wert)
- Zementart und Hersteller
- Zusatzmittel (Art, Menge, Hersteller)
- Zuschlagstoffe nach Fraktionen verwogen
- Wasser (Gewicht)
- Tag und Uhrzeit der Betonherstellung

3.2.5 Mobile Mischanlagen für große Betonmengen

Mobile Mischanlagen für große Betonmengen (s. Abb. 3.8) haben Leistungen von bis zu $300\,\mathrm{m}^3/\mathrm{h}$ Festbeton bei gleichbleibender Rezeptur. Der Bedarf für diese Betonmengen ist im Betonstraßen- und Flughafenbau und sonstigen Großbaustellen vorhanden.

Die gesamte Anlage besteht aus Einzelkomponenten, die meist in Containergröße transportiert werden können und durch Steckverbindungen schnell montierbar sind. Als Fundamente dienen Betonplatten, die auf festem Untergrund verlegt werden.

Die Hauptkomponente der Anlage sind z. B. bei 300 m³/h zwei Doppelwellen-Trog-mischer 4,0 m³ (s. Abb. 3.2), die über Vorsilos, Schwenkband, Wiegeband und Doseure beschickt werden. Die Bindemittel-, Zusatzmittel- und Wasserzugabe erfolgt über entspre-chende Wiegeeinrichtungen.

3.3 Betontransport

3.3.1 Allgemeines

Für den Transport von Qualitätsbeton vom Mischwerk zur Baustelle werden heute fast ausschließlich Fahrmischer eingesetzt. Nur im Betonstraßenbau werden wegen der hohen Einbaukapazitäten meist Sattelfahrzeuge mit Stahlmulden verwendet.

Der Aktionsradius für Fahrmischer liegt bei ca. 20 km vom Mischwerk entfernt. In Sonderfällen und nach Absprache mit einem Betonlabor sind auch größere Entfernungen möglich. Auf der Baustelle wird der Beton vor dem Entleeren nochmals durchmischt. Evtl. erfolgt vor dem Durchmischen noch eine Zugabe von Betonzusätzen, die durch das Mischfahrzeug in entsprechender Menge mitgeliefert und über eine am Fahrmischer angebaute Dosiereinheit zugegeben werden. Die Zugabe von Wasser ist wegen der Verän-derung des w/z-Faktors und der damit verbundenen Qualitätsminderung des Betons nicht erlaubt. Das im Tank mitgeführte Wasser darf nur zur Reinigung der Mischtrommel und Auslaufrutschen verwendet werden.

3.3.2 Aufbau eines Fahrmischers

Ein Fahrmischer (s. Abb. 3.9) besteht aus 2 Baueinheiten:

- dem Fahrzeug mit Grundrahmen (vom Fahrzeughersteller),
- dem Mischeraufbau mit Trommel-Antriebshydraulik (vom Mischerhersteller).

In die Trommel ist eine zweigängige Mischspirale eingebaut, die je nach Drehzahl und abhängig von Links- und Rechtslauf ein schnelles oder langsames Befüllen oder Entleeren gewährleistet. Die Trommeldrehzahl ist stufenlos bis ca. 15 Umdrehungen pro min verstell-bar. Durch eine Fernbedienung am Mischerauslauf wird der Füll- und Entleervorgang am Fahrmischer überwacht.

3.3.3 Fahrmischergrößen

Fahrmischer auf 3- und 4-Achs-Fahrgestellen (s. Abb. 3.10), d. h. Nenn-Füllungen von 6 bis 9 m³, sind die am meisten verwendeten Mischertypen. 3-Achs-Zugmaschinen mit

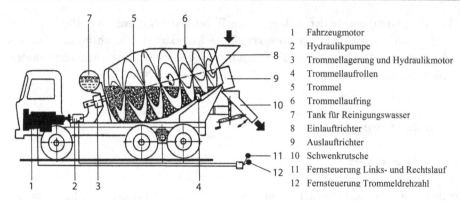

	1	Fahrzeugmotor
	2	Hydraulikpumpe
	3	Trommellagerung und Hydraulikmotor
	4	Trommellaufrollen
	5	Trommel
	6	Trommellaufring
	7	Tank für Reinigungswasser
	8	Einlauftrichter
	9	Auslauftrichter
	10	Schwenkrutsche
	11	Fernsteuerung Links- und Rechtslauf
	12	Fernsteuerung Trommeldrehzahl

Abb. 3.9 Fahrmischer-Bauteile [42]

Abb. 3.10 Fahrmischergrößen
[42]

	Nenn-füllung	Geometri-scher Trommel-inhalt	Wasser-inhalt
	m³	m³	m³
3-Achs-Fahrzeug	6,0	11,0	6,8
	7,0	12,3	7,6
4-Achs-Fahrzeug	8,0	14,3	9,1
	9,0	16,0	10,2
3-Achs-Zugmaschine u. Sattelauflieger	8,0	14,3	9,1
	9,0	16,0	10,2
	10,0	17,6	11,2

Trommelmischer-Sattelauflieger haber den Vorteil, dass durch Umsatteln auf Kippmul-de der Einsatzbereich des Zugfahrzeugs erweitert werden kann. Nachteilig ist jedoch die Einschränkung der Manövrierfähigkeit des Mischerfahrzeugs, besonders im Baustellenbe-trieb.

3.4 Betonverteilung

3.4.1 Einbringen des Betons in Schalungen

Bei Anlieferung des Betons im Fahrmischer bestehen für das Einbringen in Schalungen folgende Möglichkeiten:

- **Betonabgabe vom Fahrmischer direkt in die Schalung** (s. Abb. 3.11).
  Es ist darauf zu achten, dass der Beton über Rutschen in die Schalung geleitet wird. Bei größeren Fallhöhen besteht Entmischungsgefahr.
- **Betonabgabe in Betonkübel und Einbringen in die Schalung** (s. Abb. 3.12).
  Das Einbringen des Betons mit dem Krankübel ist ein relativ langsames Verfahren. Durch zügiges Arbeiten und entsprechende Kübelgröße lassen sich längere Wartezeiten der Fahrmischer vermeiden.
- **Betonabgabe in Übergabesilo** (s. Abb. 3.13).
  Der Inhalt des Übergabesilos sollte dem des Fahrmischers entsprechen, sodass keine Wartezeiten entstehen. Die Weiterverarbeitung aus dem Übergabesilo kann dann den Bedürfnissen der Baustelle angepasst werden.
- **Betonabgabe vom Fahrmischer über ein angebautes Förderband** (s. Abb. 3.14).
  Das Förderband ist fest am Fahrmischer angebaut und hydraulisch klappbar und verstellbar. Die Reichweite des Bandes ist ca. 6 m hoch und 12 m weit.
- **Betonabgabe über eine am Fahrmischer angebaute Betonpumpe mit Verteilermast** (s. Abb. 3.15).
  Der aufgebaute Verteilermast hat eine Förderhöhe von ca. 20 m und eine Reichweite von ca. 17 m. Der Beton kann in diesem Arbeitsbereich punktgenau eingebracht werden. Nachteilig ist, dass sich die Nutzlast des Fahrmischers und damit der Beton-Nutzinhalt in der Trommel um das Gewicht der aufgebauten Pumpe und des Verteilermastes verringert (ca. 2000 kg).

Abb. 3.11 Betonabgabe direkt in die Schalung

Abb. 3.12 Betonabgabe in einen Betonkübel

Abb. 3.13 Betonabgabe in ein Übergabesilo

Abb. 3.14 Fahrmischer mit
angebautem Förderband

- **Betonabgabe vom Fahrmischer an eine Autobetonpumpe mit Verteilermast.**
  Abbildung 3.16 zeigt eine Autobetonpumpe in Fahrstellung. Die größten Autobetonpumpen mit Verteilermast erreichen eine Höhe von ca. 60 m bei senkrechter Maststel-
  lung und eine Reichweite von ebenfalls ca. 60 m bei waagrechter Maststellung. Vorteil-
  haft ist die große Mobilität der Autobetonpumpen bei schnell wechselnden Einsätzen
  (s. Abb. 3.17).
- **Betonabgabe vom Fahrmischer an eine stationäre Betonpumpe** (s. Abb. 3.18).
  Einsatzgebiete der stationären Betonpumpen sind:
  - Baustellen mit großen Pumpentfernungen und Pumphöhen (bis 400 m Höhe oder
    1500 m Weite),
  - Baustellen mit schwer zugänglichen Einbaustellen,
  - Tunnelbaustellen,
  - Baustellen mit der Betoneinbringung über einen stationären Verteilermast.

3.4.2 Betonpumpen

Das Einbringen des Betons in Schalungen mit Betonpumpen ist auch schon bei kleinen
Mengen üblich. Durch den von Transportbetonwerken angebotenen Pumpservice wird

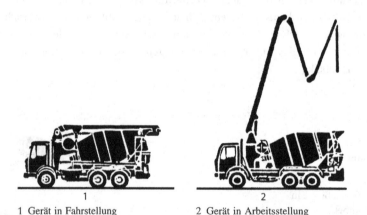

1 Gerät in Fahrstellung   2 Gerät in Arbeitsstellung

Abb. 3.15 Fahrmischer mit angebauter Betonpumpe und Verteilermast

Abb. 3.16 Autobetonpumpe
mit Verteilermast in Fahrstellung [61]

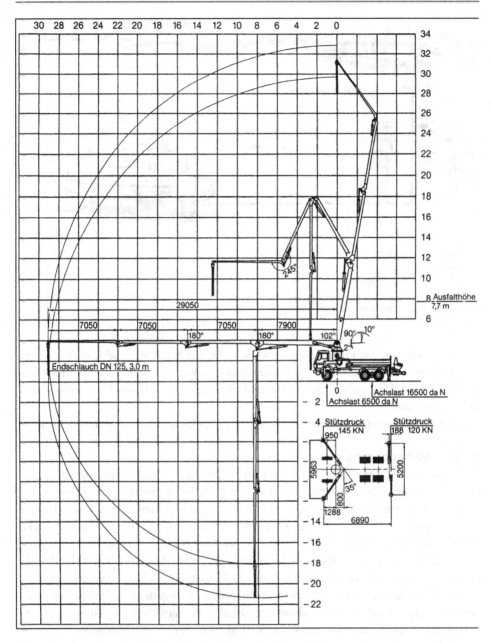

Abb. 3.17 Beispiel für den Arbeitsbereich einer Autobetonpumpe mit Verteilermast mit einer Masthöhe senkrecht und einer Reichweite waagrecht von ca. 30 m [61]

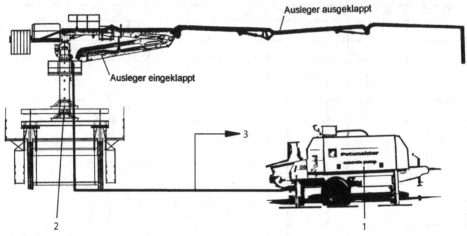

1   Stationäre Betonpumpe
2   Beton-Verteilermast
3   Leitung zu weiteren Abnehmern

Abb. 3.18 Stationäre Betonpumpe

die Betonförderung mit Pumpen immer häufiger. Ob ein Beton pumpfähig ist, kann dem Betonsortenverzeichnis des Transportbetonwerks entnommen werden. Die Rohrleitungsdurchmesser sind fast einheitlich 125 mm und erlauben eine Förderung bis zu einer Korngröße von 63 mm.

Bei den Betonpumpen sind verschiedene Pump- und Schiebersysteme in Gebrauch.

3.4.2.1 Kolbenpumpen

Kolbenpumpen (s. Abb. 3.19) sind 2-Zylinderpumpen mit gegenläufigem Saug- und Druckhub. Beim Saugen des Betons durch den 1. Zylinder drückt der 2. Zylinder den Beton in die Leitung. Die wechselseitige Umsteuerung erfolgt meist über ein Schiebersystem aus einem Schwenkkörper (nur noch selten Flachschiebern) und eine automatische Kolbensteuerung in den Zylindern. Der Beton wird aus einem Fülltrichter mit Rührwerk angesaugt. Der Antrieb der Förderkolben erfolgt über Hydraulikzylinder. Die Förderkolben und die Hydraulikkolben sind durch eine Kolbenstange miteinander verbunden.

Die Schwenkkörper-Schiebersysteme, wie in Abb. 3.20 dargestellt, sind bei Kolbenpumpen entscheidend für die Vermeidung von Druckstößen auf die Pumpleitung und den Verteilermast sowie schnelles und sicheres Abdichten, um ein Ausbluten des Betons zu vermeiden.

Der Schwenkkörper ist ein Teil der Förderleitung und kann ein Formteil oder ein C- oder S-förmig gebogenes Rohr sein (Abb. 3.20). Er schwenkt direkt vor der Öffnung der beiden Förderzylinder hin und her. Während der Betonförderung aus dem Druckzylinder über den Schwenkkörper in die Leitung ist der Saugzylinder zum Füllkasten hin frei und kann Beton ansaugen. Dies wiederholt sich wechselseitig. Präzises Abdichten ist durch

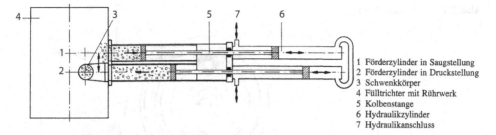

Abb. 3.19 Kolbenpumpe, schematische Darstellung

1 Förderzylinder in Saugstellung
2 Förderzylinder in Druckstellung
3 Schwenkkörper
4 Fülltrichter mit Rührwerk
5 Kolbenstange
6 Hydraulikzylinder
7 Hydraulikanschluss

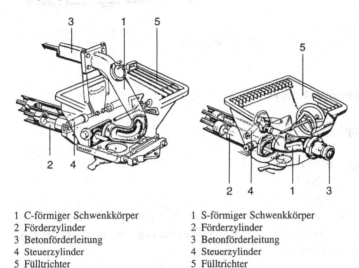

1 C-förmiger Schwenkkörper	1 S-förmiger Schwenkkörper
2 Förderzylinder	2 Förderzylinder
3 Betonförderleitung	3 Betonförderleitung
4 Steuerzylinder	4 Steuerzylinder
5 Fülltrichter	5 Fülltrichter

Abb. 3.20 Schiebersystem mit C- und S-förmigem Schwenkkörper [54]

entsprechende selbst nachstellende Dichtringe gewährleistet. Die Bewegung des Schwenkkörpers erfolgt durch einen Hydraulikzylinder von außen.

3.4.2.2 Rotorbetonpumpen

Der Rotor (s. Abb. 3.21) wird durch einen Hydraulikmotor angetrieben und ermöglicht damit eine stufenlose Drehzahlverstellung und Pumpleistung. Auf dem Rotor (1) befinden sich 2 gegenüberliegende Druckrollen (3). Durch die Rotordrehung wird der Pumpenschlauch (2) zusammengedrückt und saugt bei weiterer Drehbewegung den Beton aus dem Fülltrichter (6) an. Gleichzeitig wird der Beton auf der Gegenseite in die Förderleitung (5) gedrückt. Dieses Pumpensystem ist besonders verschleißarm, da nur der Schlauch mit dem Beton in Berührung kommt.

Abb. 3.21 Rotorbetonpumpe
[54]

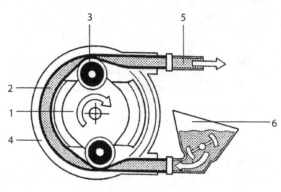

1 Rotor	4 Pumpengehäuse
2 Pumpenschlauch	5 Betonförderleitung
3 Druckrollen	6 Fülltrichter

3.4.2.3 Pumpleistungen

Kolbenpumpen

Fördermenge: 20–150 m^3/h
Betondruck: 75–200 bar

Die Leistungsanpassung der verschiedenen Pumpentypen erfolgt über den Hub und den Durchmesser der Förderzylinder. Der größte Hub liegt bei 2000 mm, der größte Zylinderdurchmesser bei 230 mm.

Angetrieben werden Betonpumpen meist durch Dieselmotoren, seltener durch Elektromotoren. Die Antriebsleistung bewegt sich zwischen 33 und 300 kW.

Rotorpumpen

Fördermenge: 22–84 m^3
Betondruck: 30–40 bar
Durchmesser des Förderschlauches: 100 und 125 mm
Rotordrehzahl: max. 32 Umdrehungen pro min

3.5 Betonverdichtung

3.5.1 Allgemeines

Die zur Verdichtung des Betons erforderliche Rüttelenergie ist hauptsächlich abhängig von der Betonkonsistenz. Einen gewissen Einfluss auf die Verdichtungswilligkeit haben auch die Kornform, die Kornrauigkeit und die Kornzusammensetzung. Der Maßstab für die Beurteilung der Verdichtungswilligkeit (Verarbeitbarkeit) sind bei Qualitätsbeton das Ausbreitmaß und das Verdichtungsmaß (s. Tab. 3.1). Die Einleitung der Rüttelenergie in den Beton bewirkt eine Verminderung der Reibungskräfte innerhalb des Betongefüges. Damit wird eine Umlagerung und Verdichtung der Bestandteile des Betons erreicht. Gleichzeitig entweichen das durch Oberflächenspannung festgehaltene Überschusswasser und die vorhandenen Luftbläschen an die Oberfläche.

Die zur Betonverdichtung am meisten verwendeten Geräte sind Innen- und Außenvibratoren mit den entsprechenden Spannungs- und Frequenzumformern. Zum Verdichten von Massenbeton oder großen Betonflächen werden auch Vibrationswalzen oder Vibrationsplatten verwendet. Diese Verdichtungsart führt zu dem in der Praxis bekannten Walzbeton.

3.5.2 Innenvibratoren (Innenrüttler)

Unterschieden werden folgende Systeme:

Hochfrequenz-Innenvibratoren mit eingebautem Motor in der Flasche (s. Abb. 3.22).
Eine in der Flasche gelagerte Unwucht, angetrieben durch den eingebauten Elektromotor, versetzt das Gerät in Schwingungen. Die im Motor entstehende Wärme wird durch Eintauchen in den Beton nach außen abgeführt. Die gebräuchlichsten Flaschendurchmesser und technischen Daten sind in Tab. 3.2 aufgeführt.

Tab. 3.1 Erforderliche Rüttelenergie

Erforderliche Rüttelenergie	hoch	mittel	gering
Konsistenzbereich	sehr steif, steif	plastisch	weich
Klasse	C0, C1	C2	C3
Ausbreitmaß mm	< 340	350–410	420–480
Klasse	F1	F2	F3
Verdichtungsmaß v	>1,46–1,26	1,25–1,1	1,1–1,04

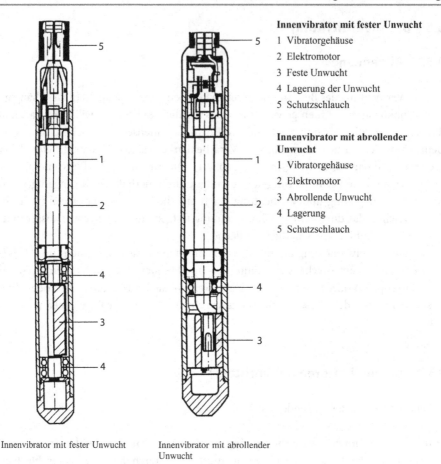

Innenvibrator mit fester Unwucht

1 Vibratorgehäuse

2 Elektromotor

3 Feste Unwucht

4 Lagerung der Unwucht

5 Schutzschlauch

Innenvibrator mit abrollender Unwucht

1 Vibratorgehäuse

2 Elektromotor

3 Abrollende Unwucht

4 Lagerung

5 Schutzschlauch

Innenvibrator mit fester Unwucht   Innenvibrator mit abrollender Unwucht

Abb. 3.22 Innenvibratoren [68]

Pendelrüttler (s. Abb. 3.23)

Eine pendelnde Unwucht im Vibratorgehäuse wird durch eine biegsame Welle angetrieben. Als Antriebsaggregate werden meist Benzinmotoren mit 3000 Umdrehungen pro min verwendet. Durch das Pendelabrollsystem in der Rüttelflasche, d. h. das Verhältnis des Durchmessers der Pendelrollbahn und des Pendels, erreicht man auch bei diesem Gerät eine Drehfrequenz von 12.000 Schwingungen/min. Üblich sind Flaschendurchmesser von 25 bis 65 mm. Ein Vorteil ist, dass Pendelrüttler bei Arbeiten ohne Stromanschluss einsetzbar sind.

Luftrüttler Die Vibration wird durch eine rotierende Kugel in einer Rollenbahn erzeugt. Luftrüttler zeichnen sich durch Robustheit und hohe Lebensdauer aus. Durch die Regulierung der Luftzufuhr wird eine stufenlose Verstellung der Drehzahl und Energie erreicht. Üblich sind Flaschendurchmesser von 40 bis 75 mm.

Tab. 3.2 Technische Daten der gebräuchlichsten Innenvibratoren

Vibrator-Durchmesser	Motordrehzahl	Wirk-Durchmesser	Verdichtungsleistung	
			theoretisch	praktisch
[mm]	[1/min]	[cm]	[m³/h]	[m³/h]
30	12.000	40	6	2,5–5
40	12.000	50	10	4–8
45	12.000	60	14	6–12
57	12.000	85	23	9–18
65	12.000	100	30	12–24

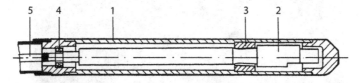

1 Vibratorgehäuse   4 Pendellagerung
2 Klöppel mit Unwucht   5 Biegsame Welle
3 Laufbuchse

Abb. 3.23 Pendelrüttler [68]

3.5.3 Außenvibratoren

Ein Außenvibrator (s. Abb. 3.24) ist ein Elektromotor mit zwei Wellenenden, an denen verstellbare Unwuchten angebracht sind. Diese Unwuchten werden durch einen Gehäusedeckel geschützt. Außenvibratoren werden immer fest mit der Schalung oder dem Rüttelelement verbunden. Die Zentrifugalkraft einzelner Vibratoren erreicht max. 30.000 N. Der Einsatz der Außenvibratoren kann im Normal- und Hochfrequenzbereich erfolgen, sodass eine vielseitige Anwendung möglich ist.

Außenvibratoren können angebaut werden an:

- Schalungen im Fertigteilbau,
- Rütteltische, Kipptische, Garagenschalungen,
- Großflächenschalungen,
- Rüttelbohlen,
- Betonsteinfertiger und Steinformmaschinen.

Die Bestückung und Befestigung der Rüttler an Schalungen und Anlagen bedarf großer Sorgfalt und Erfahrung. Das ganze System an einer Schalung muss für die Rüttelenergie ausgelegt sein, die zur Betonbeschleunigung und damit Verdichtung unter Berücksichtigung des Schalungsgewichtes notwendig sind. Für die Betonverdichtung in Schalungen haben sich Rüttlerdrehzahlen im Bereich von 4500 bis 6000 Umdrehungen pro min als günstig erwiesen.

Abb. 3.24 Außenvibrator mit verstellbarer Unwucht und Befestigung eines Außenvibrators an der Schalung [68] [31]

Neben der Beton Verdichtung werden Außenvibratoren im Baubetrieb auch zum Antrieb von Förderrinnen, Sieben und Sortiereinrichtungen verwendet. Ein weiteres Anwendungsgebiet ist der Anbau an Behälter und Silos zur Vermeidung von Brückenbildung am Auslauf und zur Unterstützung des Fließvorganges sowie das Abreinigen von Filtern z. B. an Zementsilos oder Entstaubungen. Für diese Einsätze werden meist Normalfrequenz-Außenvibratoren mit 50 Hz und 1500 oder 3000 Umdrehungen pro min verwendet.

3.5.4 Mechanische und elektronische Frequenz- und Spannungsumformer mit konstanter Abgabefrequenz

Betrieb von Innenvibratoren Hochfrequenz-Innenvibratoren im Baubetrieb werden über Frequenz- und Spannungsumformer mit konstanter Abgabefrequenz betrieben. Diese Geräte bestehen aus einem Antriebsmotor, gekoppelt mit einem Generator, der die Frequenz von 50 Hz auf 200 Hz, das entspricht 12.000 Umdrehungen pro min am Rüttler, und die Spannung von 380 V auf 42 V Schutzspannung umwandelt (s. Abb. 3.27 Nr. 1).

Abb. 3.25 Hochfrequenz-Innenvibrator mit elektronischem Frequenzumformer, eingebaut im Schaltergehäuse [68]

Beim Betrieb von einzelnen Innenvibratoren für kleinere Betonmengen können Geräte mit elektronischem Frequenzumformer (von 50 Hz auf 200 Hz) verwendet werden, deren Elektronikteil im Schaltergehäuse des Vibrators fest vergossen ist (s. Abb. 3.25). Die Elektronikausrüstung gewährleistet auch einen vollständigen Schutz des Bedienungsmannes bei Kurzschluss, Erdschluss und Fehlerstrom (FI-Prinzip) (s. Abb. 3.27 Nr. 3).

Eine weitere Möglichkeit ist der Betrieb von bis zu 5 Innenvibratoren, Durchmesser 48 mm, mit einem elektronischen Frequenz- und Spannungsumformer (s. Abb. 3.26). Die Anschlussspannung ist 380 V Drehstrom, die Abgabespannung 42 V Schutzspannung und 200 Hz (s. Abb. 3.27 Nr. 4). Elektronische Umformer sind sehr robust, da kein Verschleiß an beweglichen Teilen vorhanden ist. Sie werden in Zukunft die mechanischen Geräte ablösen.

Betrieb von Außenvibratoren Hochfrequenz-Außenvibratoren kommen hauptsächlich in Fertigteilwerken an fest installierten Schalungen zum Einsatz. Sie werden über Frequenz- und Spannungsumformer mit einer Abgabefrequenz von 200 Hz und einer Spannung von 250 V betrieben. Dabei liegt die gewählte Rüttlerdrehzahl meist bei 6000 Umdrehungen pro min (s. Abb. 3.27 Nr. 2).

Abb. 3.26 Elektronischer Frequenzumformer zum Betrieb von mehreren Innenvibratoren [68]

Im Baustellenbetrieb müssen Hochfrequenz-Außenrüttler mit einer Schutzspannung von 42 V betrieben werden. Der Antrieb erfolgt über einen Frequenz- und Spannungsumformer. Die Außenrüttlerdrehzahl beträgt 3000 oder 6000 Umdrehungen pro min. Sie ist abhängig von der Wicklung des Außenrüttlers (s. Abb. 3.27 Nr. 1).

3.5.5 Elektronische Frequenz- und Spannungsumformer mit variabler Abgabefrequenz

Eine elektronische Steuerung ermöglicht, die Abgabefrequenz des Umformers zu variieren. Damit können Hochfrequenzrüttler in einem Drehzahlbereich zwischen 0 und 7200 Umdrehungen pro min stufenlos verstellt werden. Der Frequenzumformer ist ein Elektronikbauteil, das meist im Elektroschaltschrank der Schalungseinheit untergebracht ist (s. Abb. 3.27, Nr. 5).

Das Haupteinsatzgebiet ist der Betrieb von Außenrüttlern an fest installierten Schalungen in Fertigteilwerken. Der Vorteil liegt darin, dass während des Füllvorganges der Schalung beim Betonieren die Rüttelenergie den Erfordernissen angepasst werden kann.

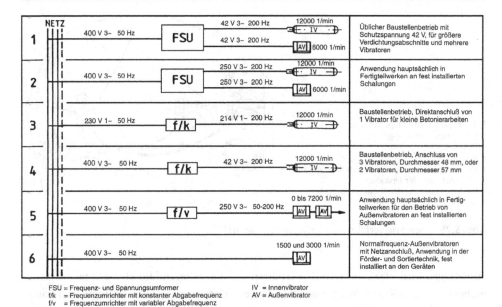

1	NETZ 400 V 3~ 50 Hz	**FSU**	42 V 3~ 200 Hz 42 V 3~ 200 Hz	12000 1/min IV AV 6000 1/min	Üblicher Baustellenbetrieb mit Schutzspannung 42 V, für größere Verdichtungsabschnitte und mehrere Vibratoren
2	400 V 3~ 50 Hz	**FSU**	250 V 3~ 200 Hz 250 V 3~ 200 Hz	12000 1/min IV AV 6000 1/min	Anwendung hauptsächlich in Fertigteilwerken an fest installierten Schalungen
3	230 V 1~ 50 Hz	**f/k**	214 V 1~ 200 Hz	12000 1/min IV	Baustellenbetrieb, Direktanschluß von 1 Vibrator für kleine Betonierarbeiten
4	400 V 3~ 50 Hz	**f/k**	42 V 3~ 200 Hz	12000 1/min IV	Baustellenbetrieb, Anschluss von 3 Vibratoren, Durchmesser 48 mm, oder 2 Vibratoren, Durchmesser 57 mm
5	400 V 3~ 50 Hz	**f/v**	250 V 3~ 50-200 Hz	0 bis 7200 1/min AV AV	Anwendung hauptsächlich in Fertigteilwerken für den Betrieb von Außenvibratoren an fest installierten Schalungen
6	400 V 3~ 50 Hz			1500 und 3000 1/min AV	Normalfrequenz-Außenvibratoren mit Netzanschluß, Anwendung in der Förder- und Sortiertechnik, fest installiert an den Geräten

FSU = Frequenz- und Spannungsumformer   IV = Innenvibrator
f/k = Frequenzumrichter mit konstanter Abgabefrequenz   AV = Außenvibrator
f/v = Frequenzumrichter mit variabler Abgabefrequenz

Abb. 3.27 Schema des Einsatzes von Innen- und Außenvibratoren

Diese Anpassung führt zur Schonung von Schalungen und zur Minderung des Lärms. Die Änderung der Frequenz ist mit einer Funkfernsteuerung möglich. An einer Digitalanzeige ist die jeweilige Frequenz abzulesen. Bei langen Binder- und Stützenschalungen werden die Rüttler in Gruppen entsprechend dem Füllvorgang geschaltet. Auch diese Schaltvorgänge werden über Funk gesteuert.

Abbildung 3.27 zeigt die Möglichkeiten zum Betrieb von Hochfrequenz-Innenvibratoren, Hochfrequenz-Außenvibratoren und Normalfrequenz-Außenvibratoren und deren Einsatzbereiche.

3.6 Betonspritzen

Bei der Herstellung von Spritzbeton werden 2 Verfahren unterschieden, das Trocken- und das Nassspritzverfahren.

3.6.1 Trockenspritzverfahren

Beim Trockenspritzverfahren wird ein Beton-Trockengemisch (max. Korngröße ca. 16 mm) aufbereitet und über ein Trockenspritzgerät mit Luftförderung einer Spritzdüse zugeführt. In der Spritzdüse entsteht durch Zugabe von Wasser über ein Handventil der Spritzbeton, der mit dem Förder-Luftstrahl mit hoher Geschwindigkeit an die Spritzwand

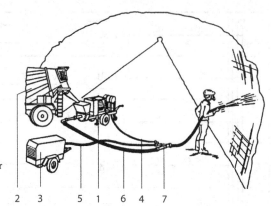

1 Betonpumpe mit Pumpe für den
   Erstarrungsbeschleuniger
2 Fahrmischer
3 Kompressor
4 Förderschlauch für den Erstarrungsbeschleuniger
5 Förderschlauch für Druckluft
6 Förderschlauch für den Spritzbeton
7 Spritzdüse   2   3   5   1   6   4   7

Abb. 3.28 Nassspritzverfahren – Geräteanordnung [61]

ausgetragen wird. Das Trockenspritzverfahren wird überwiegend für kleine Verarbeitungs-
mengen von 2 bis 3 m^3/h angewendet, da der Spritzvorgang ohne Reinigungsarbeiten
auch mit längeren zeitlichen Unterbrechungen durchgeführt werden kann. Nachteilig
ist, dass durch die manuelle Wasserzugabe der w/z-Faktor und damit die Betonfestig-
keit nicht garantiert werden kann. Ein weiterer Nachteil ist die hohe Staubentwicklung
beim Spritzvorgang. Für größere Spritzbetonmengen wird daher das Nassspritzverfahren
angewendet.

3.6.2 Nassspritzverfahren

Beim Nassspritzverfahren wird ein nach Rezept hergestellter Beton mit einer Betonpumpe
durch eine Schlauchleitung gefördert und am Schlauchende in einer Düse mit Druckluft
beaufschlagt. Damit erreicht der Beton die erforderliche Anwurfgeschwindigkeit. Die Be-
wegungsenergie wird beim Auftreffen des Betons an der Wand in Verdichtungsenergie
umgewandelt. Die Zugabe von Erstarrungsmitteln (Natron-Wasserglas oder Aluminat) im
Düsenbereich bewirkt ein zügiges Erhärten. Aufgetragen werden Schichten bis ca. 120 mm
an senkrechten Wänden und auch überkopf.
Der w/z-Faktor des Spritzbetons liegt bei 0,50 bis 0,55. Das Größtkorn ist in der Regel
16 mm. Vor dem Einbringen des Betons in den Fülltrichter wird Verflüssiger zugegeben.
Die Geräteanordnung zeigt Abb. 3.28. Es werden Spritzleistungen bis zu 20 m^3/h erreicht.
Der Spritzbeton wird von einer Betonpumpe (1) über den Schlauch (6) zur Spritzdüse (7)
gefördert. In der Spritzdüse werden Beton, Erstarrungsbeschleuniger (4) und Druckluft
(3) zusammengeführt und mit hoher Geschwindigkeit ausgetragen. Den schematischen
Aufbau der Spritzdüse veranschaulicht Abb. 3.29.

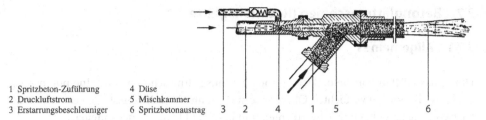

1 Spritzbeton-Zuführung   4 Düse
2 Druckluftstrom   5 Mischkammer
3 Erstarrungsbeschleuniger   6 Spritzbetonaustrag

Abb. 3.29 Spritzdüse [61]

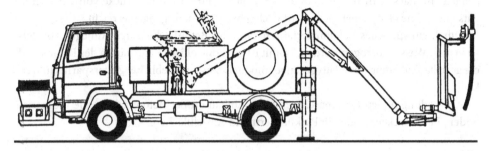

Abb. 3.30 Betonpumpe mit angebautem Spritzausleger [61]

3.6.3 Düsenführung

Bei kleinen Einsätzen wird die Düse meist von Hand geführt. Für große Flächen und speziell für den Tunnelbau wurden hydraulisch bewegliche und faltbare Ausleger entwickelt, an deren Spitze die Spritzdüse befestigt ist. Angebaut wird dieser Spritzausleger meist an ein LKW-Fahrgestell mit aufgebauter Betonpumpe (s. Abb. 3.30). Durch Fernbedienung und die hohe Auslegerbeweglichkeit ist man in der Lage, die gesamte Tunnelwandung punktgenau zu erreichen.

3.6.4 Anwendungsmöglichkeiten für Spritzbeton

- Tunnelausbau,
- Baugrubenbefestigung,
- Wasserbeckenabdichtung,
- Befestigung von Schachtwänden,
- Ausfachen von Verbauwänden,
- Sanierungsarbeiten an Stützmauern, Durchlässen, Brücken und Brückenpfeilern.

3.7 Betonglättmaschinen (Rotationsglätter)

3.7.1 Allgemeines

Durch das Glätten von Betonflächen mit Rotationsglättmaschinen wird eine porenfreie, geschlossene und gut verdichtete Oberfläche mit erhöhter Verschleißfestigkeit erreicht. Der Glättvorgang bewirkt ein Nachverdichten und beseitigt kleinere Unebenheiten.

Der Glättvorgang beginnt, wenn die Betonfläche abgezogen, verdichtet und so weit aus-gehärtet ist, dass beim Begehen an der Oberfläche nur leichte Eindrücke von 2 bis 3 mm entstehen. Eine glatte Oberfläche wird nach 5 bis 6 Glättübergängen erreicht.

Durch ein spezielles Vakuumverfahren kann der Betonfläche durch Auflegen von Fil-termatten Wasser entzogen werden. Damit ist ein kontrolliertes Aushärten des Betons und die gezielte Einleitung des Glättvorganges möglich, was zu erheblicher Zeitersparnis führen kann.

Anwendung finden Glättmaschinen beim Einbau großer Betonflächen, wie Industrie-böden, Betondecken, Böden in Parkhäusern und Abstellflächen.

3.7.2 Glättmaschinen (Bauarten)

Verwendet werden:

Deichselgeführte Glättmaschinen mit einer Scheibe (siehe Abb. 3.31)

- Glättdurchmesser: ca. 1000 mm
- Anzahl der Glättflügel: 4 Stck
- Antrieb: Elektro-, Benzin- oder Dieselmotor
- Anwendung: für Flächen bis ca. 400 m^2

Abb. 3.31 Deichselgeführte
Glättmaschine [68]

Abb. 3.32 Doppelglättma-
schine [68]

Doppelglättmaschinen mit zwei Scheiben (siehe Abb. 3.32)

- Glättfläche: ca. 2,0 bis 3,0 m^2
- Anzahl der Glättflügel: 4 bis 5 Stck
- Antrieb: Dieselmotor
- Anwendung: für Flächen über 400 m^2

Doppelglättmaschinen bringen etwa die 5 bis 6-fache Leistung eines deichselgeführten Einscheibenglätters. Sie besitzen einen kleinen Steuerstand mit Sitzgelegenheit für den Be-diener.

Hebezeuge

4

4.1 Turmdrehkrane

4.1.1 Allgemeines

Turmdrehkrane sind im Drehbereich des Auslegers in der Lage, eine Baustelle flächendeckend und punktgenau mit Material zu versorgen oder Hebearbeiten auszuführen. Allen anderen Hebezeugen ist die Arbeitsweise des Turmdrehkrans in der Transport- und Hebegeschwindigkeit überlegen. Selbst sperrige Güter wie lange Armierungseisen oder Baustahlmatten lassen sich problemlos befördern und einbauen. Auch auf kleinen oder kurzfristigen Baustellen ist der Einsatz eines Turmdrehkrans wirtschaftlich, da Schnelleinsatzkrane im Bereich von Stunden umgesetzt werden können. Die optimale Kranauswahl nach Bauart, Dimensionierung und Platzierung eines oder mehrer Krane auf der Baustelle bedarf einer sorgfältigen Vorplanung. Zu berücksichtigen sind die Auslastung der Geräte und ein reibungsloser Materialfluss.

4.1.2 Kenngrößen

Für die Festlegung der Krangröße sind das Lastmoment in mt (Meter-Tonnen) und die Hubhöhe maßgebend (s. Abb. 4.1). Die Einstufung eines Turmdrehkrans nach der BGL erfolgt nach einer Kurve, die unter C1 in der BGL dargestellt ist und die möglichen Auslegerlängen und Traglasten eines Kranes berücksichtigt. Das **Lastmoment** errechnet sich folgendermaßen:

$$\text{Lastmoment [mt]} = \text{Ausladung [m]} \times \text{Traglast [t]}$$

H. König (Hrsg.), *Maschinen im Baubetrieb*, Leitfaden des Baubetriebs und der Bauwirtschaft, 39
DOI 10.1007/978-3-658-03289-0_4, © Springer Fachmedien Wiesbaden 2014

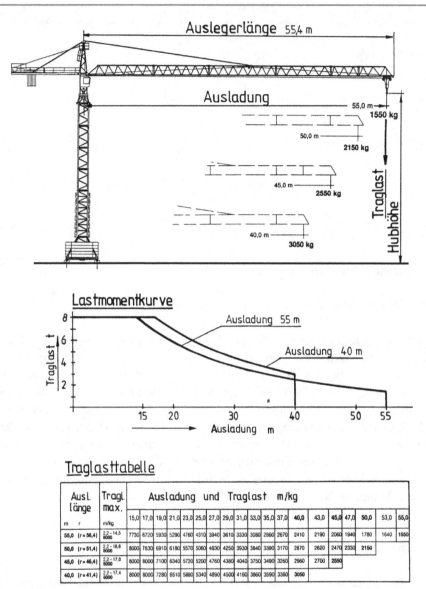

Abb. 4.1 Beispiel für eine Lastmomentkurve und eine Traglasttabelle für einen Turmdrehkran (Lastmoment 112 mt) [38]

Für jede Auslegerlänge eines Kranes gibt es eine Lastmomentkurve, aus der sich für die verschiedenen Ausladungen die möglichen Lasten entnehmen lassen. Darüber hinaus gibt es für jeden Kran eine Traglasttabelle, aus der ebenfalls, abhängig von der Auslegerlänge und Ausladung, die zulässige Traglast ersichtlich ist.

Die **Hubhöhe** ist das Maß von der Oberkante Fahrschiene bzw. Fundament bis zur höchsten Hakenstellung.

4.1.3   Auslegertypen

Unterschieden werden die im Abb. 4.2 dargestellten Auslegertypen.

Nr. 1 Laufkatzenausleger	Die Last kann über die ganze Auslegerlänge horizontal verfahren werden. Der Laufkatzenausleger ist die am meisten verbreitete Auslegerart.
Nr. 2 Nadelausleger	Der Nadelausleger wird z. Zt. nur noch für große Kletterkrane verwendet. Von Vorteil ist, dass der Kran durch Steilstellung des Auslegers Hindernissen ausweichen und zusätzliche Hubhöhe gewinnen kann.
Nr. 3 Teleskopausleger	Teleskopierbare Laufkatzenausleger können Hindernissen im Drehbereich ausweichen. Der Teleskopiervorgang ist stufenlos möglich. Der Ausleger kann fast um die Hälfte verkürzt werden.
Nr. 4 Knickausleger	Vorteilhaft ist der Knickausleger beim Bau von Kühltürmen, Fernsehtürmen und hohen Gebäuden. Durch Knicken kann Ausladung in Höhe umgewandelt werden.
Nr. 5 Biegebalkenausleger	Beim Biegebalkenausleger fehlt die Turmspitze. Das bringt Vorteile, wenn mehrere Obendreher-Krane auf engem Raum eingesetzt werden. Dann können die überdrehenden Krane niedriger sein, das bedeutet weniger Turmstücke und weniger Montageaufwand.

4.1.4   Turmdrehkran-Baureihen

Die Turmdrehkrane lassen sich in 6 Baureihen einordnen (s. Abb. 4.3). Die Balken in Abb. 4.3 zeigen für die jeweilige Baureihe die von den Herstellern angebotenen Krangrößen.

- Am Balken unten die kleinsten Krantypen mit Lastmoment, größter Ausladung und dazugehöriger Traglast.
- Am Balken oben die größten Krantypen mit Lastmoment, größter Ausladung und dazugehöriger Traglast.

Diese Werte können je nach Hersteller leicht abweichen.

Die **Auswahl eines Turmdrehkranes** für eine Baustelle wird von folgenden Kriterien bestimmt:

- erforderliche größte Reichweite (Ausladung),
- Traglast bei größter Ausladung,

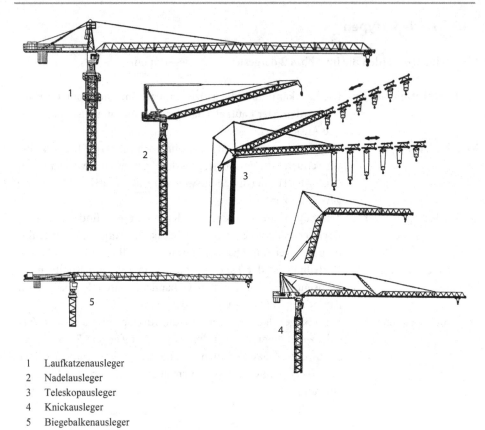

1   Laufkatzenausleger
2   Nadelausleger
3   Teleskopausleger
4   Knickausleger
5   Biegebalkenausleger

Abb. 4.2 Auslegertypen bei Turmdrehkranen [38]

- größte zu hebende Einzellast,
- größte erforderliche Hubhöhe,
- Notwendigkeit des Kletterns mit dem Baufortschritt,
- vorhandene Platzverhältnisse,
- vorgegebene Montage- und Demontagezeiten.

Bei den einzelnen Baureihen wird unterschieden:

- nach besonderen Konstruktionsmerkmalen, z. B. Kran untendrehend oder obendrehend,
- Größe der Lastmomente,
- Möglichkeiten der Verankerung, z. B. im Fundament, fahrbarer Unterwagen oder Abstützspindeln,
- Montageunterschiede: Selbstaufstellung oder Mobilkranmontage,

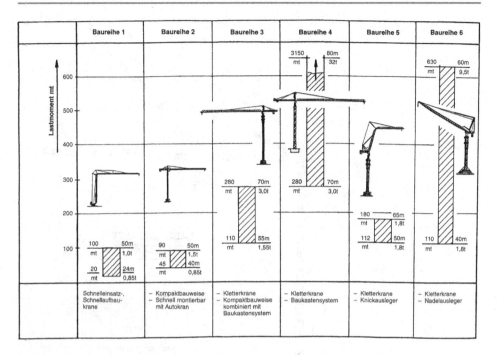

	Baureihe 1	Baureihe 2	Baureihe 3	Baureihe 4	Baureihe 5	Baureihe 6

Abb. 4.3 Baureihen der Turmdrehkrane

- Auslegertype,
- Kompaktbauweise: Baukastensystem oder deren Kombination.

Baureihe 1 (s. Abb. 4.4): Schnelleinsatzkrane

Lastmomentbereich von 20 bis 100 mt
Größte Ausladung   50 m
Größte Hubhöhe   ca. 30 m
Größte Einzellast   ca. 8 t

Turmdrehkrane dieser Baureihe sind in der Praxis unter den Begriffen Schnelleinsatz-krane oder Schnellaufbaukrane bekannt. Die Krane werden in zusammengeklapptem Zu-stand transportiert. Zwei Transportachsen werden nur durch Bolzen mit dem Kranunter-wagen verbunden. Der Zusatzballast kann auf dem Zugfahrzeug größtenteils mittranspor-tiert werden. Diese Krane stellen sich selbst auf, legen die Ballastgewichte auf, sodass für die Montage kein weiteres Hebezeug notwendig ist. Krane dieser Baureihe sind Unten-dreher. Der Turm ist ein Gittermast oder bei kleineren Kranen ein geschweißtes Kasten-profil, in beiden Fällen teleskopierbar. Die Aufstellung kann mit Schienenfahrwerk oder auf Abstützspindeln erfolgen. Der reine Montage- und Aufstellvorgang dauert nur wenige Stunden.

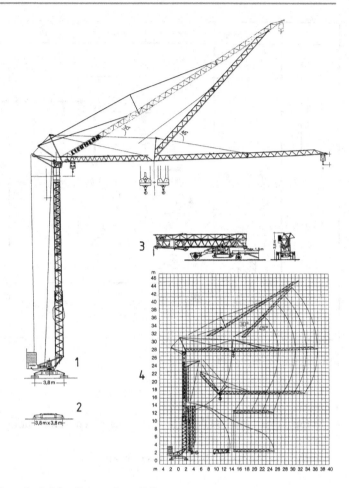

Abb. 4.4 Turmdrehkran Baureihe l, Schnelleinsatzkran [38]

1 Kran mit Plattenabstützung
2 Kran mit Gleisfahrwerk
3 Kran in Transportstellung
4 Aufstellvorgang des Kranes

Baureihe 2 (s. Abb. 4.5): Kompakt-Baukrane

Lastmomentbereich 45 bis 90 mt
Größte Ausladung   50 m
Größte Hubhöhe   ca. 60 m
Größte Einzellast   ca. 6 t

Krane dieser Baureihe sind Obendreher. In der Praxis werden sie als Kompakt-Baukrane oder wegen ihrer wirtschaftlichen Montage- und Transportweise auch als Economic-Kran bezeichnet. Die Montagebasis ist ein Fundamentkreuz, das mit Gleisfahrwerken oder mit Abstützspindeln bestückt werden kann. Über die Abstützspindeln kann das Fundament-kreuz waagrecht ausgerichtet werden. Die Abstützkräfte werden von den Spindeln über

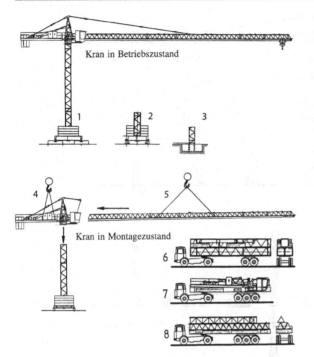

Kran in Betriebszustand

Kran in Montagezustand

1 Kran mit Fundamentkreuz und Abstützspindeln auf 4 Einzelfundamenten
2 Kran mit Fundamentkreuz und Schienenfahrwerk
3 Kran mit festem Fundament
4 Montage eines Komplett-Krankopfes mit Autokran
5 Montage des Auslegers mit Autokran
6 Transport des Fundamentkreuzes, der Turmstücke und von Ballastteilen
7 Transport des Komplett-Krankopfes und von Ballastteilen
8 Transport von Ausleger und Ballastteilen

Abb. 4.5 Turmdrehkran Baureihe 2, Kompakt-Baukran [38]

Betonunterlagsplatten oder Betonklötze in den verdichteten Boden eingeleitet. Es besteht weiter die Möglichkeit, den Turm mit 4 Ankern in einem Fundament zu befestigen. Die gesamte Montage dieser Krane erfolgt mit einem Mobilkran. Die verhältnismäßig langen Turmstücke (6 und 12 m) werden am Boden verschraubt, aufgestellt und mit dem Fundamentkreuz verbunden. Ein weiteres kompaktes Bauteil ist der Komplett-Krankopf mit Drehwerk, Führerhaus, Turmspitze, Gegenausleger mit sämtlichen Winden, Schaltschränken sowie mit der Laufkatze mit Lasthaken und die gesamte Beseilung. Die Krankopfmontage kann in einem Hubvorgang durchgeführt werden. Der gesamte Ausleger einschließlich Haltestangen wird am Boden verschraubt und ebenfalls nur mit einem Hub montiert. Die Laufkatze mit einer Ausleger-Kopfstation fährt am schräg gehaltenen Ausleger nach außen und klinkt die Station am Auslegerende ein. Damit ist die gesamte Seileinscherung vollzogen. Die gesamte Montagezeit dieser Kompakt-Baukrane beträgt bei guter Vorbereitung ca. 4 bis 5 h. Besondere Vorzüge hat diese Kran-Baureihe bei engen oder belebten Stadtbaustellen, da die Montage auch in der Nacht leicht durchgeführt werden kann.

Baureihe 3 (s. Abb. 4.6): Obendreherkrane im Baukastensystem

Lastmomentbereich 112 bis 280 mt
Größte Ausladung 70 m

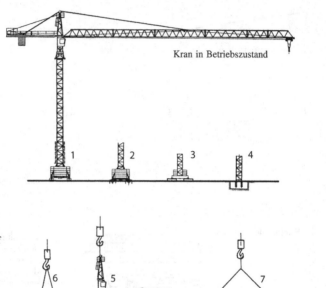

Kran in Betriebszustand

1 Kran mit Unterwagen
und Schienenfahrwerk
2 Kran mit Unterwagen auf
4 Einzelfundamenten
3 Kran mit Fundament-
kreuz und Abstützspin-
deln auf 4 Einzelfunda-
menten
4 Kran mit festem Funda-
ment
5 Montage der Kompakt-
einheit Führerhaus und
Turmspitze
6 Montage der Kompakt-
einheit Gegenausleger
7 Montage des Auslegers

Kran in Montagezustand

Abb. 4.6 Turmdrehkran Baureihe 3, Kletterkran, Kompaktbauweise [38]

Größte Hubhöhe   85 m freistehend, über 100 m bei entsprechender Verankerung am
Bauwerk
Größte Einzellast   12 t

Krane dieser Baureihe sind Obendreher und im Baukastensystem konzipiert, wobei viele Teile in Kompaktbauweise ähnlich der Baureihe 2 ausgeführt wurden. Damit wird eine große Flexibilität bei wirtschaftlicher Montage erreicht. Die Basis zur Montage kann ein Unterwagen mit oder ohne Schienenfahrwerk sein. Weiter besteht die Möglichkeit zum Aufbau des Krans auf einem Fundamentkreuz mit Abstützspindeln oder Fahrwerken. Ebenso möglich ist eine Verankerung des Turmes in einem festen Betonfundament. Auf dem Unterwagen oder dem Fundamentkreuz liegt der Zentralballast (Betonplatten). Bei niedrigen Hubhöhen wird die Gesamtmontage mit einem Mobilkran durchgeführt. Bei größeren Hakenhöhen kann am Grundturmstück eine Klettereinrichtung angebaut werden, die dann die Möglichkeit bietet, durch den Einbau von Turmstücken die gewünschte Höhe zu erreichen.

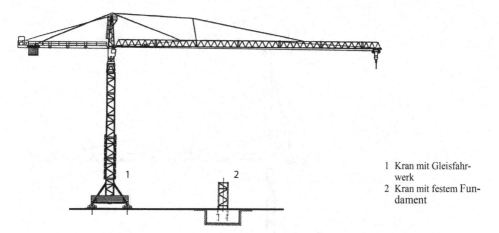

1 Kran mit Gleisfahr-
werk
2 Kran mit festem Fun-
dament

Abb. 4.7 Turmdrehkran Baureihe 4, Kletterkran Baukastensystem [38]

Für die weitere Montage sind dann nach dem Turm das Drehwerk, das Führerhaus und die Turmspitze eine Kompakteinheit. Ebenfalls ein Montagestück ist der Ausleger mit Haltestangen, der am Boden verschraubt wird, und der komplette Gegenausleger mit Hubwerk.

Baureihe 4 (s. Abb. 4.7): Obendreher-Großkrane im Baukastensystem

Lastmomentbereich 280 bis 3150 mt
Größte Ausladung 80 m
Größte Hubhöhe freistehend 96 m, über 300 m bei entsprechenden Verankerungen am Bauwerk
Größte Einzellast 60 t

Krane dieser Baureihe sind obendrehende Großkrane und meist mit Klettereinrichtung im Einsatz. Auch hier ist die Konzeption das Baukastensystem. Diese Krane werden hauptsächlich auf Baustellen eingesetzt, bei denen große Traglasten, große Ausladungen und große Höhen erforderlich sind, z. B. Staudämme, Hafenbau, Brücken, Hochhäuser und Fernsehtürme. Die Montagebasis kann ein festes Fundament mit Fundamentankern oder ein Kranunterwagen mit oder ohne Fahrantriebe sein. Der Aufbau erfolgt mit Mobilkran im niedrigen Bereich und anschließendem Klettern auf die gewünschte Höhe. Die weitere Montage verläuft wie bei Baureihe 3 beschrieben.

Baureihe 5 (s. Abb. 4.8): Obendreherkrane mit Knickausleger

Lastmomentbereich 112 bis 180 mt
Größte Ausladung 65 m

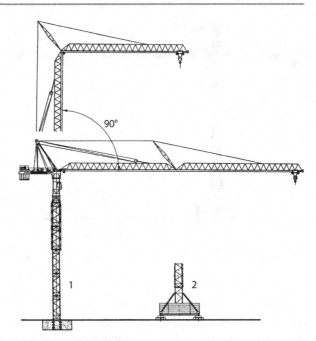

90°

1 Kran mit festem Fundament
2 Kran mit Gleisfahrwerken

1

2

Abb. 4.8 Turmdrehkran Baureihe 5, Kletterkram mit Knickausleger [38]

Größte Hubhöhe   70 m freistehend, waagrechter Ausleger 96 m freistehend, geknickter
                   Ausleger über 200 m bei entsprechender Verankerung am Bauwerk
Größte Einzellast 12 t

Krane dieser Baureihe sind obendrehende Kletterkrane mit Knickausleger. Zwischen dem waagrechten Ausleger und 90° des Auslegeranlenkstückes kann jeder Winkel benutzt werden. Damit verringert sich die Ausladung zugunsten der Hubhöhe. Haupteinsatzgebiete sind Kühltürme, Fernsehtürme und Hochhäuser. Die Montagebasis ist ein festes Fundament mit Fundamentankern oder ein Kranunterwagen mit oder ohne Fahrantrieb. Der Aufbau erfolgt wie unter Baureihe 3 beschrieben.

Baureihe 6 (s. Abb. 4.9): Nadelauslegerkrane

Lastmomentbereich 112 bis 630 mt
Größte Ausladung   60 m
Größte Hubhöhe   97 m freistehend, über 100 m bei entsprechender Verankerung am
                   Bauwerk
Größte Einzellast 24 t

Krane der Baureihe 6 sind obendrehende Kletterkrane mit Nadelausleger. Die Auslegerverstellung ist zwischen 15° und 85° zur Waagrechten möglich. Montiert werden kann

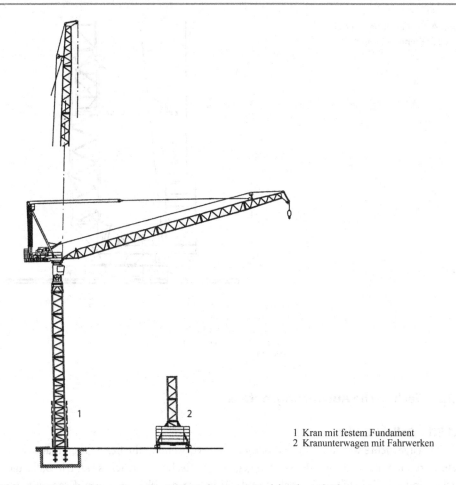

1 Kran mit festem Fundament
2 Kranunterwagen mit Fahrwerken

Abb. 4.9 Turmdrehkran Baureihe 6, Kletterkram mit Nadelausleger [38]

der Kran auf festem Fundament mit Fundamentankern oder auf einem Unterwagen mit Fahrwerken. Der unter Last verstellbare Nadelausleger bringt Vorteile bei sehr hohen Gebäuden, da der Turm etwas niedriger gehalten werden kann, sowie bei beengten Platzverhältnissen, da durch das Verstellen des Auslegers Hindernisse umgangen werden können. Die Montage erfolgt mit einem Mobilkran im unteren Bereich, wie bei Baureihe 3 beschrieben, und anschließendem Klettern, wenn dies gewünscht wird.

Diese Nadelauslegerkrane können mit der Funktion horizontaler Lastweg ausgerüstet werden. Analog einem Obendrehkran mit Katzausleger kann durch eine elektrische Steuerung die Last horizontal bewegt werden.

Abb. 4.10 Gegenballast bei
untendrehenden Kranen

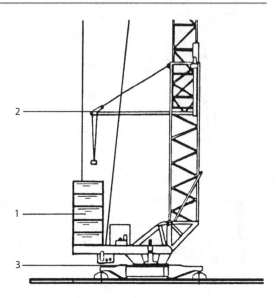

1 Gegenballast (Betonplatten)
2 Ausleger-Hilfskran zum Auflegen
   und Abnehmen des Ballastes
3 Kugeldrehverbindung (Kran untendrehend)

4.1.5 Technische Ausrüstungsdetails

4.1.5.1 Ballastierung

Als Ballastgewichte werden armierte Betonplatten verwendet, die beim Übereinanderstapeln durch ineinandergreifende Nocken gegen Verrutschen gesichert sind. Die Ballastgewichte sind vom Hersteller vorgegeben und dürfen von der Platzierung am Kran und vom Gewicht her nicht verändert werden.

Turmdrehkrane der Baureihe 1 (untendrehende Krane) besitzen nur einen Gegenballast. Beim Umsetzen des Kranes wird der Ballast meist ganz oder nur teilweise abgenommen und separat transportiert je nach Krangröße und der zulässigen Achslast der Transportachsen. Kleine Krane können auch mit dem gesamten Ballast transportiert werden (s. Abb. 4.10).

Die übrigen Baureihen 2 bis 6 (obendrehende Krane) haben einen Zentralballast und einen Ballast am Gegenausleger. Der Zentralballast liegt auf dem Unterwagen oder auf dem Fundamentkreuz auf. Das genaue Ballastgewicht wird immer für den jeweiligen Einsatzfall vom Hersteller vorgegeben und kann aus Tabellen entnommen werden. Das Gewicht des Zentralballastes ist abhängig von der Hakenhöhe (Anzahl der Turmstücke), von der Auslegerlänge und von der Abmessung der Fundamentbasis a/b (s. Abb. 4.11).

Ist der Turm des Kranes in einem festen Fundament verankert, so dient dieses Fundament als Zentralballast und ist entsprechend zu dimensionieren (s. Abb. 4.12).

Der Ballast am Gegenausleger ist von der Auslegerlänge abhängig (s. Abb. 4.13).

Abb. 4.11 Beispiele für die
Anordnung des Zentalballastes
[38]

Aus-ladung m	Anzahl der Turmstücke		Haken-höhe in m	Gesamt-gewicht des Zentral-ballastes in t	Anzahl der Betonblöcke insgesamt
	6 m	12 m			
	1		9,6	16,0	2×A + 2×B
	2	1	15,6	16,0	2×A + 2×B
42,0	3		21,6	16,0	2×A + 2×B
	4	2	27,6	16,0	2×A + 2×B
	5		33,6	16,0	2×A + 2×B

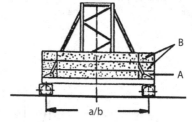

A = 5,1 t; B = 2,9 t   a/b = 4,6/4,6 m
Beispiel für eine Unterwagen-Ballastierung, Kran ca. 65 mt Last-moment

Aus-ladung m	Anzahl der Turmstücke		Haken-höhe in m	Gesamt-gewicht des Zentral-ballastes in t	Anzahl der Beton-blöcke insgesamt
	6 m	12 m			
	1		11,0	22,0	4×A + 2×B
	2	1	17,0	22,0	4×A + 2×B
	3		23,0	22,0	4×A + 2×B
42,0	4	2	29,0	22,0	4×A + 2×B
	5		35,0	27,0	4×A + 2×B + 2×D
	6	3	41,0	42,0	4×A + 6×B

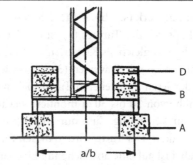

A = 3,0 t; B = 5,0 t; D = 1,0 t   a/b = 3,8/3,8 m
Beispiel für eine Fundamentkreuz-Ballastierung, Kran ca. 65 mt
Lastmoment

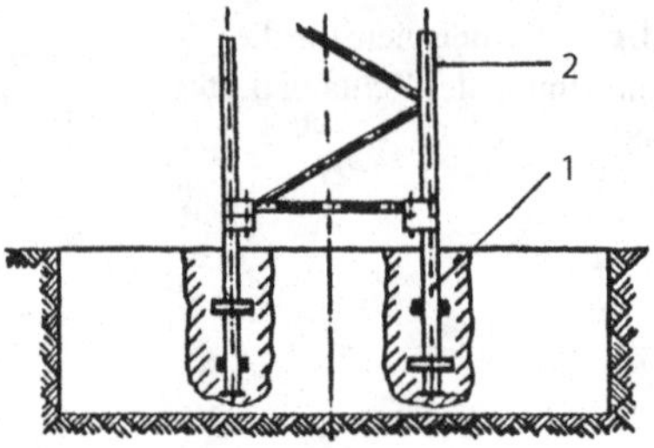

Abb. 4.12 Beispiel für den
Zentralballast, festes Fundament [38]

1 Fundamentanker
2 Grundturmstück

Abb. 4.13 Beispiel für die
Anordnung des Ballastes am
Gegenausleger [38]

Ausladung	Lastmoment 65 mt	
24,6 m	2×A	= 9,5 t
30,3 m	2×A	= 9,5 t
36,1 m	2×A + 1×B	= 11,2 t
42,0 m	2×A + 1×B	= 11,2 t

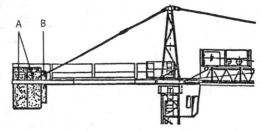

A = 4,75 t; B = 1,7 t

4.1.5.2 Klettereinrichtung

Kletterkrane können im und außerhalb des Bauwerks klettern. Für beide Kletterarten werden Einrichtungen verwendet, die aus einem Führungsstück, hydraulischen Pressen und
einer Abstützung der Klettereinrichtung bestehen. Der Klettervorgang selbst erfolgt in
mehreren Takten, entsprechend dem Hub der Pressen und den Abstützpunkten am Turm.

Klettern im Bauwerk (s. Abb. 4.14) Die Montagebasis ist ein festes Fundament im Bauwerk. Das Fußstück des Turmes (1) ist bei der Montage mit Ankern am Fundament befestigt und dient zugleich als Kletterstück. Zu diesem Zweck ist in der Fußstückmitte eine
Hydraulikpresse (2) mit Traversen (3; 4) an beiden Enden angeordnet. Mit einem Mobilkran kann der Kran mit weiteren Turmstücken (5; 6) freistehend je nach Krantyp bis zu
einer Hubhöhe von 20 bis 30 m montiert werden und steht nun zum Aufbau der unteren Etagen zur Verfügung. Zum nun folgenden Klettern werden 2 Kletterrahmen (7) im
Bauwerk verankert. Der Turm wird in diesen Rahmen geführt und gegen das Gebäude ab-
gestützt. Dabei ist auf eine ausreichende Einspannhöhe zu achten. Außerhalb des Turmes
befinden sich auf zwei gegenüberliegenden Seiten Kletterleitern (8), die am oberen Kletterrahmen befestigt sind. In diesen Kletterleitern greifen bewegliche Nocken (9) ein, die an
beiden Traversen angebracht sind. Während die obere Traverse (3) im Turmfußstück (1)

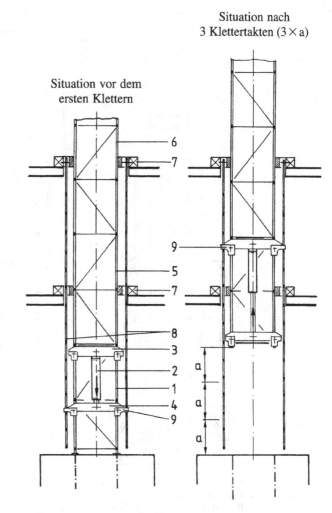

1 Fuß oder Kletterstück
2 Hydraulikpresse
3 Traverse oben
4 Traverse unten
5 Turmstück
6 Turmstück
7 Kletterrahmen
8 Kletterleitern
9 Nocken in den
   Traversen

Abb. 4.14 Funktion einer Klettereinrichtung, im Bauwerk kletternd

gelagert ist, greift die untere Traverse (4) über die Nocken (9) in die Kletterleiter (8) ein. Durch Ausfahren der Hydraulikpresse (2) schiebt sich der Kran um das Taktmaß (a) so weit nach oben, bis die Nocken (9) der oberen Traverse (3) in die Kletterleiter einrasten. Der Vorgang wiederholt sich, bis die endgültige Gebäudehöhe erreicht ist. Nach dem Klettern wird der Kran auf dem unteren Kletterrahmen (7) auf kurzen Trägern abgesetzt. Die Kletterleitern sind jetzt frei und können für den weiteren Klettervorgang nach oben gezogen werden. Die Einspannkräfte sind abhängig von dem eingesetzten Krantyp, der Auslegerlänge und der Einspannhöhe (Abstand der Kletterrahmen im Bauwerk) und werden vom Kranhersteller genannt.

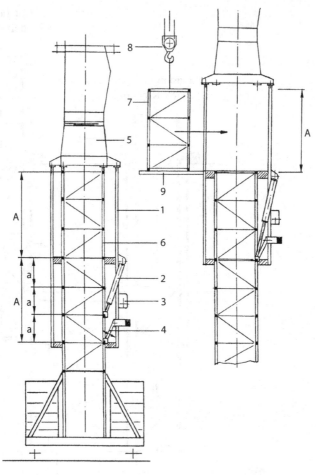

1 Führungsstück   6 Kranturm
2 Hydraulikzylinder   7 Turmstück
3 Hydraulikaggregat   8 Kran-Lasthaken
4 Turmabstützung   9 Plattform
5 Drehbühne

Abb. 4.15 Funktion der Klettereinrichtung, außerhalb des Bauwerks kletternd

Klettern außerhalb des Bauwerks (s. Abb. 4.15) Durch die einfache Handhabung der Klettereinrichtung und den schnellen Ablauf des Klettervorganges wird das Klettern außerhalb des Bauwerks nach Möglichkeit bevorzugt. Der entscheidende Vorteil liegt darin, dass der Kran nach einer Mobilkranmontage in geringer Höhe sich selbst bis zur Endposition aufbauen und selbst wieder abbauen kann. Nachteilig ist der große Bedarf an Turmstücken, die jedoch für die Dauer der Bauzeit angemietet werden können. Außerdem ist bei hohen Bauwerken ein- oder mehrmaliges Verankern am Gebäude notwendig. Die Klettereinrichtung besteht aus einem Führungsstück (1) mit eingebautem Hydraulikzylinder (2), dem

Abb. 4.16 Schema für einen Hubwerksantrieb mit schaltbarem Getriebe

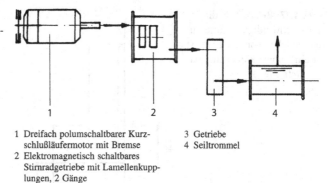

1 Dreifach polumschaltbarer Kurzschlußläufermotor mit Bremse
2 Elektromagnetisch schaltbares
  Stirnradgetriebe mit Lamellenkupplungen, 2 Gänge

3 Getriebe
4 Seiltrommel

Hydraulikaggregat (3) und der Turmabstützung (4). Das Führungsstück (1) sitzt unterhalb der Drehbühne (5) und wird mit dieser fest verbunden.

Zum Klettern wird der Kranturm (6) von der Drehbühne gelöst. Das Führungsstück übernimmt jetzt die Haltefunktion für das Kranoberteil. Die Turmstücke sind so ausgebildet, dass sie die Kräfte aus der Hydraulikpresse und der Abstützung aufnehmen können. Der Klettvorgang kann in zwei oder mehreren Schritten (a), je nach Länge der Turmstücke (max. 5 m) und des dazugehörigen Führungsstückes, erfolgen. Das Führungsstück ist in der oberen Hälfte von einer Seite her offen, damit ein Turmstück (7) eingeschoben und verschraubt werden kann. Das Turmstück wird vorher mit der Kran-Hakenflasche (8) auf einer ausziehbaren Plattform (9) abgesetzt. In umgekehrter Weise kann der Kran wieder nach unten klettern, bis er eine niedrige Höhe erreicht hat, in der die Demontage mit einem Mobilkran möglich ist. Klettereinrichtungen können mit dem Lasthaken des Kranes am Turm gleitend abgelassen und für andere Einsätze verwendet werden. Umgekehrt kann eine Klettereinrichtung auch unten montiert und zu weiteren Klettervorgängen wieder hochgezogen werden.

4.1.5.3 Hubwerke
Bei der Überwindung großer Hubhöhen wird angestrebt, die Hubgeschwindigkeit möglichst der jeweiligen Last anzupassen. Dabei sollte die in das Hubwerk installierte Motorleistung weitgehend genutzt werden. Die Hubgeschwindigkeiten bei Turmdrehkranen bewegen sich von wenigen m/min bis ca. 180 m/min. Die Auswahl des Hubwerks bedarf bei großen Hubhöhen und großen Traglasten besonderer Sorgfalt, um wirtschaftlich arbeiten zu können.

Unterschieden werden:

Hubwerke für eine maximale Last von 3 bis 8 t am zweisträngigen Lasthaken Sie werden für Krane der Baureihen 1 und 2 verwendet. Die Anpassung der Hubgeschwindigkeit an die Hublast erfolgt über Schaltstufen, die durch polumschaltbare Kurzschlussläufermotoren mit Bremse in Verbindung mit elektromagnetisch schaltbaren Getrieben erreicht werden (s. Abb. 4.16 und 4.17).

Abb. 4.17 Beispiel für die
Hubgeschwindigkeitsstufen in
Abhängigkeit von der Traglast
für ein Hubwerk mit schaltbarem Getriebe

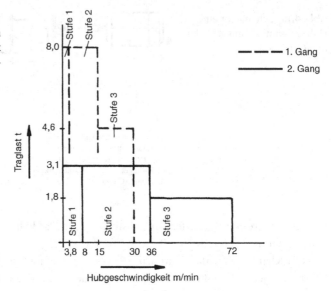

Abb. 4.18 Schema für
einen Hubwerksantrieb mit
Schleifringläufermotor und
schaltbarem Getriebe

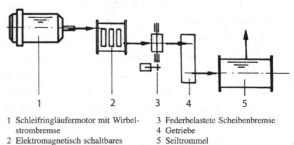

1 Schleifringläufermotor mit Wirbel-   3 Federbelastete Scheibenbremse
  strombremse   4 Getriebe
2 Elektromagnetisch schaltbares   5 Seiltrommel
  Stirnradgetriebe 3 oder 4 Gänge

Hubwerke für eine maximale Last von 10 bis 20 t am zweisträngigen Lasthaken Für
Krane der Baureihe 3 bis 6 werden meist Hubwerke mit Schleifringläufermotoren, Wirbelstrombremse und elektromagnetisch schaltbarem Dreiganggetriebe verwendet (s. Abb.
4.18). Durch das Zusammenwirken von Schleifringläufermotor und Wirbelstrombremse
können je Gang meist 3 Drehzahlstufen erreicht und damit die Hubgeschwindigkeit der
Last besser angepasst werden (s. Abb. 4.19).

Frequenzgeregelte Antriebe Die beiden zuerst genannten Antriebsarten zeigen, dass die
Hubgeschwindigkeit der jeweiligen Traglast nur in Stufen angepasst werden kann. Eine
bessere Anpassung und damit bessere Ausnutzung der installierten Motorleistung wäre nur
durch ein Getriebe mit vielen Abstufungen möglich, was aber aus Kostengründen nicht
machbar ist. In den letzten Jahren werden immer mehr frequenzgesteuerte Antriebe für
Hub-, Katzfahr- und Drehantriebe eingesetzt. Zwischenzeitlich sind Anwendungsbereiche
für Motorleistungen bis 110 kW möglich.

Abb. 4.19 Beispiel für die
Geschwindigkeitsstufen in Abhängigkeit von der Traglast für
ein Hubwerk mit schaltbarem
Getriebe

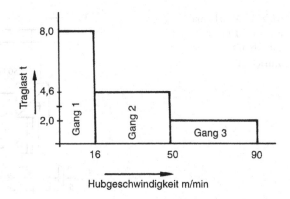

Ein frequenzgeregelter Antrieb besitzt einen Frequenzumrichter, der einem normalen Drehstrommotor vorgeschaltet ist und das Drehstromnetz 380 V/50 Hz in ein variables Drehstromnetz umwandelt. Dieses variable Drehstromnetz ist dann in der Spannung von 0 bis 380 V und in der Frequenz von 0 bis 150 oder 200 Hz, je nach Bedarf, veränderbar. Über ein Regelgerät kann der Kurzschlussläufermotor so angesteuert werden, dass er mit der variablen Frequenz und Spannung die erforderliche Drehzahl annimmt. Mit dieser Technik können alle Teillastbereiche stufenlos an die installierte Motorleistung angepasst werden. Dies führt zu größeren Hubgeschwindigkeiten und damit zur besseren Nutzung des Kranes.

Eine schematische Darstellung eines Hubwerkantriebs mit Frequenzumrichter gibt Abb. 4.20.

Eine Darstellung der stufenlos regelbaren Geschwindigkeit in Abhängigkeit von der Traglast zeigt Abb. 4.21.

4.1.5.4 Katzfahrwerke

Üblich sind Katzfahrgeschwindigkeiten bis 80 m/min.

Katzfahrantriebe sind überwiegend frequenzgeregelte Antriebe wie unter Abschn. 4.1.5.3 beschrieben. Damit ist eine stufenlos regelbare Fahrgeschwindigkeit von 0 bis 80 m/min möglich.

4.1.5.5 Krandrehwerke

Drehwerksantriebe sind hochbeanspruchte Antriebsaggregate. Besondere Anforderungen wie das Drehen mit großflächigen Lasten, Windeinflüsse, verschieden große Lasten und verschiedene Auslegerlängen beeinflussen die richtige Auslegung der einzelnen Bauteile und die Auswahl der richtigen Antriebsleistung.

Übliche Drehgeschwindigkeiten sind 0,7 bis 1,0 Umdrehungen pro min.

Der Schleifringläufermotor mit mehreren Schaltstufen in Verbindung mit einer Flüssigkeitskupplung gewährleistet eine sanfte und verschleißfreie Kraftübertragung. Die Windlastregelung bewirkt, dass nach dem Einschalten des Motors die Bremse erst dann lüftet, wenn das Drehmoment aus der Windkraft überschritten ist. Damit wird ein Zurückdre-

Abb. 4.20 Schema
für einen Hubwerks-
antrieb mit Frequenz-
umrichter

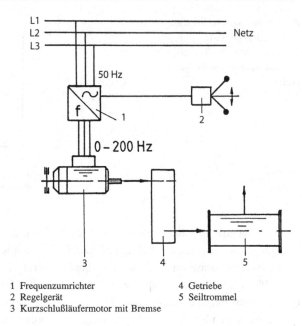

1 Frequenzumrichter   4 Getriebe
2 Regelgerät   5 Seiltrommel
3 Kurzschlußläufermotor mit Bremse

hen des Krans vermieden. Bei Windstille öffnet die Bremse sofort. Bei Turmdrehkranen
außer Betrieb wird durch eine elektrische oder mechanisch betätigte Windfreistellung die
Bremse gelüftet, sodass sich der Kran wie eine Wetterfahne in Windrichtung drehen kann.

Auch Krandrehwerke werden immer mehr mit frequenzgeregelten Antrieben ausgestattet.

4.1.5.6 Kranfahrwerke

Die üblichen Fahrgeschwindigkeiten bei Turmdrehkranen sind 25 m/min. Die Fahrwerke
der Krane kleinerer Baureihen werden über Kurzschlussläufermotoren mit Bremse und ein
vorgeschaltetes Getriebe direkt angetrieben.

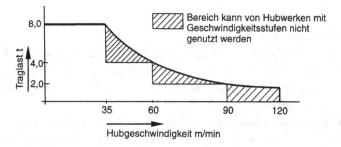

Abb. 4.21 Beispiel für stufenlose Geschwindigkeitsregelung bei Hubwerken mit Frequenzumrichter

Bei mittleren und großen Kranen werden Kurzschlussläufermotoren, Flüssigkeitskupplungen und Getriebe mit Bremsen verwendet. Diese Kombination führt zu einem sanften Anfahren und stufenlosen Beschleunigen des Kranes.

4.1.5.7 Sicherheitseinrichtungen

Für die Betriebssicherheit eines Turmdrehkranes sind gegen Überlastung und zur Überwachung der Hub- und Fahrbewegungen Sicherheitseinrichtungen eingebaut. Alle Einrichtungen wirken automatisch und schalten bei Auslösung den entsprechenden Antrieb ab. Sie bilden einen Schutz gegen Bedienungsfehler, Betriebsunfälle und Maschinenschäden.

Im Folgenden werden die einzelnen Sicherheitseinrichtungen beschrieben, die je nach Kranhersteller und Krangröße konstruktiv verschieden sein können.

Sicherheitseinrichtung für die Maximallast (Höchstlastbegrenzer) Eine schematische Darstellung einer der am meisten verbreiteten Überlastsicherungen gibt Abb. 4.22. Die Überlastsicherung spricht dann an, wenn die maximale Traglast überschritten wird. Das Kriterium für maximale Traglast ist meist die Zugkraft der Hubwinde. Die Einstellung der Last erfolgt über eine Umlenkrolle (1) des Hubseils, die über eine Wippe (2) gegen eine starke Spiralfeder (3) drückt. Am Ende der Wippe ist ein verstellbarer elektrischer Endschalter (4) so platziert, dass er beim Überschreiten der maximalen Traglast anspricht.

Momenten-Überlastsicherung (Lastmomentbegrenzer) Durch die Momenten-Überlastsicherung eines Turmdrehkranes wird die Standsicherheit bei Betriebslast überwacht. Sie spricht an, wenn das zulässige Lastmoment überschritten wird. Eine einfache und oft angewendete Möglichkeit für die Momentensicherung bildet ein Dehnungsstab, der durch das Nackenseil belastet wird (s. Abb. 4.23). Mit der Erhöhung des Lastmoments erhöht sich die Zugkraft im Nackenseil und führt zu einer geringen Verlängerung des Dehnungsstabes (1). An den Enden des Dehnungsstabes sind beidseitig leicht gewölbte Flachstahlbügel (2) fest verschweißt. Durch die Dehnung verringert sich der Abstand (a). Diese veränderte Wegstrecke wird dazu benutzt, den an einem der beiden Flachstahlbügel befestigten Endschalter (3) zu bestätigen. Die Einstellung des Abschaltpunktes erfolgt durch eine Belastungsprobe.

Hubendbegrenzung Die Hubendbegrenzung nach oben ist notwendig, um ein Anfahren der Hakenflasche an den Ausleger zu verhindern bzw. einem vollständigen Abwickeln des Hubseils auf der Trommel nach unten vorzubeugen. Die Hubendbegrenzung oben und unten wird mit einem Spindelendschalter überwacht (s. Abb. 4.24). Die Welle der Seiltrommel (1) ist mit der Gewindespindel (2) des Spindelendschalters verbunden. Bei Links- oder Rechtslauf der Seiltrommel bewegt sich die Schaltnocke (3) auf der Gewindespindel hin und her. Für die Einstellung der Begrenzungen wird der Lasthaken in die gewünschte Endposition gebracht. Durch Nachstellen der verschiebbaren Schaltelemente für oben (4) und für unten (5) kann der Abschaltpunkt genau festgelegt werden.

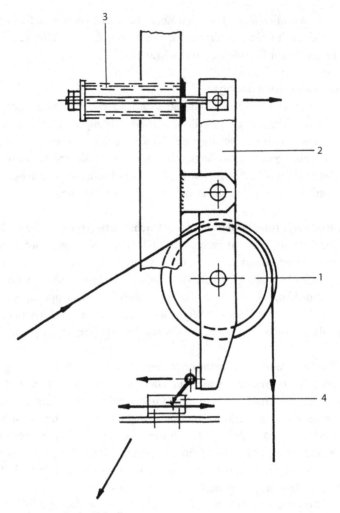

1 Umlenkrolle des Hubseils
2 Wippe
3 Druckfeder
4 Verstellbarer Endschalter

Abb. 4.22 Schema einer Überlastsicherung für die Maximallast eines Kranes

Katzfahr-Endbegrenzung für die maximale und minimale Ausladung Der Katzfahr-Endschalter begrenzt den Fahrweg der Laufkatze am Ausleger innen und außen. Wie bei der Hubendbegrenzung werden auch bei der Katzfahr-Endbegrenzung Spindelschalter verwendet. Die Funktion entspricht der oben beschriebenen. Für die Einstellung wird die Laufkatze in die Endposition max. und min. Ausladung gefahren. Die verschiebbaren Schaltelemente können dann entsprechend fixiert werden.

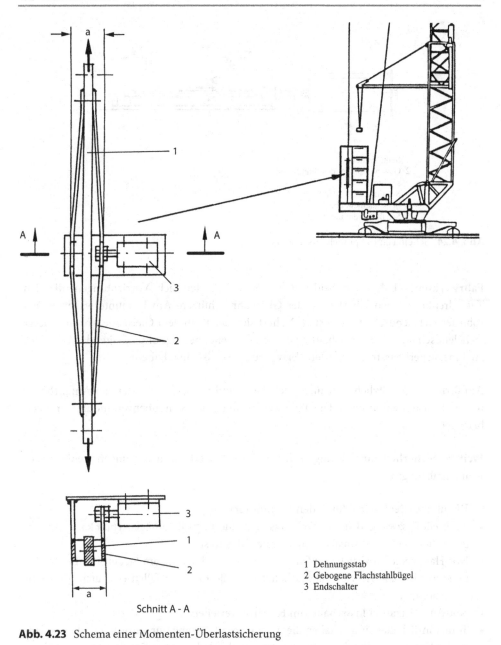

Schnitt A - A

Abb. 4.23 Schema einer Momenten-Überlastsicherung

1 Dehnungsstab
2 Gebogene Flachstahlbügel
3 Endschalter

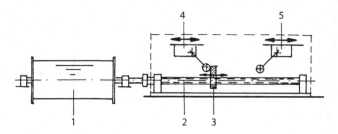

1 Seiltrommel
2 Gewindespindel des Spindelendschalters
3 Schaltnocke
4 Schaltelement oben
5 Schaltelement unten

Abb. 4.24 Schema eines Spindelendschalters

Fahrwerksendschalter An beiden Gleisenden befinden sich Vorrichtungen, die den Turmdrehkran gegen Überfahren der Gleisbahn schützen. Am Kranunterwagen ist ein robuster Hebelendschalter befestigt. Nähert sich der Kran dem Gleisende, so wird dieser Hebelendschalter über ein Schaltlineal (schiefe Ebene) betätigt und schaltet das Fahrwerk ab. Eine Sicherheitsstrecke für den Verzögerungsweg ist einzuhalten.

Anfahrböcke Zusätzlich zu Fahrendschaltern sind an beiden Gleisenden Anfahrböcke mit Endstücken vorzusehen. Die Teile werden mit einer Schraubenverbindung am Gleis befestigt.

Weitere Sicherheitseinrichtungen Als weitere Sicherheitseinrichtungen gehören zur Kranausrüstung:

- Warnhupe (Bedienung durch den Kranführer).
- Nullstellungszwang, d. h., der Drucktaster „Steuerung Ein" am Steuerpult kann nur eingeschaltet werden, wenn alle Steuergeräte auf Null stehen.
- Not-Halt, roter Pilzdruckknopf mit mechanischer Rastung am Steuerpult. Bei Betätigung werden alle Antriebe abgeschaltet und alle Bremsen fallen ein, auch die Drehwerksbremse.
- Not-Aus, Netzanschlussschalter im Baustromverteiler.
- Totmann-Schalter sind Schalter, die den Einschaltvorgang nur aufrecht erhalten, solange der Kranführer mit der Hand auf den Schalthebel leichten Druck ausübt. Sobald er die Hand wegnimmt, wird die Kranbewegung abgeschaltet.
- Automatischer Federrückzug. Es gibt Krantypen, die an Stelle des Totmann-Schalters einen automatischen Federrückzug haben. Nimmt der Kranführer die Hände weg, z. B. weil er bewusstlos wird, gehen die Steuergeräte automatisch in die Nullstellung zurück und schalten die Kranbewegungen ab. Eine Nullstellungssperre verhindert ein ungewolltes Einschalten, z. B. mit dem Ellbogen.

4.1.5.8 Kransteuerungen und Kransteuersysteme

Kransteuerungen Bei den Kransteuerungen muss zwischen obendrehenden und untendrehenden Kranen unterschieden werden. Obendrehende Krane werden meist über eine fest eingebaute Steuerung vom Führerhaus aus bedient. Untendrehende Krane können ebenfalls vom Führerhaus aus gesteuert werden. Statt des fest eingebauten Steuerpultes wird jedoch häufig ein tragbares Steuerpult verwendet. Über eine steckbare Steuerleitung kann der Kran dann auch von einem unteren Steuerstand aus oder aus der näheren Umgebung bedient werden. Das Steuerpult kann am Körper getragen und problemlos betätigt werden.

Weit verbreitet sind heute Funkfernsteuerungen, die es dem Kranführer erlauben, das Gerät aus größerer Entfernung zu bedienen. Die Funkfernsteuerung bringt Vorteile, besonders bei kleinen Baustellen, da der Kranführer bei geringer Kranauslastung anderweitig mitarbeitet und bei Bedarf das Gerät sofort bedienen kann. Einen weiteren Vorteil hat die Funkfernsteuerung bei Baustellen, die vom Führerhaus aus schlecht einsehbar sind. Der Kranführer kann sich dann im Baustellenbereich eine günstige Bedienposition suchen.

Kransteuersysteme Die neuen Kran-Generationen können mit elektronischen Kransteuerungs- und Überwachungssystemen ausgerüstet werden. Mit der Installation eines programmierbaren Kransteuersystems werden dem Kranführer über einen kleinen Monitor im Führerhaus laufend die aktuellen Daten über den Betriebszustand des Gerätes zur Verfügung gestellt (s. Abb. 4.25). Die über Sensoren abgenommenen Werte werden in einer Zentraleinheit weiterverarbeitet und auf dem Monitor dargestellt. In der Zentraleinheit sind auch alle übrigen Krandaten gespeichert. Durch ständige Soll-Ist-Vergleiche werden abweichende Werte erkannt und angezeigt.

Beschreibung der wichtigsten Funktionsbausteine

- **Elektronische Lastmomentbegrenzung**
  Die eingelesenen Daten für die Traglast und die Ausladung (Traglasttabelle) werden permanent mit dem Ist-Zustand verglichen. Erreicht der Ist-Wert einen Wert außerhalb der Traglasttabelle, wird der Überlastzustand erkannt und die Kranbewegung abgeschaltet. Einen weiteren Vorteil bringt die Lastmomentbegrenzung bei der Montage. Für die Einstellung des Lastmoments ist nur noch eine Prüflast mit bekanntem Gewicht notwendig. Durch die programmierbaren Daten kann die sonst übliche Einstellung der maximalen Last und die Momentüberlastsicherung entfallen.
- **Elektronische Begrenzung des Arbeitsbereiches**
  Mit dieser Einrichtung können Arbeitsbereiche ausgespart werden. Dies kann notwendig werden, wenn z. B. Straßen, Bahnlinien, Hochspannungsleitungen oder andere Bauwerke nicht mit Last überfahren werden dürfen (s. Abb. 4.26).
  Die festgelegten Begrenzungspunkte (z. B. 1-2 oder 3-4-5) werden angefahren und gespeichert. Nähert sich der Kran dem begrenzten Bereich, so wird automatisch die Dreh-

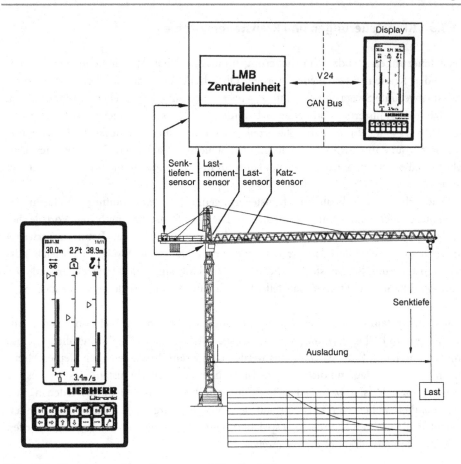

Abb. 4.25 Kransteuersysteme, Sensoren und Monitor [38]

Abb. 4.26 Elektronische Begrenzung des Arbeitsbereiches

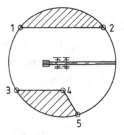

bewegung abgeschaltet. Dem Kranführer werden auf dem Monitor die Begrenzungsda-
ten angezeigt. Er ist daher jederzeit in der Lage, den Abstand zu dem für ihn gesperrten
Bereich zu erkennen.

- **Elektronisches Antikollisionssystem**
  Sind mehrere Krane auf einer Baustelle, deren Arbeitsbereiche sich überschneiden, soll
  dieses Steuersystem eine gegenseitige Behinderung vermeiden. Die Basis hierfür bildet

das oben beschriebene System zur Begrenzung des Arbeitsbereiches. Zusätzlich ist noch eine Kommunikation (Verkabelung) zwischen den beiden oder mehreren Kranen über die jeweilige Position der Laufkatze und des Drehwerks notwendig.

- **Elektronische Betriebsdatenerfassung**
Turmdrehkrane sind auf der Baustelle meist Schlüsselgeräte. Da Ausfälle oft zu unkalkulierbaren Kosten führen, ist in der Zukunft eine Betriebsdatenerfassung absolut notwendig.

Bei Turmdrehkranen können z. B. folgende Daten erfasst werden:
- Einschaltdauer des Kranes,
- Einschalthäufigkeit aller Antriebe,
- Betriebsstunden des Drehwerks,
- Betriebsstunden des Hubwerks,
- Betriebsstunden der Laufkatze,
- Betriebsstunden der Fahrwerke,
- Temperaturen,
- Öldrücke und Volumenströme,
- Drehzahlen,
- elektrische Spannungen und elektrische Ströme.

Gestützt auf diese Betriebsdaten übernehmen verschiedene Kranhersteller einen Komplett-Service für die gesamte Kranausrüstung einer Baustelle. Dies trifft überwiegend bei der Bereitstellung von Mietkranen durch den Hersteller zu. Durch die Auswahl und den schnellen Zugriff auf die Betriebsdaten können Aussagen über vorbeugende Wartung und Erneuerung von Teilen und Baugruppen gemacht werden. Die Datenübermittlung kann über ein eigenes Servicenetz oder eine Telekommunikationseinrichtung erfolgen.

4.1.5.9 Krane mit Raupenfahrwerk
Baugrößen bis ca. 60 mt Lastmoment

Krane können an Stelle der üblichen Unterwagenvarianten und Abstützungen mit einem Raupenfahrwerk (s. Abb. 4.27) ausgerüstet werden.

Einsatzbereiche sind Streckenbaustellen (z. B. Brückenbau) bei denen schnelle, problemlose Standortwechsel auch in schwierigem Gelände notwendig sind. In eingeklapptem Zustand können mit dem Raupenfahrwerk Steigungen bis 30 Grad überwunden werden. In Betriebszustand sind Steigungen bis zu 8 Grad möglich. Der Raupenunterwagen besitzt einen hydraulischen Fahrantrieb und hydraulisch ausfahrbare Abstützungen, die den Niveauausgleich in Arbeitsstellung herstellen. Ein angebauter Dieselgenerator liefert Strom für den Kranbetrieb und das Hydraulikaggregat für den Raupenantrieb und die Abstützungen.

4.1.5.10 Mobilbaukrane
Baugrößen bis ca. 80 mt Lastmoment (s. Abb. 4.28)

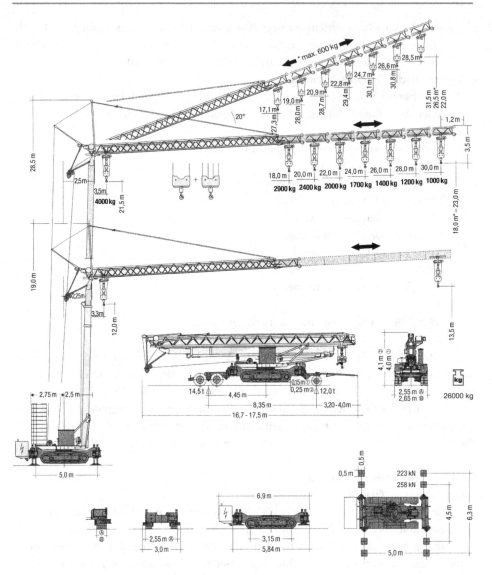

Abb. 4.27 Kran auf Raupenfahrwerk [38]

Bei Mobilbaukranen ist ein normaler Turmdrehkran auf ein Mobilkranfahrgestell montiert. In Transportzustand (eingeklappter Kran) ist das Gerät straßenfahrbar und damit für schnelle Baustellenwechsel geeignet. Durch den senkrechten Turm und den Laufkatzenausleger bietet der Mobilbaukran oft Vorteile gegenüber dem normalen Mobilkran mit Teleskopausleger. Der schwere Mobilkran-Unterwagen mit der hydraulischen Abstützung verleiht dem Gerät eine hohe Standsicherheit ohne Zusatzballast. Der Mobilbaukran kann im Betriebszustand auf ebenem Gelände verfahren werden.

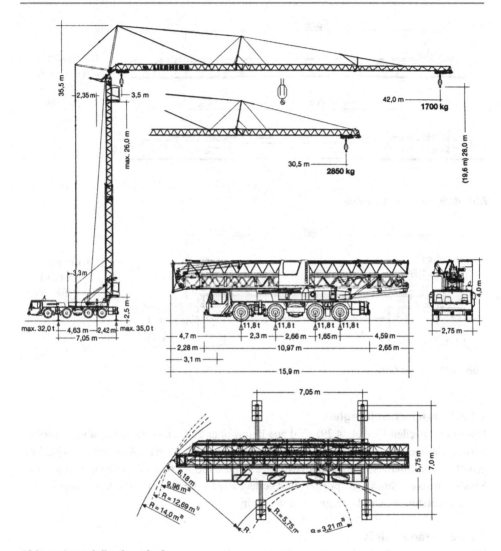

Abb. 4.28 Mobilbaukran [38]

4.1.6 Kran-Gleisanlagen

Spurweiten bei Turmdrehkranen sind zwischen 3,8 und 6,0 m üblich. Bei Kranen über ca. 300 mt Lastmoment sind Spurweiten von 8,0 bzw. 10,0 und 15,0 m in Verwendung. Neben armierten Betonfundamenten mit verankerter Laufschiene für Großkrane sind für Spurweiten bis 8,0 m das Kurzschwellengleis und das Trägergleis in Verwendung.

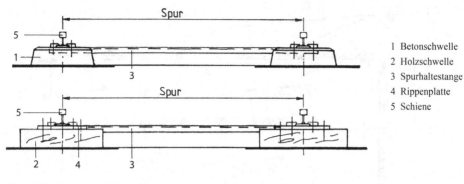

Abb. 4.29 Kurzschwellengleis

1 Betonschwelle
2 Holzschwelle
3 Spurhaltestange
4 Rippenplatte
5 Schiene

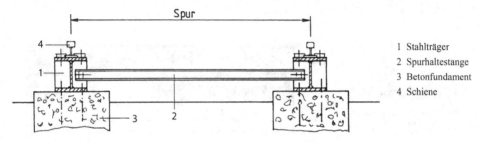

Abb. 4.30 Träger-Gleis

1 Stahlträger
2 Spurhaltestange
3 Betonfundament
4 Schiene

4.1.6.1 Kurzschwellengleis

Die Kurzschwellen (s. Abb. 4.29) sind aus Beton oder Holz. Der Schwellenabstand sollte
0,6 m nicht überschreiten. Die Spur wird durch Spurhaltestangen im Abstand von 4 bis 5 m
gehalten. Vorteilhaft ist, dass Schienenstränge mit fest montierten Schwellen in Längen von
5 bis 7,5 m als ein Stück transportiert und verlegt werden können. Für die Verlegung ist nur
ein verdichteter, stabiler Untergrund notwendig.

4.1.6.2 Träger-Gleis

Die Laufschienen sind auf Breitflanschträgern mit Spannplatten befestigt (s. Abb. 4.30).
Diese Einheiten werden in Längen bis zu 10 m transportiert und verlegt. Für die Verlegung
sind Betonstreifenfundamente notwendig. Haltestangen alle 4 bis 5 m gewährleisten die
genaue Spur. Mit diesem Gleissystem können große Radlasten aufgenommen werden.

4.1.7 Sicherheitsmaßnahmen beim Betrieb von Turmdrehkranen

Zum sicheren Betrieb eines Turmdrehkranes sind nachstehende Hinweise zu beachten:

- Die **Sachkundigenprüfung** ist einmal jährlich und nach jeder Montage durchzuführen. Sachkundige können Maschinen- oder Kranmontagemeister mit entsprechender

Erfahrung und Ausbildung sein. Die Überprüfung ist durch ein Protokoll zu belegen und sollte durch eine Plakette am Kran sichtbar gemacht werden.

- Die **Sachverständigenprüfung** ist nach 4, 8, 12, 16, 18 und 19 Jahren, dann jährlich durchzuführen. Sachverständige können Ingenieure des TÜV (Technischer Überwachungsverein) oder anderer technischer Prüfstellen für Hebezeuge sein. Auch diese Überprüfung ist durch ein Protokoll zu belegen und sollte durch eine Plakette am Kran sichtbar gemacht werden.
- Zu jedem Kran ist das dazugehörige Kranprüfbuch beim Gerät (auf der Baustelle) zu hinterlegen. Im Kranprüfbuch sind alle Abnahmeprotokolle abzuheften und Seilwechsel und größere Reparaturen aufzuzeichnen.
- Der Kranführer muss mindestens 18 Jahre alt sein und die nötige Ausbildung und Erfahrung zum Führen eines Turmdrehkrans haben. Der Unternehmer hat den Kranführer schriftlich zu beauftragen, ein Krankontrollbuch zu führen, in dem täglich Eintragungen über Reparaturen oder Besonderheiten am Gerät vorzunehmen sind. Die Gegenzeichnung durch die Baustellenaufsicht ist notwendig.
- Bei gleisbetriebenen Kranen sind vor dem Verlassen des Krans vom Kranführer die Schienenzangen einzulegen.

Dies dient als Sicherheit gegen Abtreiben des Kranes durch den Wind.

- Bei der täglichen Kontrolle sind undichte Getriebe und der Zustand der Beseilung zu beachten. Ebenso sollte der Kran in einem guten Zustand gehalten werden.
- Sind mehrere Krane auf einer Baustelle, sind die vorgeschrieben Sicherheitsabstände einzuhalten (s. Abb. 4.31).

4.1.8 Personenbeförderung

Die Beförderung von Personen ist nur in einem Förderkorb zulässig, wenn folgende Bedingungen erfüllt werden:

- Der Förderkorb muss den Anforderungen der Berufsgenossenschaft entsprechen. Dazu gehören ein gefederter Boden, hohe geschlossene oder vergitterte Seitenteile und eine sichere Aufhängung. Außerdem muss der Förderkorb typengeprüft oder von einem Sachverständigen abgenommen sein (s. Abb. 4.32).
- Die Berufsgenossenschaft ist 2 Wochen vor dem ersten Einsatz zu verständigen.
- Der Turmdrehkran muss vor der ersten Personenseilfahrt von einem Sachkundigen geprüft werden.

Diesen Sicherheitsmaßnahmen unterliegen auch Betonierkübel mit Bedienungsstand. Diese Einrichtung erspart oft aufwendige Arbeiten zur Errichtung eines Standplatzes entlang der Schalung.

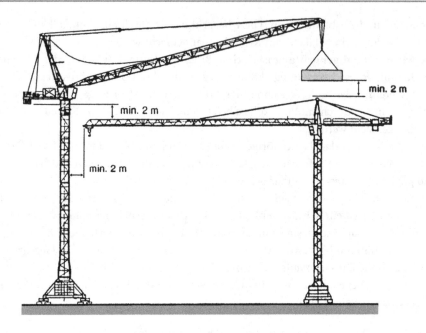

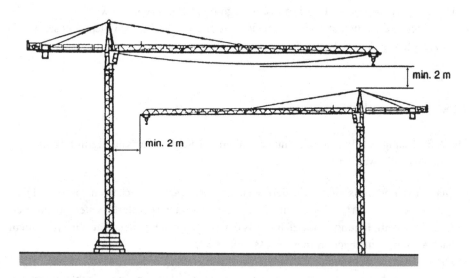

Abb. 4.31 Sicherheitsabstände zwischen Kranen [44]

Abb. 4.32 Personenbeförde-
rungskorb (Arbeitskorb) [17]

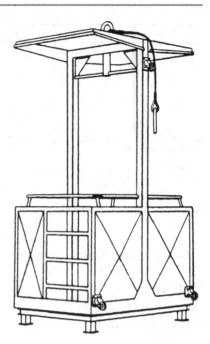

4.2   Portalkrane

4.2.1   Allgemeines

Der Portalkran hat sich für spezielle Einsatzzwecke auf Baustellen und im Bereich von Fertigungsanlagen und Lagerplätzen als wirtschaftliches Gerät erwiesen. Haupteinsatzgebiete sind:

- Kanalbaustellen,
- Einsatz über Kanalschächten bei der Rohrdurchpressung,
- Einsatz über U-Bahnschächten,
- Feldfabriken im Beton-Fertigteilbau,
- Lagerplätze in Fertigteilwerken,
- Betonwaren- und Betonsteinindustrie,
- Lagerplätze und Bauhöfe,
- Stahllagerplätze und Eisenbiegebetriebe.

4.2.2   Bauteile und Daten

Je nach Bedarf werden Portalkrane ohne Ausleger, nur mit einseitigem Ausleger oder mit beidseitigem Ausleger eingesetzt.

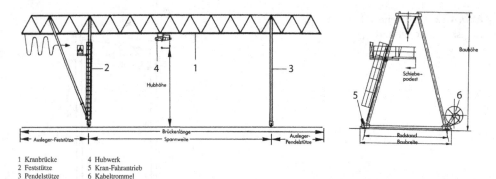

1 Kranbrücke   4 Hubwerk
2 Feststütze   5 Kran-Fahrantrieb
3 Pendelstütze   6 Kabeltrommel

Abb. 4.33 Bauteile eines Portalkrans [5]

Die maximalen Abmessungen und Traglasten von Portalkranen im Baubetrieb sind:

Traglasten   bis ca. 30 t
Spannweiten bis ca. 50 m
Hubhöhen   bis ca. 12 m

Die Kranbrücken werden bis zu Spannweiten von ca. 25 m und Traglasten bis ca. 10 bis 15 t oft als Kastenträger in Schweißkonstruktion ausgeführt. Bei größeren Kranen ist die Kranbrücke ein Fachwerkträger in Rohrkonstruktion (s. Abb. 4.33). Portalkrane besitzen eine Feststütze (2), die mit der Kranbrücke fest verbunden ist, und eine Pendelstütze (3), die zur Brücke hin pendelnd befestigt ist und die Spurdifferenzen der Gleisanlage ausgleichen kann. Die Geschwindigkeiten für das Kranfahren, das Katzfahren und den Hub sind immer dem Einsatzbedarf anzupassen.

Sie bewegen sich in Größenordnungen von:

Hubgeschwindigkeiten   bis ca. 10 m/min
Kranfahrgeschwindigkeiten bis ca. 120 m/min
Katzfahrgeschwindigkeiten bis ca. 50 m/min

Portalkrane werden mit einer Kabinensteuerung, Flursteuerung oder Funkfernsteuerung betrieben.

4.2.3 Einstufung der Krankonstruktion und Auswahl des Hubwerks

Die Einstufung der Krankonstruktion erfolgt nach Art und Schwere des Betriebs. Die Richtlinien hierfür sind in DIN 15 018 festgelegt. Sie treffen Aussagen über Hubklassen und Beanspruchungsgruppen.

Die Auswahl des Hubwerks wird beeinflusst von der Belastungsart (leicht, mittel, schwer, sehr schwer), von der mittleren Laufzeit pro Tag sowie der Traglast und Einscherungsart. Richtlinien hierfür sind in der Gruppe FEM/DIN 15 020 (FEM – Verband der europäischen Hebezeughersteller) festgelegt.

4.3   Mobilkrane und Raupenkrane

Mobilkrane und Raupenkrane haben im Baubetrieb für Montage- und Hebearbeiten ihren festen Anwendungsbereich.

4.3.1   Mobilkrane

Mobilkrane (s. Abb. 4.34) sind auf 2-Achs- bis 8-Achsfahrgestellen aufgebaut, die für den Straßenverkehr geeignet und zugelassen sind. Krane bis etwa 60 t Traglast sind meist ohne Aufbauarbeiten einsetzbar und können Lasten mit hydraulisch betätigten Verstell- und

	Max. Traglast t 3 m Ausl.	Max. Hubhöhe ca. m	Max. Ausladung ca. m	Max. Fahr- geschwindig- keit km/h	Motorleistung kW	
					Fahrmotor	Kranmotor
	25	40	30	70	170	–
	40	45	35	70	220	–
	50	55	40	70	260	–
	70	60	45	70	260	115
	90	65	50	70	320	115
	120	70	50	70	320	120
	140	75	55	70	320	130
	200	95	70	70	390	150
	300	110	85	70	390	210
	400	130	100	70	390	260

Abb. 4.34 Mobilkran-Baureihe 25–400 t max. Traglast [39]

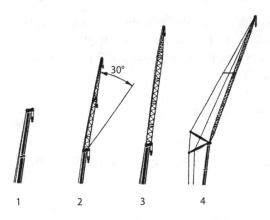

1 Teleskopausleger
2 Teleskopausleger mit Klappspitzen bis
  30°, in Stufen oder stufenlos verstellbar
3 Teleskopausleger mit fester Gitterspitze
4 Teleskopausleger mit Wipp-Gitterspitze

Abb. 4.35 Auslegersysteme für Mobilkrane [39]

Arbeitseinrichtungen feinfühlig und sicher bewegen. Bei Kranen mit größeren Traglasten sind Aufbauarbeiten und zusätzliche Ballastierung notwendig.

Technische Details:

Max. Traglasten	von 25 t bis 500 t
Max. Hubhöhen	bis 145 m
Max. Ausladung	bis 108 m
Max. Fahrgeschwindigkeiten	bis 70 km/h

4.3.1.1 Auslegersysteme für Mobilkrane
Die überwiegend verwendete Auslegerart ist der Teleskopausleger mit oder ohne Klappspitze (s. Abb. 4.35).

4.3.1.2 Bauteile
In Abb. 4.36 sind die Bauteile eines Mobilkranes 70 t Traglast mit Teleskopausleger und Klappspitze zusammengestellt und erläutert.

Fahrgestell (Unterwagen) (1)	Fahrmotor, Diesel ca. 260 kW.
Achsen (2)	hydropneumatische Achsfederung mit Niveauausgleich. In Arbeitsstellung sind Achsen blockierbar.
Abstützung (3)	hydraulisch ausfahrbare Holme mit hydraulischen Abstützzylindern und beweglich befestigten Druckplatten.
Lenkung (4)	hydraulische Allradlenkung. Bei Straßenfahrt wird nur die Vorderachse gelenkt.
Fahrerhaus (5)	schallgedämmt, Gummilagerung, Sicherheitsverglasung.
Bremsen (6)	Allrad-Servo-Druckluftbremsen, Zweikreis-Bremssystem, Handbremse, Federspeicher, auf 2 Achsen wirkend.

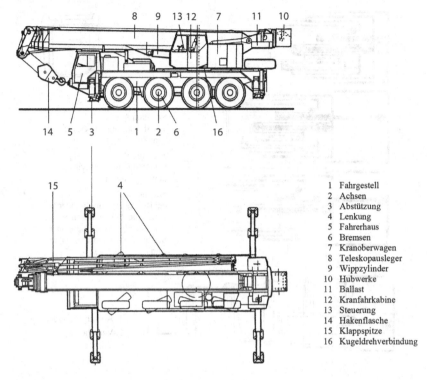

Abb. 4.36 Bauteile eines Mobilkrans [39]

1 Fahrgestell
2 Achsen
3 Abstützung
4 Lenkung
5 Fahrerhaus
6 Bremsen
7 Kranoberwagen
8 Teleskopausleger
9 Wippzylinder
10 Hubwerke
11 Ballast
12 Kranfahrkabine
13 Steuerung
14 Hakenflasche
15 Klappspitze
16 Kugeldrehverbindung

Kranoberwagen (7)	Kranmotor, Diesel 115 kW, für den Antrieb der Hydraulikpumpen.
Teleskopausleger (8)	vierstufig ausfahrbar.
Wippzylinder (9)	–
Hubwerke (10)	hydraulische Antriebe über Planetengetriebe in den Seiltrommeln und federbelasteten Haltebremsen.
Ballast (11)	Stahlplatten in verschiedenen Gewichtsgrößen. Umsetzen von Fahrposition in Arbeitsposition (Gegengewicht) durch Ballastierzylinder.
Kranfahrkabine (12)	–
Steuerung (13)	elektro-hydraulisch mit Vierfach-Steuerhebeln.
Hakenflasche (14)	verschiedene Größen, 22, 50, 70 t.
Klappspitze (15)	in Längen von 10,4 und 18,0 m.
Kugeldrehverbindung (16)	hydraulischer Drehantrieb.

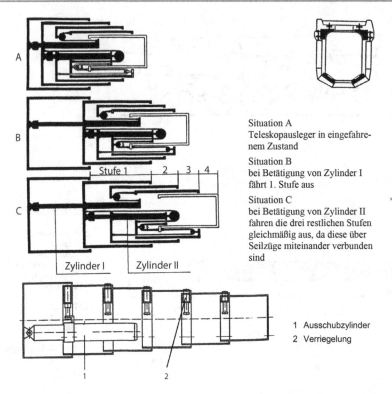

Situation A
Teleskopausleger in eingefahre-
nem Zustand

Situation B
bei Betätigung von Zylinder I
fährt 1. Stufe aus

Situation C
bei Betätigung von Zylinder II
fahren die drei restlichen Stufen
gleichmäßig aus, da diese über
Seilzüge miteinander verbunden
sind

1 Ausschubzylinder
2 Verriegelung

Abb. 4.37 Hydromechanisches und vollhydraulisches Verstellsystem für Teleskopausleger [39]

4.3.1.3 Teleskopausleger

Je nach Länge besteht der Ausleger aus bis zu 5 Teilstücken einschließlich Anlenkstück. Der Teleskopiervorgang kann hydromechanisch (Hydraulikzylinder und zusätzliche Seilzüge) oder vollhydraulisch in Stufen mit nur einem Ausschubzylinder sein.

Die ausgefahrenen Teleskopteile werden in ihrer Endstellung verriegelt. Teleskopausleger sind meist unter Last verstellbar. Die Auslegerteile gleiten auf fast wartungsfreien Polyamidplatten oder Rollen ineinander.

Abbildung 4.37 zeigt ein hydromechanisches und ein vollhydraulisches Verstellsystem mit Verriegelung.

4.3.1.4 Diagramm für den Arbeitsbereich eines Mobilkranes

Aus dem Diagramm für den Arbeitsbereich eines Mobilkranes mit 70 t Traglast (s. Abb. 4.38) sind die Hubhöhen und Reichweiten zu entnehmen. Als Reichweite oder Ausladung wird das Maß von Mitte Drehkranz bis Mitte Last bezeichnet. Die Hubhöhe ist das Maß vom Boden bis zur Seilaufnahme am Lasthaken.

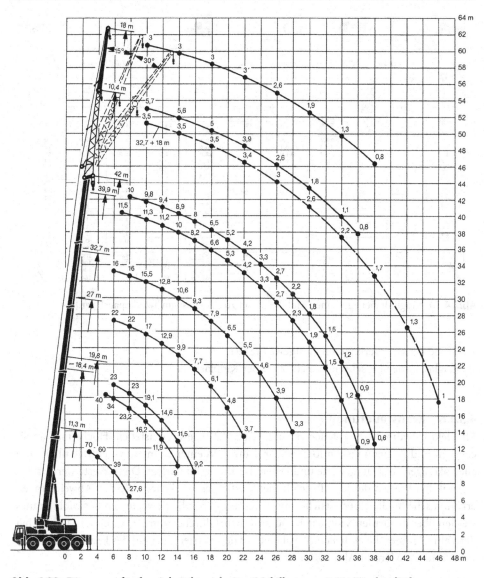

Abb. 4.38 Diagramm für den Arbeitsbereich eines Mobilkranes mit 70 t Traglast [39]

4.3.1.5 Traglasttabelle

Die in der Traglasttabelle für einen Mobilkran mit 70 t Traglast am Teleskopausleger
(s. Abb. 4.39) angegebenen Werte berücksichtigen den jeweiligen Betriebszustand:

- Ausladung ab Drehpunktmitte und Stellung der Teleskop-Auslegerteile,
- Traglast mit Abstützung,
- Drehbereich 360° mit Last,

11,3 m – 42 m   360°   9 t   **75%**

↔m	11,3m [1]		18,4m	19,8m	27m	32,7m		39,9m	42m	↔m
3	70	60								3
3,5	65	54								3,5
4	60	50								4
4,5	54	46,5								4,5
5	48	42,5	40							5
6	39	36	34	23	22	16	14			6
7	32,5	30	27,8	23	22	16	14	11,5		7
8	27,6	25,6	23,2	23	22	16	14	11,5	10	8
9			19,2	21,6	19,7	15,8	14	11,4	9,9	9
10			16,2	19,1	17	15,5	13,4	11,3	9,8	10
12			11,9	14,6	12,9	12,8	11,9	11,2	9,4	12
14			9	11,5	9,9	10,2	10,6	10	8,9	14
16				9,2	7,7	8,1	9,3	8,2	8	16
18					6,1	6,4	7,9	6,6	6,5	18
20					4,8	5,1	6,5	5,3	5,2	20
22					3,7	4	5,5	4,2	4,1	22
24						3,2	4,6	3,3	3,3	24
26						2,6	3,9	2,7	2,7	26
28						2,1	3,3	2,3	2,2	28
30								1,9	1,8	30
32								1,5	1,5	32
34								1,2	1,2	34
36								0,9	0,9	36
38									0,6	38
I	0		93	0	93	93	0	93	100	I
II	0		0	37	37	62	93	93	100	II
III	0		0	37	37	62	93	93	100	III
% IV	0		0	37	37	62	93	93	100	IV %

Abb. 4.39 Traglasttabelle für einen Mobilkran mit 70 t Traglast am Teleskopausleger [39]

- Größe der erforderlichen Ballastgewichte (9 t),
- Traglastwerte überschreiten nicht 75 % der Kipplast.

4.3.1.6 Kransteuerung

Ein elektro-hydraulisches Steuersystem (s. Abb. 4.40) gewährleistet ein Höchstmaß an Sicherheit und Bedienungskomfort für den Fahrer. In einer Computer-Zentraleinheit sind alle zulässigen Belastungswerte und Daten des Kranes hinterlegt. Diese Werte werde ständig mit den Werten des jeweiligen Betriebszustandes verglichen. Werden Abweichungen erkannt, schaltet die Überlastsicherung zuverlässig ab. Alle Bewegungen des Mobilkranes werden über die beiden Vierfach-Handsteuerhebel durchgeführt. Über einen Monitor hat der Fahrer immer die aktuellen Angaben über den Betriebszustand des Kranes. Angezeigt werden (siehe Monitor Abb. 4.40):

- das Lastmoment in Prozent vom zulässigen Wert an einem Balkendiagramm (82 %),
- die Windgeschwindigkeit in [m/s] (6,3 m/s),
- der Hakenweg der Winde 1 mit Richtungsanzeige (2,58 m); nach Anziehen der Last kann die Hakenweganzeige genullt werden (≥ 0),
- der Hakenweg der Winde 2 mit Richtungsanzeige (2,6 m),
- die max. Traglast an der Klappspitze (2,2 t) und die Anzahl der tragenden Seilstränge (Einscherung n = 2),
- die Ist-Last an der Klappspitze (1,8 t),
- die Ausladung von Drehpunktmitte aus (8,3 m) und die Neigung des Hauptauslegers zur Waagrechten (80,6°),

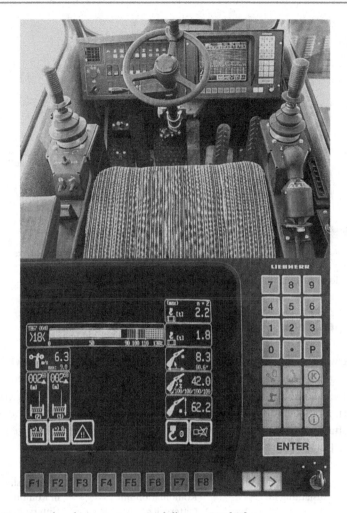

Abb. 4.40 Steuerstand und Monitor eines Mobilkranes 70 t [39]

- die Teleskopauslegerlänge (42 m), alle Stufen ausgefahren (100 %),
- die Rollenhöhe der Klappspitze (62,2 m).

4.3.1.7 Ballastierung

Als Ballast werden Stahlplatten verwendet. Bei kleineren Kranen wird der Ballast meist mitgeführt, wenn die zulässigen Achslasten nicht überschritten werden. Ab ca. 50 t Traglast führt der Kran nur noch einen Teil des Ballastes mit. Der Zusatzballast muss dann separat transportiert werden. Der Mobilkran kann die Zusatz-Ballastgewichte vom Transportfahrzeug abnehmen und mit hydraulisch betätigten Ballastierzylindern montieren, sodass kein zusätzlicher Hilfskran notwendig ist.

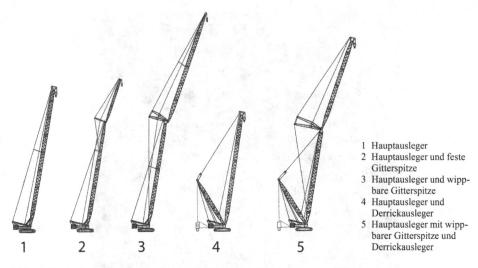

1 Hauptausleger
2 Hauptausleger und feste
   Gitterspitze
3 Hauptausleger und wipp-
   bare Gitterspitze
4 Hauptausleger und
   Derrickausleger
5 Hauptausleger mit wipp-
   barer Gitterspitze und
   Derrickausleger

Abb. 4.41 Auslegersysteme für Raupenkrane [39]

4.3.2 Raupenkrane

Raupenkrane werden überwiegend für Hebe- und Montagearbeiten im Schwerlastbereich eingesetzt. Wegen der großen Abmessungen und Gewichte können Raupenkrane meist nur in einzelnen Komponenten zerlegt transportiert werden. Die Montage erfolgt dann am Einsatzort. An Bedeutung gewinnen die Raupenkrane in letzter Zeit bei der Montage von Windkraftanlagen aufgrund großer Einzelgewichte und großer Hubhöhen.

Technische Details und Baugrößen:

	Traglast t, bei kleinster Ausladung m	Hubhöhe m, in Kombination mit Gitterspitze	Max. Ausladung m in Kombination mit Gitterspitze
Übliche Baugrößen, Traglast t	100 t bei 3,1 m	101 m	63 m
	160 t bei 3,7 m	132 m	70 m
	280 t bei 4,3 m	150 m	85 m
	400 t bei 4,5 m	162 m	120 m
	750 t bei 7,0 m	190 m	124 m
	1200 t bei 12,0 m	226 m	164 m

4.3.2.1 Auslegersysteme für Raupenkrane
Abbildung 4.41 zeigt die bei Raupenkranen möglichen Kombinationen aus Hauptausleger und Gitterspitzen.

4.3.2.2 Bauteile Grundgerät und Auslegeraufbau (s. Abb. 4.42)
Große Raupenfahrwerke bilden die Basis für eine hohe Standsicherheit des Kranes. Die Ballastgewichte sind Stahlplatten in Größen von je 5 bis 10 t. Ein Dieselmotor treibt über ein

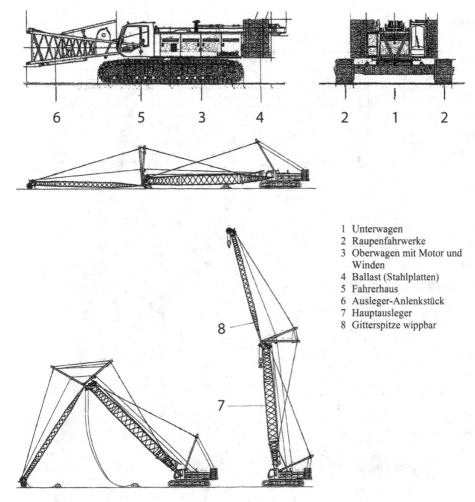

6   5   3   4   2   1   2

1 Unterwagen
2 Raupenfahrwerke
3 Oberwagen mit Motor und
  Winden
4 Ballast (Stahlplatten)
5 Fahrerhaus
6 Ausleger-Anlenkstück
7 Hauptausleger
8 Gitterspitze wippbar

Abb. 4.42 Bauteile Grundgerät und Auslegeraufbau [39]

Verteilergetriebe die zum Betrieb notwendigen Hydraulikpumpen für die Winden, Fahrwerke und die übrigen Aggregate am Kran an. Alle Bewegungsabläufe werden elektrohy-
draulisch gesteuert. Über Monitore wird dem Kranführer laufend der aktuelle Betriebszustand des Kranes ähnlich wie bei Mobilkranen unter Abschn. 4.3.1.6 beschrieben angezeigt.

    Hauptausleger und Auslegerspitzen sind geschweißte Gitterkonstruktionen. Derrickaus-
leger werden bei großen Lasten zur Aufnahme von pendelnden Gegengewichten eingesetzt.

4.3.2.3 Arbeitsbereiche und Traglast

Das Diagramm Abb. 4.43 zeigt den Arbeitsbereich und die Traglasten für einen Raupenkran mit 55,1 m Hauptausleger und verschieden langen Gitterspitzen wippbar.

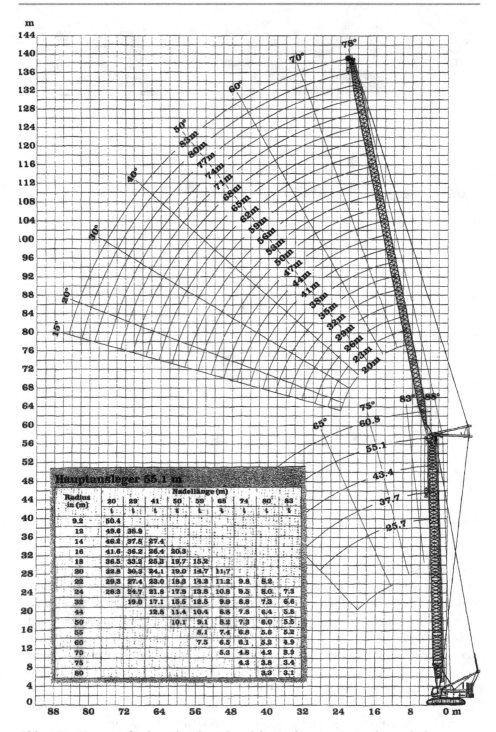

Abb. 4.43 Diagramm für den Arbeitsbereich und die Traglast eines Raupenkranes [39]

4.4 Bauaufzüge

Zur Beförderung von Lasten, überwiegend an Außenfronten bestehender Gebäude, bildet der Bauaufzug eine wirtschaftliche Lösung. Für Bau- und Ausbauhandwerker besteht die Möglichkeit, einzelne Etagen an einem Bauwerk anzufahren und mit Material zu versorgen.

4.4.1 Leichte Bauaufzüge bis 200 kg Traglast (Schrägaufzüge)

Hauptanwender leichter Bauaufzüge (s. Abb. 4.44) sind Dachdecker, daher wird dieses Gerät auch als Dachdeckeraufzug bezeichnet. Der Aufzug kann mit einem Einachsfahrgestell ausgerüstet sein und ist damit leicht transportierbar. Ausziehbare Abstützspindeln gewährleisten die nötige Standsicherheit. Der Einsatz kann auch ohne Fahrgestell mit der Abstützung am Boden und oben am Gebäude erfolgen. Die Aufzugsbahn besteht aus Aluminiumprofilen und ist auf eine Förderhöhe von 30 m teleskopierbar. Beim Einsatz als Schrägaufzug kann ein Teil der oberen Fahrbahn um 45° geklappt und damit einer Dachneigung angepasst werden. Als Windenantrieb wird ein Elektromotor verwendet. Für die Materialbeförderung können eine Plattform oder ein Kippkübel nach Bedarf schnell gewechselt werden.

4.4.2 Materialaufzüge bis 300 kg Traglast

Hauptanwender dieser Aufzugsart (s. Abb. 4.45) sind Gerüstbauer und Ausbauhandwerker. Es handelt sich um Senkrecht-Aufzüge, die mit Zahnstangenantrieb oder Seilwinde ausgerüstet sind. Der Mast ist von der Aufzugsbühne aus in Teilstücken verlängerbar und besteht aus Aluminiumprofilen. Die maximale Hubhöhe beträgt bei entsprechender Mastverankerung bis 100 m bei einer Hubgeschwindigkeit von ca. 30 m/min.

Abb. 4.44 Leichter Bauaufzug bis 200 kg Traglast [62]

Abb. 4.45 Senkrecht-Materialaufzug bis 300 kg Traglast [62]

4.4.3   Materialaufzüge von 500 bis 1500 kg Traglast

Es handelt sich hier um Senkrechtaufzüge, die an einem Gebäude aufgestellt werden und einzelne Etagen mit Material versorgen (s. Abb. 4.46). Hauptanwender sind Bau- und Ausbauhandwerker. Das Grundgerät besteht aus einem Grundrahmen mit Spindelfüßen zum waagrechten Ausrichten und einer Plattform mit Grundmast. Die Hubbewegung erfolgt über 2 Elektromotoren mit Ritzeln, die über eine Zahnstange an den Turmstücken die Hubkraft übertragen und damit kraftschlüssiges Heben und Senken gewährleisten. 2 Motoren werden auch aus Sicherheitsgründen verwendet, weil damit immer 2 Ritzel an der Zahnstange im Eingriff sind. Dabei sind die Antriebe so ausgelegt, dass auch 1 Motor die Last heben und abbremsen kann. Die Mastverlängerung kann dem Baufortschritt entsprechend durch Aufsetzen von Maststücken von der Plattform aus erfolgen.

Weitere technische Details:

Fördergeschwindigkeit	bis 30 m/min
Maximale Förderhöhe	je nach Traglast bis 100 m
Verankerung am Bauwerk	alle 10 m
Sicherheitsfangeinrichtung	fällt bei Überschreitung einer bestimmten Abwärtsgeschwindigkeit ein

Materialaufzüge können mit einer Etagensteuerung ausgestattet werden. Damit besteht die Möglichkeit, beliebig viele vorprogrammierte Etagen anzufahren. Die genauen An-

Abb. 4.46 Senkrecht-Materialaufzug mit 500 kg Traglast [62]

fahrtshöhe der einzelnen Etagen werden durch mechanische Schaltarme fixiert, die am Mast befestigt sind. Es ist verboten, mit solchen Materialaufzügen Personen zu befördern.

4.4.4 Material- und Personenaufzüge bis 2800 kg Traglast

Für diese Aufzugsart (s. Abb. 4.47) gelten von der Bauart her bei der Materialförderung die gleichen Kriterien wie unter Abschn. 4.4.3 beschrieben.

Bei **Personenbeförderung** ist Folgendes zu beachten:

- Die Aufzugsplattform muss ein geschlossener Förderkorb mit Dach sein
- Er muss eine elektrisch verriegelte Türe besitzen, die nur an den Haltestellen zu öffnen ist
- An jeder Haltestelle am Gebäude ist eine Haltestellentüre vorzusehen
- Vor Inbetriebnahme ist die Aufsichtsbehörde (Berufsgenossenschaft) zu verständigen
- Eine Abnahme durch einen Sachverständigen ist notwendig

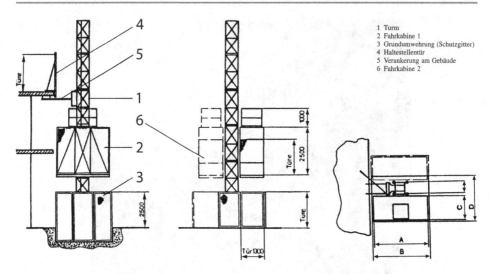

1 Turm
2 Fahrkabine 1
3 Grundumwehrung (Schutzgitter)
4 Haltestellentür
5 Verankerung am Gebäude
6 Fahrkabine 2

Abb. 4.47 Material- und Personenaufzug bis 2800 kg Traglast [74]

Eingesetzt werden Material- und Personenaufzüge bei allen Hochhausbauten, Türmen, hohen Brückenpfeilern usw.

Weitere technische Daten:

Traglast maximal	2800 kg oder 30 Personen
Fördergeschwindigkeit	25 bis 90 m/min
Förderhöhe	bis über 200 m
Verankerung am Bauwerk	ca. alle 10 m

Diese Aufzugsart bietet die Möglichkeit, an einem Aufzugsmast 2 Fahrkörbe zu betreiben.

4.5 Winden und Greifzüge

4.5.1 Allgemeines

Winden und Greifzüge kommen zum Einsatz, wenn Lasten gehoben oder gezogen werden sollen. Welche Hebezeugart gewählt wird, hängt von folgenden Einsatzkriterien ab:

- Gewicht der zu bewegenden Last,
- Fördergeschwindigkeit,
- Förderweg,
- Einsatzhäufigkeit.

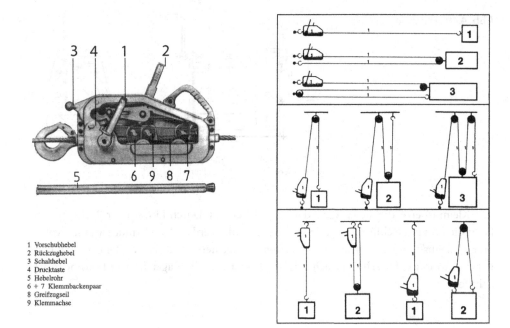

1 Vorschubhebel
2 Rückzughebel
3 Schalthebel
4 Drucktaste
5 Hebelrohr
6 + 7 Klemmbackenpaar
8 Greifzugseil
9 Klemmachse

Abb. 4.48 Greifzug mit Anwendungsbeispielen [22]

Entsprechend diesen Vorgaben können Greifzüge, Handwinden, Elektrowinden, Hydraulikwinden oder Druckluftwinden verwendet werden.

4.5.2 Greifzüge

Der Greifzug (s. Abb. 4.48) ist ein Seilzug, der nach dem Prinzip der Froschklemme durch Klemmbacken das Zugseil bewegt und sichert. Über einen Hebel und eine Umschalteinrichtung kann die Last kontrolliert und sicher gezogen oder abgelassen werden. Greifzüge kommen zur Anwendung, wenn Lasten 1-strängig bis zu einer Zugkraft von 3,2 t bewegt werden müssen. Durch mehrsträngige Lastaufnahme können über Seilrollen auch größere Lasten bewegt werden. Durch die manuelle Hebelbewegung sind nur geringe Fördergeschwindigkeiten möglich. Besonders bei Montagen werden Greifzüge mit großem Erfolg eingesetzt.

4.5.3 Handwinden

Die Seiltrommel wird über ein Getriebe mit einer Handkurbel angetrieben (s. Abb. 4.49). Durch ein Vorgelege im Getriebe können durch Umschalten meist 2 Geschwindigkeiten für große und kleine Lasten gewählt werden. An der Handkurbelwelle sitzt eine klinken-

Abb. 4.49 Handwinde

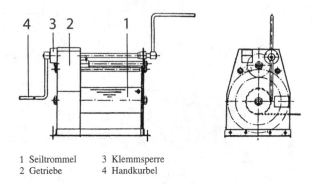

1 Seiltrommel	3 Klemmsperre
2 Getriebe	4 Handkurbel

lose Klemmsperre, die die Last in jeder Lage sicher hält. Durch Links- oder Rechtsdrehen kann die Last kraftschlüssig angehoben oder gesenkt werden. Handwinden werden von 1 bis 6 t bei einsträngiger Last auf der untersten Seillage hergestellt. Wegen der geringen Fördergeschwindigkeit beschränkt sich der Einsatz meist auf Montagen und Verholwinden auf Schiffen.

4.5.4 Elektrowinden

Die Seiltrommel wird bei Elektrowinden (s. Abb. 4.50) über ein Getriebe mit einem Elektromotor angetrieben. Als Antriebsmotoren werden meist mehrfach polumschaltbare Kurzschlussläufermotoren mit Bremse verwendet. Damit stehen mehrere Fördergeschwindigkeiten zur Verfügung. Die Bewegungsrichtung der Trommel wird durch die Drehrichtung des Motors bestimmt. Motorwinden werden von 1 bis 20 t bei einsträngiger Last auf der untersten Seillage hergestellt. Die Fördergeschwindigkeit bewegt sich zwischen 7 und 50 m/min, je nach Windengröße.

Die Anwendungsbereiche sind sehr vielseitig, da Lasten zügig mit verschiedenen Geschwindigkeiten auch über größere Entfernungen bewegt werden können.

4.5.5 Hydraulikwinden

Die Seiltrommel wird über ein innenverzahntes Rad von 2 oder mehreren Hydraulikmotoren angetrieben (s. Abb. 4.51). Auf dem Windengrundrahmen ist das Hydraulik-Antriebsaggregat mit aufgebaut. Jeder Hydraulikmotor besitzt eine Haltebremse, die beim Abschalten einfällt und die Last sicher hält. Hydraulikwinden werden von 1 bis 20 t bei 1-strängiger Last auf der untersten Seillage hergestellt. Der Anwendungsbereich wird gegenüber Elektrowinden dadurch noch erweitert, dass durch den hydraulischen Antrieb die Zugkraft und Seilgeschwindigkeit stufenlos bestimmt werden können. Damit kann die Last auch millimetergenau gehoben oder gesenkt werden.

Abb. 4.50 Elektrowinde

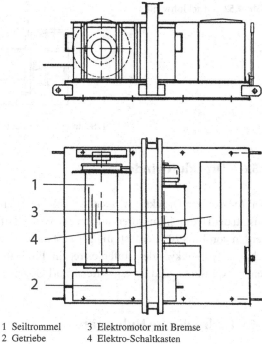

1 Seiltrommel   3 Elektromotor mit Bremse
2 Getriebe   4 Elektro-Schaltkasten

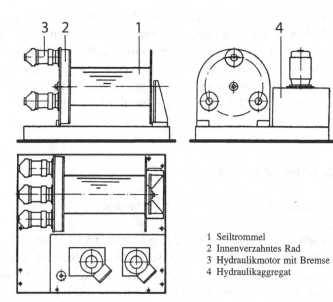

1 Seiltrommel
2 Innenverzahntes Rad
3 Hydraulikmotor mit Bremse
4 Hydraulikaggregat

Abb. 4.51 Hydraulikwinde

Abb. 4.52 Druckluftwinde

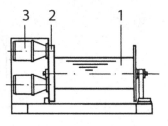

1 Seiltrommel   2 Innenverzahntes Rad   3 Druckluftmotor

4.5.6   Druckluftwinden

Der Aufbau der Druckluftwinden (s. Abb. 4.52) entspricht dem der Hydraulik winden. Anstatt der Hydraulikmotoren sind an der Winde Luftmotoren angebaut. Druckluftwinden werden von 1 bis 20 t bei 1-strängiger Last auf der untersten Seillage hergestellt. Sie lassen sich wie Hydraulikwinden stufenlos regeln. Ein Hauptanwendungsgebiet sind Bereiche, in denen Explosions- und Schlagwettersicherheit gefordert wird.

4.6   Hydraulische Hubgeräte

4.6.1   Allgemeines

Hydraulische Hebeböcke können auf engstem Raum höchste Kräfte übertragen. Alle vorkommenden Aufgaben zum Heben oder Absenken von schwersten Lasten lassen sich durch hydraulische Hebeböcke genau, sicher und wirtschaftlich durchführen. Hydraulische Hebeböcke können als Einzelzylinder oder es können mehrere Zylinder zusammen als Hubsystem eingesetzt werden. Der Hauptanwendungsbereich im Baubetrieb ist das Heben, Senken oder Verschieben von schweren Bauteilen wie Brücken, Schalungen, Großrohren usw.

4.6.2   Hydraulische Hebeböcke

Es werden 3 Arten hydraulischer Hebeböcke unterschieden.

Hydraulische Hebeböcke ohne und mit Stellring (s. Abb. 4.53)   Hebeböcke ohne Stellring eignen sich für kurzfristige Hebearbeiten. Soll jedoch ein Bauwerk angehoben und längere Zeit in dieser Position gehalten werden, so kann der Kolben mit Gewinde durch einen Stellring gegen den Zylinder fixiert werden. Damit wird Undichtigkeiten im Hydrauliksystem vorgebeugt.

Hergestellt werden Hebeböcke in den Größen:

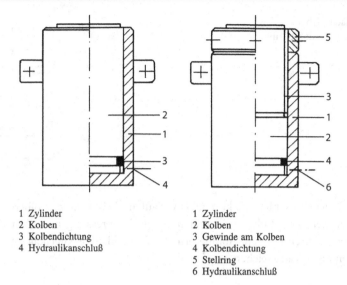

1 Zylinder
2 Kolben
3 Kolbendichtung
4 Hydraulikanschluß

1 Zylinder
2 Kolben
3 Gewinde am Kolben
4 Kolbendichtung
5 Stellring
6 Hydraulikanschluß

Abb. 4.53 Hydraulischer Hebebock ohne Stellring und mit Stellring

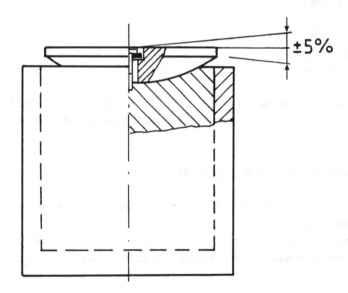

Abb. 4.54 Hydraulischer Hebebock mit pendelnder Auflage

Tragfähigkeit   von 25 t bis 1000 t,
Betriebsdrücke 450 bar oder 630 bar, je nach Hersteller,
Hubhöhe   150 bis 500 mm.

Hydraulische Hebeböcke mit pendelnder Auflage (s. Abb. 4.54) Hydraulische Hebeböcke sind empfindlich gegen außermittige Last. Diese kann auftreten, wenn die Auflageflä-

Abb. 4.55 Flach-Hebebock
ohne Stellring und mit Stellring

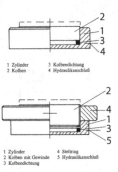

che und die Druckfläche nicht exakt parallel verlaufen. Zwischen der Kolben- und Zylinderfläche entstehen dann unkontrollierbar hohe Flächenpressungen, die zur Zerstörung des Hebebockes führen können. Abhilfe bringt eine pendelnde Kugelkalotte im Kolben, die Neigungen bis 5 % ausgleichen kann.

Flach-Hebeböcke ohne und mit Stellring (s. Abb. 4.55) Hergestellt werden Flach-Hebeböcke in den Größen:

Tragfähigkeit 50 bis 500 t,
Betriebsdruck 450 bar,
Hubhöhe   25 mm.

Das Haupteinsatzgebiet ist das Anheben von Brücken zum Einbau oder Auswechseln von Brückenlagern, also bei Arbeiten mit sehr geringen Einbau- und geringen Hubhöhen.

4.6.3 Hydraulische Antriebsaggregate

Beim Einsatz von Einzelzylindern und geringem Hub werden meist nur Handpumpen verwendet (s. Abb. 4.56).
Bei größeren Hubsystemen werden Hydraulikaggregate eingesetzt, die durch Elektromotoren angetrieben werden. Je nach Hubhöhe der Zylinder ist auf die nötige Ölmenge im

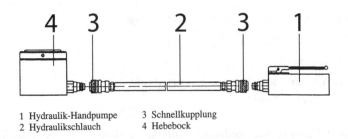

1 Hydraulik-Handpumpe   3 Schnellkupplung
2 Hydraulikschlauch   4 Hebebock

Abb. 4.56 Hydraulik Handpumpe mit Hebebock

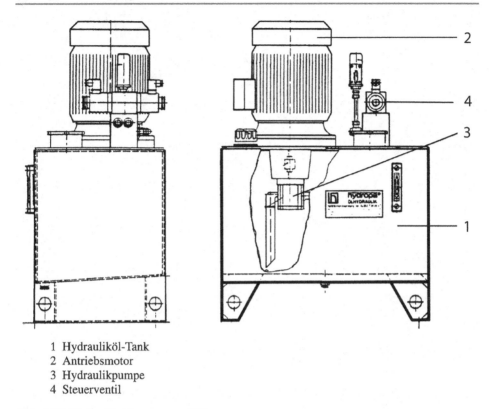

1 Hydrauliköl-Tank
2 Antriebsmotor
3 Hydraulikpumpe
4 Steuerventil

Abb. 4.57 Hydraulik-Motorpumpe [27]

Tank und auf die Fördermenge der Pumpe zu achten. Der Tankinhalt sollte 20 % über der erforderlichen Ölmenge liegen (s. Abb. 4.57).

Im Baubetrieb werden als Verbindungsleitungen meist Hochdruckschläuche mit Schnellkupplungen, seltener Rohrleitungen verwendet. Je nach Bedarf sind die nötigen Steuerventile, Absperrorgane und Druckanzeigegeräte für das Hubsystem zu installieren. Angeboten werden auch Hydraulikaggregate, auf denen bereits Steuerventile für mehrere Förderströme fest aufgebaut sind.

Erdbaugeräte

5

5.1 Allgemeines zur Entwicklung der Erdbaugeräte

Erdbaugeräte werden überwiegend von Dieselmotoren angetrieben. In den 50er und zu Beginn der 60er Jahre waren noch rein mechanische Kraftübertragungselemente in Verwendung. Die Entwicklung in der Ölhydraulik hat besonders bei Erdbaugeräten zur Unterstützung und Verbesserung der Kraftübertragung geführt. Hydrostatische Antriebe für die Bewegung von Arbeitszylindern und hydrodynamische Antriebe für drehende Bewegungen wurden entwickelt. Manuell bediente hydraulische Steuerventile an Geräten wurden von elektrischen, später von elektronischen Schalteinrichtungen abgelöst. Weit verbreitet sind heute bei Erdbaumaschinen hydraulische Fahr-, Drehwerks-, Winden- und Einzelantriebe zur Betätigung von Arbeitseinrichtungen. Einen weiteren Fortschritt brachte der Einsatz von Turbokupplungen und Drehmomentwandlern, die es ermöglichten, durch eine stufenlose Kraft- und Geschwindigkeitsanpassung die Motorleistung voll zu nutzen. Elektronische Steuer- und Regeleinrichtungen sind heute in fast allen Bereichen der Erdbaumaschinen Standard. Kontrollsysteme liefern Daten für eine vorbeugende Wartung, die bei entsprechender Auswertung und Anwendung eine hohe Verfügbarkeit der Geräte garantieren.

Der neue Trend geht zu sauberen und sparsamen Dieselmotoren. Erreicht werden kann das durch Partikelfilter, Abgasnachbehandlung und eine saubere und effiziente Verbrennung. Zum Sparen von Kraftstoff kommen auch stufenlose, leistungsverzweigte Getriebe zur Anwendung. Außerdem ist eine Kraftstoffersparnis durch Energierückgewinnung möglich. Statt hydraulische Energie z. B. beim Abbremsen der Drehbewegung eines Bagger-Oberwagens zu vernichten, wird diese in Druckspeicher geleitet und zum erneuten Drehen des Oberwagens genutzt. Man spricht hier von Hybridantrieb auf Hydraulikbasis.

H. König (Hrsg.), *Maschinen im Baubetrieb*, Leitfaden des Baubetriebs und der Bauwirtschaft,   95
DOI 10.1007/978-3-658-03289-0_5, © Springer Fachmedien Wiesbaden 2014

5.2 Hydraulikbagger

5.2.1 Übersicht über Baugrößen

Die technischen Kenngrößen für Hydraulikbagger sind das Betriebsgewicht und die Motorleistung. Im Hinblick auf diese beiden Kenngrößen lassen sich Hydraulikbagger in drei Baugrößen einteilen (s. Abb. 5.1).

Hydraulikbagger Baugröße 1 Darunter fallen Bagger der Gewichtsklassen 10, 15, 20 und 25 t. Sie werden als Mobil- und Raupenbagger hergestellt. Durch eine Anzahl verschiedenartiger Arbeitseinrichtungen können Bagger dieser Baugröße auf allen Baustellen vielseitig eingesetzt werden. Der Transport der Geräte kann mit Tiefladern, bei Mobilbaggern auf eigener Achse erfolgen.

Hydraulikbagger Baugröße 2 Darunter fallen Bagger der Gewichtsklassen 30, 45, und 55 bis 60 t. Bagger dieser Größe werden nur mit Raupenfahrwerk hergestellt. Sie lassen sich vom Gewicht und von der Abmessung her meist noch ohne Umbau mit Tiefladern trans-

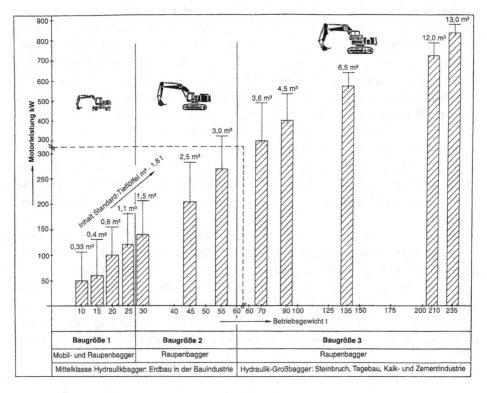

Abb. 5.1 Übersicht über Baugrößen von Hydraulikbaggern

portieren. Die Arbeitseinrichtung ist hauptsächlich der Tieflöffel mit Monoblockausleger. Ihr Einsatzgebiet sind Baustellen, auf denen größere Erdmassen zu bewegen sind.

Hydraulikbagger Baugröße 3 Darunter fallen Bagger der Gewichtsklassen 70, 135, 200 und 225 t. Hergestellt wurden auch schon Einzelgeräte mit 350, 500 und 630 t, die in der Übersicht nicht berücksichtigt wurden. Eingesetzt werden Hydraulik-Großbagger im Steinbruch, im Tagebau und in der Kalk- und Zementindustrie. Die Arbeitseinrichtungen sind der Tieflöffel mit Monoblockausleger oder die Klappschaufel. Transportiert werden Bagger dieser Größe in Bauteilen deren Abmessungen und Gewicht im Bereich der Transportmöglichkeiten liegen. Die Montage erfolgt am Einsatzort.

5.2.2 Hydraulikbagger – Grundgerät

5.2.2.1 Bauteile des Mobilbaggers
Abbildung 5.2 zeigt die Bauteile eines Mobilbaggers:
Bei der Abstützung des Unterwagens kann gewählt werden:

- 1-Pratzenabstützung (Nr. 1.1 in Abb. 5.2)
- 2-Pratzenabstützung (Nr. 1.2 in Abb. 5.2)
- Räumschild mit 1-Pratzenabstützung (Nr. 1.3 in Abb. 5.2)

5.2.2.2 Bauteile des Raupenbaggers
Abbildung 5.3 zeigt die Bauteile eines Raupenbaggers:
Bei den Raupenfahrwerken kann zwischen drei Varianten gewählt werden:

- **Standard-Laufwerk** (Nr. 1.1 in Abb. 5.3),
- **LC-Laufwerk** (long crawler) mit längerem Radstand und breiterer Spur. Es besteht die Möglichkeit zum Anbau breiterer Bodenplatten (Moorausführung), wodurch sich ein geringerer spezifischer Bodendruck ergibt (Nr. 1.2 in Abb. 5.3),
- **HD-Laufwerk** (heavy duty) mit schmäleren Bodenplatten und stabileren Laufwerksteilen für schwere Einsätze und harten Untergrund (z. B. im Steinbruch) (Nr. 1.3 in Abb. 5.3).

5.2.2.3 Hydraulikeinrichtung und Steuerung
Die Arbeitsausrüstung, Schwenkwerk und Fahrwerk werden hydraulisch angetrieben. Die hydraulische Energie stellen Verstellpumpen zur Verfügung, die über ein Verteilergetriebe von einem Dieselmotor angetrieben werden. Über elektrisch angesteuerte Ventile wird die Energiezuteilung der einzelnen Verbraucher auf die jeweilige Betriebssituation abgestimmt und geregelt.

Eingebaute Belastungssensoren ermöglichen eine Energieausnutzung nach dem jeweiligen Bedarf. Durch eine Grenzlastregelung wird die Leistungsgrenze des Antriebsmotors

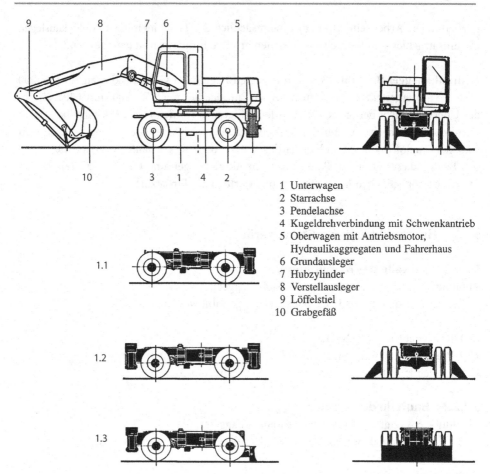

1 Unterwagen
2 Starrachse
3 Pendelachse
4 Kugeldrehverbindung mit Schwenkantrieb
5 Oberwagen mit Antriebsmotor,
  Hydraulikaggregaten und Fahrerhaus
6 Grundausleger
7 Hubzylinder
8 Verstellausleger
9 Löffelstiel
10 Grabgefäß

Abb. 5.2 Bauteile eines Mobilbaggers

und der übrigen Hydraulikmotoren überwacht. Damit wird eine Überlastung der einzelnen Antriebskomponenten vermieden. Die Drehzahl des Antriebsmotors wird automatisch heruntergeregelt, wenn die Hydraulik keinen Leistungsbedarf meldet.

Durch ein Betriebsart-Wahlsystem können Arbeitsspiele und -geschwindigkeiten weitgehend den erforderlichen Arbeitsverhältnissen angepasst werden. Betriebsdatenerfassung und Diagnosesysteme ermöglichen bei entsprechender Nutzung vorbeugende und planmäßige Instandhaltung und steigern die Verfügbarkeit des Baggers. Im Fahrerhaus geben elektrische Komponenten einen ständigen Überblick über den Betriebszustand der Maschine.

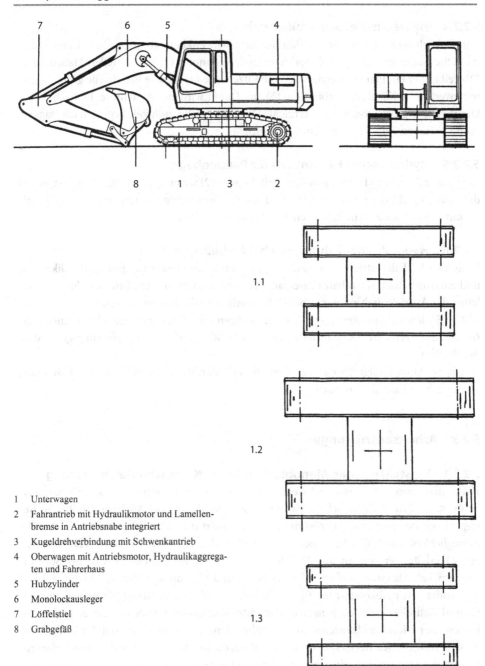

1 Unterwagen
2 Fahrantrieb mit Hydraulikmotor und Lamellenbremse in Antriebsnabe integriert
3 Kugeldrehverbindung mit Schwenkantrieb
4 Oberwagen mit Antriebsmotor, Hydraulikaggregaten und Fahrerhaus
5 Hubzylinder
6 Monolockausleger
7 Löffelstiel
8 Grabgefäß

Abb. 5.3 Bauteile eines Raupenbaggers

5.2.2.4 Hydraulischer Schwenkantrieb

Mit dem Schwenkantrieb wird eine kontrollierte Schwenkbewegung zwischen Unterwagen und Oberwagen erreicht (s. Abb. 5.4). Der Hydraulikmotor (1) mit Lamellen-Haltebremse (2) treibt über ein Planetengetriebe (3) die Ritzelwelle (4) an. Die Ritzelwelle greift in eine innenverzahnte Kugeldrehverbindung (5) ein. Damit wird eine stufenlose, kraftschlüssige Drehbewegung des Oberwagens erreicht. Die Drehgeschwindigkeit liegt je nach Baggergröße zwischen 5 und 15 Umdrehungen/min.

5.2.2.5 Hydraulischer Fahrantrieb für Raupenbagger

Ein Hydraulikmotor (1) mit Lamellen-Haltebremse (2) treibt über ein Planetengetriebe (3) die Antriebsrad (4) an (s. Abb. 5.5). Die Fahrgeschwindigkeit ist stufenlos zwischen 0 bis 3,5 km/h und 0 bis 2,5 km/h, je nach Baggergröße, regelbar.

5.2.2.6 Hydraulischer Fahrantrieb bei Mobilbaggern

Hydraulische Fahrantriebe bei Mobilbaggern sind Allradantriebe. Ein Hydraulikmotor und ein hydraulisch schaltbares Zweigang-Verteilergetriebe in der Mitte des Unterwagens leiten das Antriebsdrehmoment über Gelenkwellen an die beiden Achsen weiter.

Um Bodenunebenheiten auszugleichen, besitzen Mobilbagger eine lenkbare Pendelachse und eine Starrachse. Die Antriebsräder sind Zwillingsreifen oder großvolumige Niederdruckreifen.

Die Lenkung erfolgt über einen Hydraulikzylinder. Bremsen sind im Ölbad laufende, wartungsfreie Lamellenbremsen.

5.2.3 Arbeitsausrüstungen

5.2.3.1 Verstellausleger, Monoblockausleger, Klappschaufeleinrichtung

Hydraulikbagger der Baugröße 1 werden meist mit Verstellausleger (1) (s. Abb. 5.6) ausgerüstet. Das zusätzliche Gelenk zwischen Grundausleger und Ausleger erhöht die Beweglichkeit der gesamten Ausrüstung und vergrößert die Reichweite und die -höhe. Die Beweglichkeit wirkt sich besonders im Kanalbau, bei Arbeiten zwischen Verbauplatten und Querleitungen, positiv aus. Die Reichweite ist mit verschiedenen Ausleger-Stiellängen variabel. Als Grabgefäße werden Tieflöffel und Hydraulikgreifer (s. Abschn. 5.2.3.5) verwendet. Hydraulikbagger der Baugröße 2 werden überwiegend mit Monoblockausleger (2) und Tieflöffel betrieben, je nach gewünschter Reichweite mit verschiedenen Löffelstiellängen. Der Monoblockausleger ist gegenüber dem Verstellausleger stabiler und in der Anschaffung billiger. Bei Geräten der Baugröße 3, die im Steinbruch vor der Wand arbeiten, kommt die Klappschaufeleinrichtung (3) zum Einsatz.

Abbildung 5.6, Nr. 3 zeigt das Reichweitendiagramm, auch als Grabkurve bekannt. Hier bei einem Raupenbagger mit Klappschaufeleinrichtung.

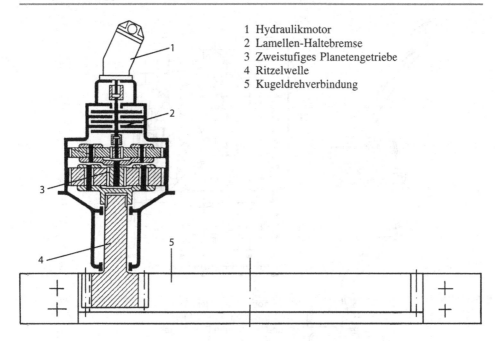

1 Hydraulikmotor
2 Lamellen-Haltebremse
3 Zweistufiges Planetengetriebe
4 Ritzelwelle
5 Kugeldrehverbindung

Abb. 5.4 Hydraulischer Schwenkantrieb für einen Hydraulikbagger

Abb. 5.5 Hydraulischer
Fahrantrieb für einen Raupenbagger

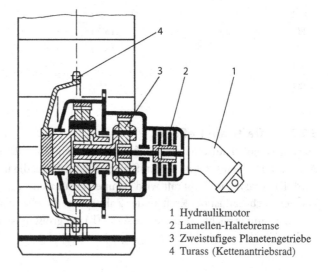

1 Hydraulikmotor
2 Lamellen-Haltebremse
3 Zweistufiges Planetengetriebe
4 Turass (Kettenantriebsrad)

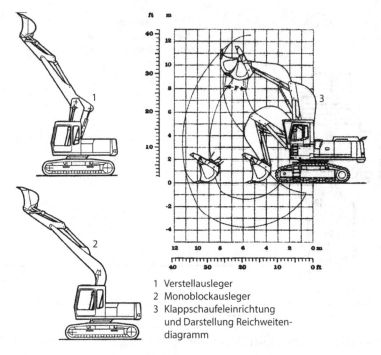

1 Verstellausleger
2 Monoblockausleger
3 Klappschaufeleinrichtung
  und Darstellung Reichweitendiagramm

Abb. 5.6 Arbeitsausrüstungen für Hydraulikbagger

Tab. 5.1 Beispiele für Reiß- und Losbrechkräfte

Bagger-Betriebsgewicht	Reißkraft (R)	Losbrechkraft (L)
10 t	4,0 t	5,5 t
15 t	7,5 t	8,5 t
20 t	13,5 t	14,0 t
30 t	18,0 t	18,0 t
70 t	28,0 t	34,0 t
135 t	43,0 t	50,0 t

5.2.3.2 Kräfte am Tieflöffel

Die am Tieflöffel auftretenden Kräfte sind die Reißkraft (R) und die Losbrechkraft (L) (s. Abb. 5.7). Die Reißkraft ist die Kraft an der Zahnspitze, die über den Stielzylinder erzeugt wird. Die maximale Reißkraft wird dann erreicht, wenn der Abstand (a) am größten ist. Die Losbrechkraft ist die Kraft an der Zahnspitze, die über den Löffelzylinder erzielt wird. Sie wird dann erreicht, wenn der Abstand (b) am größten ist. Beispiele für Reißkräfte und Losbrechkräfte verschiedener Baggergrößen s. Tab. 5.1.

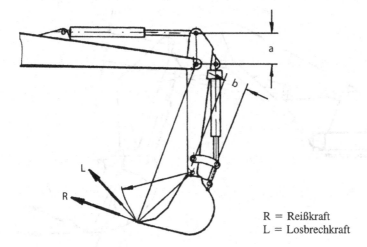

R = Reißkraft
L = Losbrechkraft

Abb. 5.7 Kräfte am Tieflöffel

Tab. 5.2 Beispiele für Vorschub- und Losbrechkräfte

Bagger-Betriebsgewicht	Vorschubkraft (V)	Losbrechkraft (L)
70 t	36 t	36 t
135 t	65 t	65 t
225 t	85 t	85 t

5.2.3.3 Kräfte an der Klappschaufel

Die an der Klappschaufel auftretenden Kräfte sind die Vorschubkraft (V) und die Losbrechkraft (L) (s. Abb. 5.8). Die Vorschubkraft ist die Kraft an der Zahnspitze, die über den Auslegerzylinder erzeugt wird. Die maximale Vorschubkraft wird dann erreicht, wenn der Abstand (a) am größten ist. Die größte Losbrechkraft an der Zahnspitze wird über den Schaufelzylinder mit maximalem Abstand (b) erreicht. Beispiele für die Vorschub- und Losbrechkräfte verschiedener Baggergrößen s. Tab. 5.2.

5.2.3.4 Grabgefäße

Die bei der Bagger-Baugröße 1 am meisten verwendeten Grabgefäße sind die in den Abb. 5.9 und 5.10 dargestellten vielfältigen Arten von Löffeln und Greifern. Jeder Bagger besitzt meist mehrere Grabgefäße. Der Gefäßinhalt ist immer der Baggergröße und der Arbeitseinrichtung (Stiellänge) anzupassen. Bei den Bagger-Baugrößen 2 und 3 werden Tieflöffel und Klappschaufeln verwendet.

Die Auswahl richtet sich nach der Abbaumethode. Beim Baggern aus der Tiefe kommt der Tieflöffel und beim Baggern vor der Wand die Klappschaufel zum Einsatz. Die Klappschaufel ist eine hydraulisch betätigte 2-teilige Ladeschaufel, die während des Füllvorganges geschlossen ist und durch Öffnen der Schaufelklappe nach unten entleert wird (Arbeitsweise s. Abb. 5.15 und 5.16).

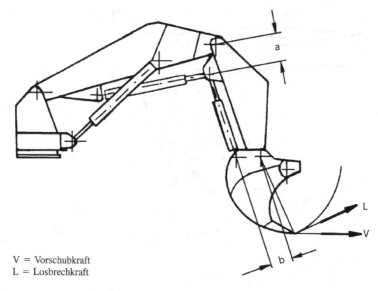

V = Vorschubkraft
L = Losbrechkraft

Abb. 5.8 Kräfte an der Klappschaufel

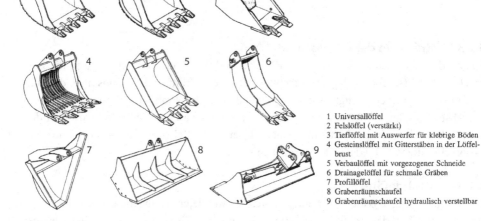

1 Universallöffel
2 Felslöffel (verstärkt)
3 Tieflöffel mit Auswerfer für klebrige Böden
4 Gesteinslöffel mit Gitterstäben in der Löffel-
  brust
5 Verbaulöffel mit vorgezogener Schneide
6 Drainagelöffel für schmale Gräben
7 Profillöffel
8 Grabenräumschaufel
9 Grabenräumschaufel hydraulisch verstellbar

Abb. 5.9 Löffeltypen [73]

5.2.3.5 Schnellwechseleinrichtung für Grabgefäße und Anbaugeräte

Für die Anwendungsvielfalt von Hydraulikbaggern der Baugröße 1 und 2 bietet sich die Verwendung von Schnellwechseleinrichtungen für Grabgefäße und Anbaugeräte an. Unterschieden werden:

1 Zweischalengreifer   4 Holzgreifer
2 Polypgreifer   5 Sortiergreifer
3 Rundschalengreifer   6 Abbruchgreifer

Abb. 5.10 Greifertypen [73]

Abb. 5.11 Mechanische Schnellwechseleinrichtung [68]

Mechanische Schnellwechsler (s. Abb. 5.11), die nach dem Einhaken und Einkuppeln des Grabgefäßes mechanisch oder hydaulisch verriegelt werden.

Hydraulische Schnellwechsler (s. Abb. 5.12) kombiniert mit einem automatischen Hydraulik-Kupplungssystem, das einen schnellen und sicheren Anbaugerätewechsel ermöglicht. Die Schnittstelle vom Löffelstiel zum Anbaugerät ist ein Adapter, der durch Einkuppeln die mechanische und hydraulische Verbindung herstellt.

Alle Wechselvorgänge können von der Fahrerkabine aus durchgeführt werden. Mit dieser Einrichtung können Grabgefäse und Anbaugeräte wie unter Abschn. 5.2.3.4 und 5.2.5 beschrieben schnell und sicher gewechselt werden. Einsatzbeispiel zeigt Abb. 5.19.

5.2.3.6 Grabgefäßinhalte

Grabgefäßinhalte werden von Herstellern überwiegend nach der ISO-Norm (International Standard Organisation) berechnet und angegeben. Dabei wird unterschieden zwischen Tieflöffeln sowie Klappschaufeln für Bagger und Ladeschaufeln für Radlader.

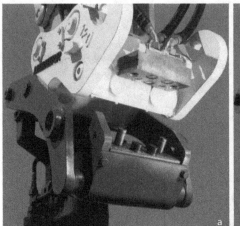
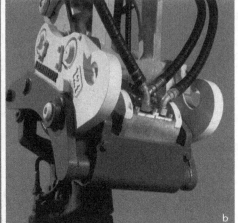

Ausrüstung anfahren   Mechanisch und hydraulisch mit der
                                       Ausrüstung verbunden.

Abb. 5.12 Hydraulische Schnellwechseleinrichtung [38]

Abb. 5.13 Tieflöffelinhalt
nach ISO 7451

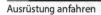

Abb. 5.14 Klapp- und Ladeschaufelinhalt nach ISO 7546

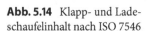
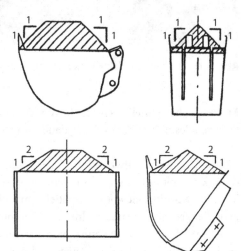

Tieflöffel (s. Abb. 5.13)

Festlegung nach ISO 7451. Der Inhalt setzt sich zusammen aus dem Volumen der Ab-
streifebene (Wasserinhalt) plus dem Schüttkegelvolumen. Die Häufung des Schüttkegels
hat dabei die Neigung 1.1.

Klappschaufel für Bagger und Ladeschaufel für Radlader (s. Abb. 5.14)

Festlegung nach ISO 7546. Der Inhalt setzt sich zusammen aus dem Volumen der Ab-
streifebene (Wasserinhalt) plus dem Schüttkegelvolumen. Die Häufung des Schüttkegels
hat dabei die Neigung 2 : 1.

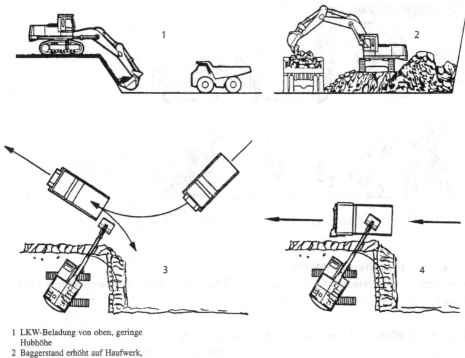

1 LKW-Beladung von oben, geringe
   Hubhöhe
2 Baggerstand erhöht auf Haufwerk,
   geringe Hubhöhe
3 LKW-Rundfahrt mit Rückstoß,
   kleiner Schwenkwinkel
4 LKW-Passierfahrt

Abb. 5.15 Beispiele für den Tieflöffeleinsatz eines Hydraulikbaggers

5.2.4 Einsatzgestaltung bei Hydraulikbaggern

5.2.4.1 Allgemeines

Wirtschaftliches Arbeiten im Erdbau verlangt eine sorgfältige und geplante Abstimmung des Geräteeinsatzes. Beim Ladebetrieb ist es wichtig, ausgehend von der Baggerleistung die Anzahl und Größe der Fahrzeuge festzulegen, damit ein kontinuierlicher Ladeablauf gewährleistet ist. Für eine optimale Ladeleistung ist Voraussetzung, dass das Fahrzeug beim Beladen so günstig zum Bagger steht, dass dieser nur geringe Hub- und Schwenkbewegungen ausführen muss.

5.2.4.2 Tieflöffeleinsatz

Beim Tieflöffeleinsatz (s. Abb. 5.15) sollte der LKW immer unter dem Baggerplanum positioniert sein. Die kürzeste Ladespielzeit entsteht dann, wenn der Schwenkwinkel zwischen 15° und 60° liegt und der Hubweg des Löffels sehr klein ist.

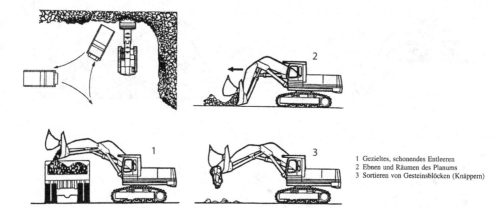

1 Gezieltes, schonendes Entleeren
2 Ebnen und Räumen des Planums
3 Sortieren von Gesteinsblöcken (Knäppern)

Abb. 5.16   Beispiele für den Klappschaufeleinsatz eines Hydraulikbaggers

5.2.4.3   Klappschaufeleinsatz

Beim Klappschaufeleinsatz können Bagger und Fahrzeug auf einer Ebene stehen. Abbildung 5.16 zeigt einige Einsatzbeispiele.

5.2.4.4   Einflussfaktoren auf die Baggerleistung

Die nachstehenden Faktoren können die Baggerleistung beeinflussen:

- **Materialauflockerung**
  Bei der Festlegung der Ladeleistung ist darauf zu achten, ob das Material nach m^3 fest oder m^3 lose bestimmt wird. Das Verhältnis zwischen der Schüttdichte (lose) und der Rohdichte (fest) ist der Auflockerungsfaktor (s. Tab. 5.3).
- **Füllungsgrad der Grabgefäße** (s. Abb. 5.17 und Tab. 5.4)

Tab. 5.3   Materialauflockerungsfaktoren

Material	Schüttdichte kg/m^3 (lose)	Rohdichte kg/m^3 (fest)	Auflockerungsfaktor
Lehm, Ton	1660	2020	0,82
Lehm mit Kies	1420	1660	0,86
Humus	950	1370	0,69
Sand erdefeucht	1690	1900	0,89
Kies erdefeucht	1930	2170	0,89
Sandstein	1510	2520	0,60
Kalkgestein gebrochen	1540	2610	0,59
Basalt gebrochen	1960	2790	0,66

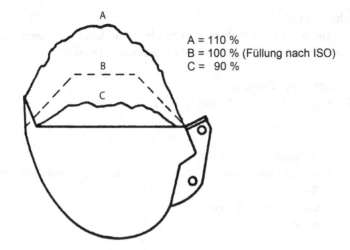

A = 110 %
B = 100 % (Füllung nach ISO)
C = 90 %

Abb. 5.17 Darstellung des Füllungsgrades eines Tieflöffels

Tab. 5.4 Füllungsgrad der Grabgefäße (maximal)

Material	Tieflöffel % vom SAE Inhalt	Klappschaufel % vom SAE Inhalt
Bindige Böden, erdfeucht	110 %	110 %
Kies-Sandgemisch, erdfeucht	100 %	110 %
Fels, fein gesprengt	85 %	100 %
Fels, grob gesprengt	60–70 %	90 %
Sand-Kiesgemisch beim Baggern aus dem Wasser	70 %	–

- **Ladezeit**

  Die Ladezeit für 1 Zyklus beinhaltet die Zeit für die Materialaufnahme, Löffel oder Schaufel Anheben und maximal 60° Schwenken, Entleeren und in die Ausgangsposition zur erneuten Materialaufnahme zurückschwenken. Zur Verkürzung der Ladezeit sind die im Abschn. 5.2.4.2 für die Tieflöffelbaggerung und im Abschn. 5.2.4.3 für die Klappschaufelbaggerung aufgezeigten Beispiele zu berücksichtigen. Erfahrungswerte für Ladezeiten im Steinbruch s. Tab. 5.5.

Tab. 5.5 Ladezeiten für 1 Zyklus

Material	Tieflöffel Bagger oben, Fahrz. unten	Klappschaufel
Hartgestein	22 s	30 s
Kalkgestein	20 s	27 s
Bindig gewachsene Böden		
Gemisch: Erde, Lehm, Hangschutt	19 s	22 s

- **LKW-Wechselzeiten**
  Bei gut organisiertem Fahrbetrieb und entsprechenden Platzverhältnissen kann als Erfahrungswert für die LKW-Wechselzeit 20 s angenommen werden.

5.2.4.5 Leistungsberechnung

Beispiel für die Berechnung der Ladeleistung eines Hydraulikbaggers.
Vorgaben:

Material	Kies-Sandgemisch erdfeucht		
	Spezifisches Gewicht fest	$2170\,kg/m^3$	– lose $1930\,kg/m^3$
	Auflockerung fest/lose	1,12	
Ladegerät	Hydraulik-Tieflöffelbagger		
	Löffelinhalt	$2,1\,m^3$	
	Füllungsgrad	95 %	
	Ladezeit pro Zyklus	20 s	
	Schwenkwinkel	90 Grad	
LKW	Muldeninhalt	$10\,m^3$	– Nutzlast 20 t
	LKW-Wechselzeit	20 s	

Theoretische Ladeleistung:

Löffelinhalt $2,1\,m^3$ × Füllungsgrad 0,95	= $2,0\,m^3$ / Spiel lose
	3,86 t/Spiel lose
Muldeninhalt LKW $10\,m^3$ / Löffelinhalt $2,0\,m^3$	= 5 Spiele/LKW
Ladezeit für einen LKW	= 5 Spiele × 20 s + 20 s Wechselzeit = 120 s
LKW-Beladungen pro h	= 3600 s / 120 s = 30 Beladungen (wenn LKW immer verfügbar)

Theoretische Ladeleistung 30 Beladungen × 5 Spiele × $2,0\,m^3$ = $300\,m^3$ / h lose
Kalkulatorische mittlere Ladeleistung:

Ausnutzung der Arbeitszeit   90 %
Leistungsfähigkeit des Fahrers 95 %
Ausnutzungsfaktor damit   85,5 %

Mittlere Ladeleistung:

$300\,m^3/h × 0,855 =$ $256,5\,m^3$ / h lose
                         $229,0\,m^3$ / h fest
                         497,0 t / h

Abb. 5.18 Hydraulikbagger
im Einsatz als Hebezeug

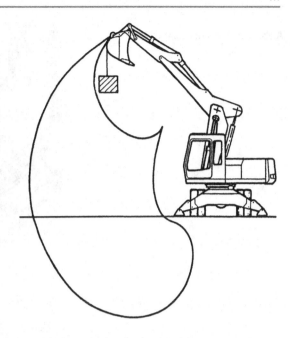

5.2.4.6 Hydraulikbagger im Einsatz als Hebezeug

Jeder Hydraulikbagger der neueren Baureihen kann als Hebezeug benutzt werden (s. Abb.
5.18). Die zulässigen Traglasten sind Traglasttabellen zu entnehmen, die vom Hersteller
vorgegeben werden. Diese Traglasten entsprechen 75 % der Kipplast. Die Last kann am
Tieflöffel an einem gesondert angeschweißten Lasthaken mit Hakensicherung angeschla-
gen werden. Für längerfristige Hebearbeiten ist ein Lasthaken an Stelle des Tieflöffelhakens
zu empfehlen. Als Sicherheit gegen Überlastung und Kippen des Baggers ist eine Lastmo-
ment-Warneinrichtung eingebaut. Bei Hebearbeiten ist diese vom Baggerführer zu akti-
vieren. Wird das zulässige Lastmoment überschritten, wird dies optisch oder akustisch im
Fahrerhaus angezeigt. Die Messung des Lastmoments erfolgt über den im Auslegerzylinder (meist 2 Zylinder) anstehenden Hydraulikdruck, der ab einer bestimmten Höhe das
Warnsignal auslöst. Als weitere Einrichtung ist eine Rohrbruchsicherung notwendig.

Sie besteht in den meisten Fällen aus einem angesteuerten Ventil am Zylinderboden
aller am Hubvorgang beteiligten Zylinder. Bei Rohrbruch ist ein Senken der Last nur durch
Ansteuerung dieser Ventile möglich.

5.2.5 Anbau- und Zusatzgeräte für Hydraulikbagger

Speziell für Hydraulikbagger der Baugröße 1 und 2 besteht die Möglichkeit zum Anbau der
verschiedensten Arbeitseinrichtungen. Damit wird der Hydraulikbagger zu einem vielseitig verwendbaren Baugerät. Soweit ein Antrieb für die Anbaugeräte notwendig ist, können
diese meist über die Bordhydraulik des Baggers betrieben werden. Im Folgenden werden
einige Anwendungsbeispiele gezeigt.

Abb. 5.19 Vibrationsplatte [2]

Hydraulikbagger mit Anbau-Hydraulikhammer (s. Abb. 15.4)

Zu beachten ist, dass die Hammergröße und die Baggergröße aufeinander abgestimmt sind. Hydraulikhämmer werden für Baggergrößen von 1 t bis 100 t Betriebsgewicht hergestellt.

Hydraulikbagger mit Anbaumäkler und Vibroramme (s. Abb. 12.11)

Der Anbau von Mäklern ist bis zu einer Nutzlänge von ca. 12 m möglich. Das Betriebsgewicht des Baggers beträgt dann ca. 30 t.

Hydraulikbagger mit Anbauvibrator (s. Abb. 12.10)

Anbauvibratoren eignen sich zum Rammen und Ziehen beliebiger Profile in gut bis mittel rammbaren Böden. Rammtiefen bis ca. 10 m sind möglich. Baggergrößen für Anbauvibratoren liegen bei maximal ca. 30 t Betriebsgewicht. Fliehkraft der Vibratoren maximal 400 kN.

Hydraulikbagger mit Beton- und Stahlschere (s. Abb. 15.2)

Die Anbaumöglichkeit von Beton- und Stahlscheren an Hydraulikbaggern besteht für Geräte mit einem Betriebsgewicht von 20 bis 60 t.

Abb. 5.20 Schrottschere [56]

Hydraulikbagger mit Betonpulverisierer (s. Abb. 15.3)

Die Anbaumöglichkeit von Betonpulverisierer an Hydraulikbagger besteht für Geräte mit einem Betriebsgewicht von 15 bis 70 t.

Hydraulikbagger mit Vibrationsplatte (s. Abb. 5.19)

Anbaumöglichkeit einer mit der Bordhydraulik angetriebenen Vibrationsplatte mit hydraulischer Schnellwechseleinrichtung wie in Abb. 5.19 dargestellt. Besonders geeignet für Verdichtungsarbeiten im Rohrleitungs- und Kanalbau.

Hydraulikbagger mit Schrottschere (s. Abb. 5.20)

Schrottscheren zum Anbau an Hydraulikbagger werden angeboten für Bagger mit einem Betriebsgewicht von 15 bis 120 t.

Hydraulikbagger mit Fräseinrichtung (s. Abb. 5.21)

Mit Anbaufräsen ist das Fräsen und Beseitigen von Beton, Asphalt, Fels und hartgelagerten Böden möglich. Angeboten werden Fräsen für Bagger bis 120 t Betriebsgewicht.

Hydraulikbagger mit Schwenkrotator (s. Abb. 5.22)

Bei Verwendung eines Schwenkrotators können Tieflöffel oder Grabenräumschaufeln 360 Grad endlos gedreht werden. Gleichzeitig ist ein Schwenkvorgang von 50 Grad nach beiden Seiten möglich. Vorteilhaft ist diese Beweglichkeit bei Arbeiten in beengten Räumen, an Böschungen und beim Planieren und Abziehen von Flächen. Anwendung bei Baggern bis 30 t Betriebsgewicht.

Abb. 5.21 Anbaufräse [4]

Abb. 5.22 Schwenkrotator
[38]

Abb. 5.23 Erdbohrgerät am Hydraulikbagger

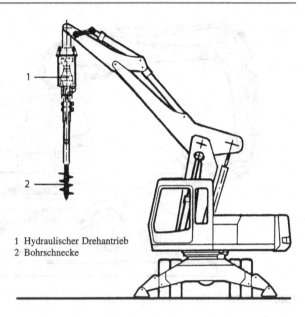

1 Hydraulischer Drehantrieb
2 Bohrschnecke

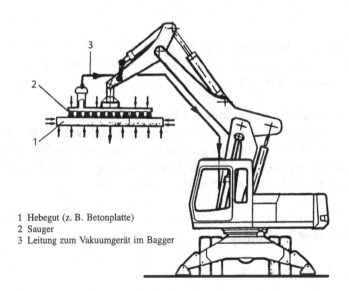

1 Hebegut (z. B. Betonplatte)
2 Sauger
3 Leitung zum Vakuumgerät im Bagger

Abb. 5.24 Vakuumgerät am Hydraulikbagger

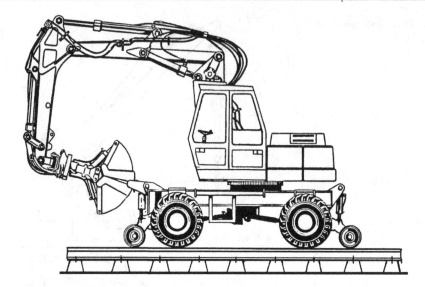

Abb. 5.25 Hydraulikbagger mit Zweiwege-Fahreinrichtung [4]

Hydraulikbagger mit Erdbohrgerät (s. Abb. 5.23)

Das Erdbohrgerät dient zum Bohren von Pfahllöchern, Fundamentlöchern, Entspannungsbohrungen, Bodensondierungen usw. Der Bohrdurchmesser kann bis zu 1,0 m betragen.

Hydraulikbagger mit Vakuumgerät (s. Abb. 5.24)

Vakuumgeräte werden zum Verlegen von Rohren, Verbundsteinen, Platten, Rinnensteinen, Randsteinen usw. eingesetzt.

Hydraulikbagger mit Zweiwege-Fahreinrichtung (s. Abb. 5.25)

Die Zweiwege-Fahreinrichtung ist neben dem normalen Fahrwerk ein hydraulisch betätigtes Zusatzfahrwerk mit Stahlrädern, geeignet für das Befahren von Gleisen (meist Spurweite 1435 mm der DB-AG). Die Zweiwege-Fahreinrichtung wird im Gleisoberbau eingesetzt, für Baggergrößen bis zu einem Betriebsgewicht von ca. 25 t.

5.3 Hydraulik-Kleinbagger

Bei Hydraulik-Kleinbaggern gibt es 2 Baureihen:

- **Minibagger** mit einem Betriebsgewicht von 0,5 bis 4,5 t,
- **Kompaktbagger** mit einem Betriebsgewicht von 5,0 bis 10,0 t.

Tab. 5.6 Minibagger – Baugrößen

Motorleistung	5,5 kW	13 kW	15 kW	17 kW
Betriebsgewicht	720 kg	1420 kg	2300 kg	3150 kg
Tieflöffelinhalt	0,025 m^3	0,070 m^3	0,100 m^3	0,170 m^3
Baggerbreite	0,7 m	1,0 m	1,45 m	1,52 m

Tab. 5.7 Kompaktbagger – Baugrößen

Motorleistung	35 kW	38 kW	45,5 kW	54 kW
Betriebsgewicht	5,0 t	6,7 t	7,7 t	9,5 t
Tieflöffelinhalt	0,06–0,20 m^3	0,08–0,23 m^3	0,10–0,30 m^3	0,15–0,40 m^3

5.3.1 Minibagger

Der Minibagger (s. Abb. 5.26) kann auf kleinstem Raum arbeiten und eignet sich durch die extrem kleinen Abmessungen für spezielle Einsatzarten und Einsatzorte, die für größere Bagger ungeeignet und unwirtschaftlich sind. Die Gerätebreite liegt zwischen 0,7 und 1,5 m und passt damit durch Türen. Minibagger sind mit einem hydraulisch angetrieben Raupenfahrwerk mit Gummiketten ausgerüstet. Alle Geräte besitzen ein kleines Räumschild, das zur Erhöhung der Standsicherheit beiträgt und für leichte Verfüll- und Räumarbeiten verwendet werden kann. Der Ausleger kann seitlich geschwenkt werden. Damit ist das Arbeiten entlang von Begrenzungen möglich. Als die wichtigsten Grabgefäße und Anbaugeräte stehen Tieflöffel, Greifer, Erdbohrgeräte und Hydraulikhämmer zur Verfügung. Beispiele für Minibagger-Baugrößen zeigt Tab. 5.6.

5.3.2 Kompaktbagger

Als Kompaktbagger werden die Geräte mit einem Betriebsgewicht von 5,0 bis 10,0 t eingestuft (s. Abb. 5.27). Sie können mit hydraulisch angetriebenem Raupenfahrwerk mit Stahlketten oder mit Rädern und Luftbereifung ausgestattet sein. Allradlenkung verleiht dem Radbagger hohe Beweglichkeit. Mobilbagger besitzen meist ein Räumschild oder eine Pratzenabstützung. Als Arbeitseinrichtung werden Verstell- und Monoblockausleger angeboten. Der Ausleger kann nach beiden Seiten geschwenkt werden und ermöglicht damit das Arbeiten entlang von Begrenzungen.

Eine Vielzahl von Grabgefäßen und Arbeitseinrichtungen machen den Kompaktbagger zu einem universell einsetzbaren Baugerät. Beispiele für Kompaktbagger-Baugrößen zeigt Tab. 5.7.

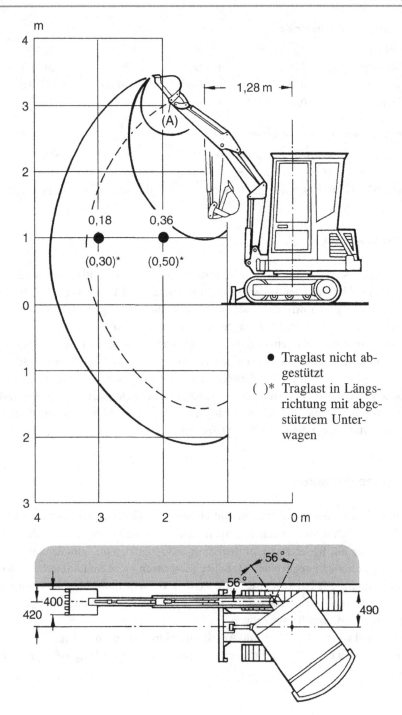

Abb. 5.26 Minibagger [51]

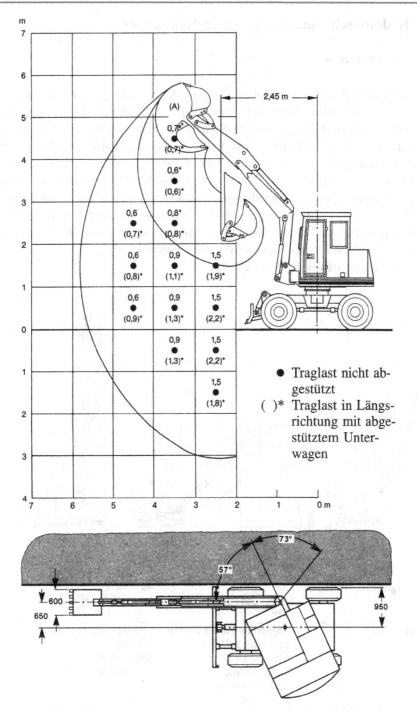

Abb. 5.27 Kompaktbagger [51]

5.4   Hydraulische Raupen- und Mobilseilbagger

5.4.1   Allgemeines

Der hydraulische Raupen- und Mobilseilbagger mit Gitterausleger kann als die Weiterentwicklung des früher im Baubetrieb verbreiteten Universalbaggers bezeichnet werden. Während die früheren Geräte rein mechanische Antriebe, Kupplungen und Bremsen hatten, sind die heutigen Seilbagger dieselhydraulische Geräte mit elektronischer Steuerung und Überwachung. Den Anforderungen entsprechend werden diese Geräte meist mit verschiedenen Motorengrößen, verschiedenen Traglasten der Winden und entsprechenden Hydraulikaggregaten auch für zusätzliche Hydraulikkreise ausgerüstet. Es besteht auch die Auswahl zwischen Raupenunterwagen mit oder ohne Spurverstellung. Der Hydraulik-Seilbagger ist je nach Ausstattung in der Lage, mehrere Funktionen zu erfüllen. Er kann als Bagger, als Mobil- oder Raupenkran für sämtliche Hebearbeiten oder als Trägergerät vorwiegend im Spezialtiefbau eingesetzt werden.

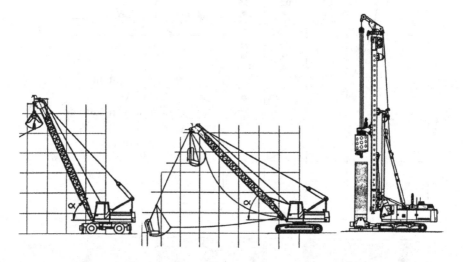

	Baugröße 1	Baugröße 2
Betriebsgewicht	15 – 30 t Mobil- und Raupenfahrwerk	40 – 160 t Raupenfahrwerk
Einsatzgebiete	-Baggerbetrieb mit Greifer und Schlepplöffel -Abbrucharbeiten -Materialförderung aus tiefen Schächten -Kranbetrieb	-Trägergerät im Spezialtiefbau -Baggerbetrieb -Kranbetrieb

Abb. 5.28 Übersicht über Baugrößen von Hydraulik-Seilbaggern

5.4.2 Übersicht über Baugrößen

Bei hydraulischen Seilbaggern können 2 Baugrößen unterschieden werden (s. Abb. 5.28).
Grundlage für die Festlegung der Baugrößen sind das Betriebsgewicht und die Einsatzkriterien.

5.4.2.1 Hydraulische Seilbagger Baugröße 1
Darunter fallen Geräte bis zu einem Betriebsgewicht von ca. 30 t. Sie werden als Mobil-
und Raupenbagger hergestellt. Die aufgezählten Einsatzmöglichkeiten in Abb. 5.28 geben
eine Übersicht über die Vielseitigkeit des Hydraulik-Seilbaggers.

5.4.2.2 Hydraulische Seilbagger Baugröße 2
In die Baugröße 2 werden Hydraulik-Seilbagger mit einem Betriebsgewicht von ca. 40 bis
160 t eingeordnet. Diese Geräte gibt es nur mit Raupenfahrwerken. Seilbagger dieser Baugröße finden überwiegend Verwendung als Trägergerät für den Spezial-Tiefbau und für
Kranarbeiten.

5.4.3 Grundgerät

5.4.3.1 Bauteile
Die Bauteile eines Hydraulik-Seilbaggers sind in Abb. 5.29 dargestellt.

Das Raupenfahrwerk am Unterwagen (1) wird wegen der besseren Standsicherheit
meist in LC-Ausführung (langer Radstand) ausgeführt. Zusätzlich ist bei vielen Geräten
noch eine hydraulische Spurverstellung durch Teleskopzylinder oder ein Lenkersystem
mit Hydraulikzylinder möglich (in Abb. 5.29 mit B dargestellt).

Der Fahrantrieb (2) und die Kugeldrehverbindung mit Schwenkwerk (3) entsprechen
dem der Hydraulikbagger wie unter Abschn. 5.2.2.5 und 5.2.2.4 beschrieben. Im Oberwagen (4) sind installiert:

- Antriebsmotor und Pumpengetriebe mit angeflanschten Hydraulikpumpen,
- hydraulischer Steuerblock und der Hydrauliktank,
- mindestens 2 Hydraulikwinden, kraftschlüssig für den Kranbetrieb oder als Freifallwinden für den Baggerbetrieb,
- Auslegerverstellwinde oder Auslegerverstellzylinder,
- weitere Arbeits- und Hydrauliksysteme zum Betrieb von Zusatzgeräten.

5.4.3.2 Hydraulikeinrichtung und Steuerung
Die hydraulische Antriebseinheit besteht aus Dieselmotor mit angebautem Verteilergetriebe und einer entsprechenden Anzahl von Verstellpumpen. Von Hydraulikmotoren angetrieben werden zwei Haupt-Seilwinden, eine Winde für die Auslegerverstellung und Mon-
tage-Hilfswinden.

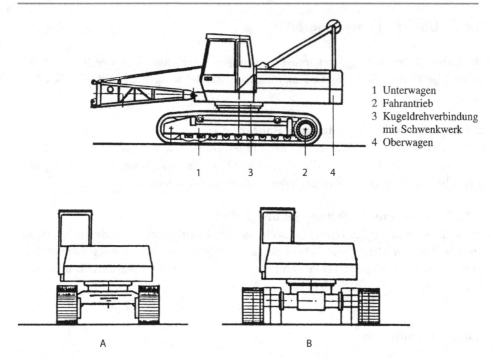

1 Unterwagen
2 Fahrantrieb
3 Kugeldrehverbindung
  mit Schwenkwerk
4 Oberwagen

Abb. 5.29 Bauteile des Grundgerätes eines Hydraulik-Seilbaggers [58]

Über elektrisch gesteuerte Schieber erfolgt die Betätigung der Seilwinden sowie der Fahr- und Schwenkantrieb. Da Hydraulik-Seilbagger oft als Trägergerät im Spezialtiefbau verwendet werden, stehen weitere Verstellpumpen für den Antrieb von Zusatzgeräten zur Verfügung.

Hohe Energieausnutzung und eine Grenzlastregelung für die Motoren sowie Komponenten für die Geräteüberwachung und Betriebsdatenerfassung gewährleisten einen sicheren und wirtschaftlichen Einsatz der Maschinen.

5.4.3.3   Hydraulische Winden in Seilbaggern

Die Zugkräfte der Seilwinden bewegen sich zwischen 3,5 und 30 t, je nach Größe des Seilbaggers. Die maximale Seilgeschwindigkeit liegt meist zwischen 70 und 120 m/min.

Bei Seilbaggerwinden werden 2 Bauarten unterschieden.

Kraftschlüssige Kranwinden (s. Abb. 5.30)

Kraftschlüssige Winden sind notwendig, wenn das Gerät als Kran arbeitet. Die Seiltrommel (1) wird über einen Hydraulikmotor (2) und ein Planetengetriebe (3) angetrieben. Eine Lamellenbremse (4) hält beim Abschalten der Winde die Last sicher.

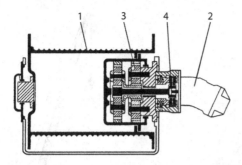

1 Seiltrommel
2 Hydraulikmotor
3 Planetengetriebe
4 Lamellenbremse

Abb. 5.30 Kraftschlüssige, hydraulische Kranwinde

Winden für den Baggerbetrieb (s. Abb. 5.31)

Für den Baggerbetrieb sind Freifallwinden notwendig. Sie ermöglichen die Trennung zwischen dem Hydraulikmotor (1) und der Seiltrommel (2). Damit kann das Grabgefäß (Greifer oder Schlepplöffel) durch Lüften der Kupplung (3) unabhängig vom Antrieb schnell abgelassen werden. Mit der Backenbremse (4) kann die Last beim Ablassen gezielt bewegt werden. An Stelle der Backenbremse werden bei größeren Geräten auch im Ölbad laufende Lamellenkupplungen verwendet, die die Brems- und Kupplungsfunktion übernehmen.

5.4.3.4 Auslegerverstellung

Die Auslegerverstellung erfolgt meist über eine kraftschlüssige Kranseilwinde und einen mehrfach gescherten Flaschenzug. Eine neuere Konstruktion ist eine Auslegerverstelleinrichtung mit Hydraulikzylinder.

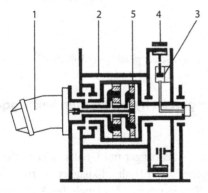

1 Hydraulikmotor
2 Seiltrommel
3 Innenband-Kupplung, hydraulisch betätigt
4 Backenbremse
5 Planetengetriebe

Abb. 5.31 Hydraulische Freifallwinde

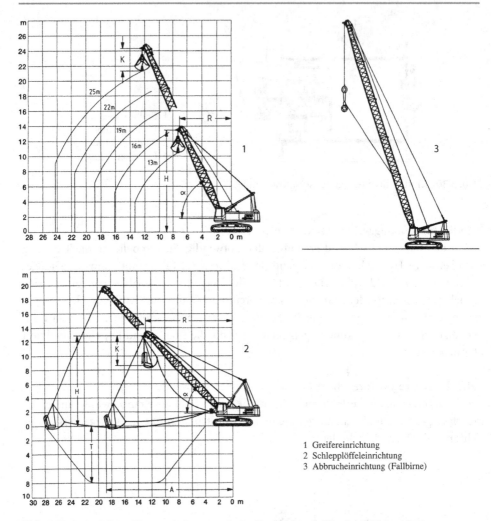

Abb. 5.32 Beispiele im Einsatz als Bagger mit Greifer, Schlepplöffel oder Fallbirne [58]

5.4.4 Arbeits- und Zusatzeinrichtungen an hydraulischen Seilbaggern

5.4.4.1 Einsatz als Bagger

Der Einsatz des Gerätes (s. Abb. 5.32) als reiner Seilbagger mit Greifer oder Schlepplöffel im Erdbau ist fast bedeutungslos. Diese Aufgabe hat der Hydraulikbagger übernommen. Es gibt nur noch wenige Einsatzfälle, z. B. Flussbaggerung mit Schlepplöffel, Materialaushub mit Greifer aus tiefen Schächten oder Abbrucharbeiten mit Greifer und Fallbirne.

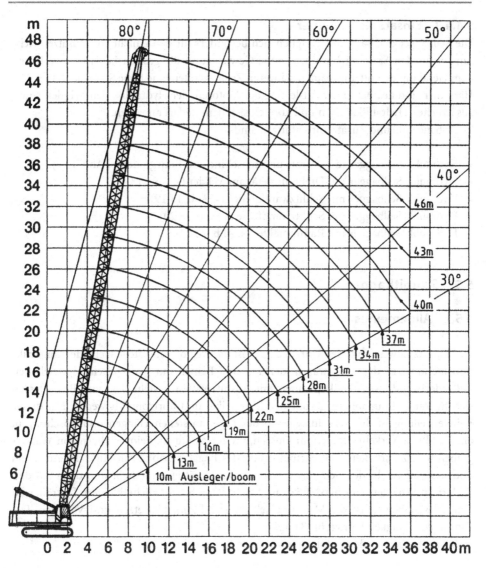

Abb. 5.33 Beispiel für Einsatz als Kran [58]

5.4.4.2 Einsatz als Kran

Die Wendigkeit der Mobilgeräte, die Geländegängigkeit der Raupengeräte und der robuste Ausleger ermöglichen dem Hydraulik-Seilbagger einen großen Einsatzbereich als Hebezeug (s. Abb. 5.33). Im Tiefbau, beim Brückenbau und für große Fertigteilmontagen ist das Gerät eine oft verwendete, wirtschaftliche Lösung.

5.4.4.3   Einsatz als Trägergerät

Die Seilbagger der Baugröße 2 eignen sich besonders für den Anbau von Zusatzeinrichtungen für den Spezialtiefbau. Das hohe Gewicht und die großen Laufwerke verleihen dem Gerät mit den oft angebauten schweren Zusatzgeräten eine hohe Standsicherheit. Die Hersteller sind flexibel in der Auslegung der Motoren, der Hydraulik, den Winden sowie zusätzlichen Hydraulikkreisen und können sich dem Bedarf anpassen.

Anbaugeräte und Zusatzeinrichtungen sind:

- Hydraulik-Seilbagger mit Verrohrungsmaschine und Bohrgreifer (s. Abb. 13.7).
- Hydraulik-Seilbagger mit Drehbohrgerät am Mäkler (s. Abb. 13.4),
- Hydraulik-Seilbagger mit Schlitzwandgreifer (s. Abb. 13.19),
- Hydraulik-Seilbagger mit Schlitzwandfräse (s. Abb. 13.20),
- Hydraulik-Seilbagger mit Rammmäkler (s. Abb. 12.14).

5.5   Schreitbagger

5.5.1   Allgemeines

Der Einsatzschwerpunkt des Schreitbaggers ist das weglose und steile Gelände. Konstruktionsmerkmal ist der Unterwagen, der aus zwei Beinen mit hydraulisch angetriebenen Lufträdern und zwei Teleskopbeinen mit Abstützplatten besteht. Die vier Beine lassen sich hydraulisch, unabhängig voneinander vertikal und horizontal bewegen. Mit dieser Beinverstellung ist der Schreitbagger in der Lage, an steilen Hängen und Böschungen, am Rand von Verkehrsstraßen, in Flüssen, im Terrassenbau, beim Säubern von Wassergräben usw. zu arbeiten. Die Fortbewegung des Baggers erfolgt mit Hilfe des Auslegers und des Löffelstiels, der sich vorne abstützt, das Gerät etwas anhebt und dann auf den Rädern in Schritten von max. 3,5 m nachzieht. Durch zusätzliche kleinere Lufträder an den Teleskopbeinen ist die Maschine selbstfahrend zum Umsetzen und Verladen. Die Fahrgeschwindigkeit beträgt bis 8 km/h.

Schreitbagger werden in folgenden Größen hergestellt:

Antriebsleistung: 60 bis 100 kW
Grabgefäßinhalt: 0,16 bis 0,5 m^3
Betriebsgewicht: 6,0 bis 10,0 t

5.5.2   Bauteile und Arbeitseinrichtung (s. Abb. 5.34)

Der Oberwagen (1) entspricht dem eines herkömmlichen Hydraulikbaggers. Die Arbeitseinrichtung besteht aus einem Grundausleger (2) und einem hydraulisch teleskopierbaren Löffelstiel (3). Grabgefäße sind meist ein Tieflöffel bis max. 0,5 m^3 Inhalt, es können

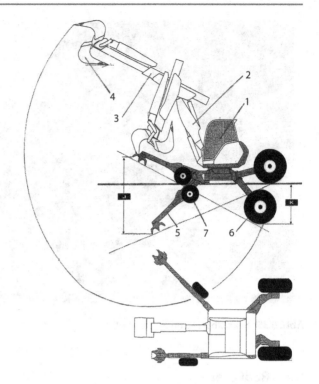

1 Oberwagen
2 Grundausleger
3 Löffelstiel teleskopierbar
4 Tieflöffel
5 Stützbeine mit Pratzen
6 Stützbeine mit angetriebenen
   Rädern
7 Zusätzliche kleine Laufräder

Abb. 5.34 Bauteile des Schreitbaggers [49]

aber auch Greifer, Räumschaufel oder ein Hydraulikhammer angebaut werden. Durch horizontales und vertikales Verstellen der Stützbeine (6) lässt sich eine Bodenfreiheit von ca. 1,5 m (Maß K) erreichen. Die Stützbeine (5) sind vertikal bis ca. 3,0 m (Maß J) verstellbar. Es können Wassertiefen bis ca. 2,0 m beschritten werden.

5.5.3 Schreitbagger im Einsatz

Die Abb. 5.35 zeigt einen Schreitbagger im steilen, weglosen Gelände im Einsatz. Derartige Arbeiten sind mit herkömmlichen Geräten kaum durchführbar.

Abb. 5.35 Schreitbagger im Einsatz [49]

5.6 Radlader

5.6.1 Allgemeines

Radlader sind selbstfahrende Arbeitsmaschinen, die in der Bauwirtschaft überwiegend zum Umschlag und Transport verschiedenster Materialien verwendet werden. Durch die Luftbereifung ist ein Radlader auch in der Lage, größere Transportwege zurückzulegen. Nicht zu dicht gelagerte Materialien können gelöst und geladen oder auch über kürzere Strecken transportiert werden. Ein weiteres Einsatzgebiet speziell für Radlader ist das Abtragen von Humus und Erdoberflächen. Für die kleineren Radladertypen bis etwa 60 kW Antriebsleistung werden eine Vielzahl von Anbaugeräten angeboten, die den Radlader zu einem wirtschaftlichen Universalgerät machen.

5.6.2 Übersicht über Radlader-Baugrößen

5.6.2.1 Baugröße 1 – Kompaktlader

Darunter fallen Radlader, die sich schon rein äußerlich durch ihre kompakte Bauweise von den übrigen Radladertypen unterscheiden. Durch einen hydraulischen Allradantrieb lassen sich die beiden seitlichen Radpaare in gegenseitiger Laufrichtung bewegen. Damit kann sich der Kompaktlader auf der Stelle drehen und erreicht eine hohe Beweglichkeit auf

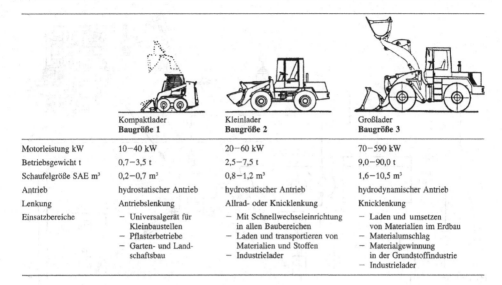

	Kompaktlader **Baugröße 1**	Kleinlader **Baugröße 2**	Großlader **Baugröße 3**
Motorleistung kW	10–40 kW	20–60 kW	70–590 kW
Betriebsgewicht t	0,7–3,5 t	2,5–7,5 t	9,0–90,0 t
Schaufelgröße SAE m³	0,2–0,7 m³	0,8–1,2 m³	1,6–10,5 m³
Antrieb	hydrostatischer Antrieb	hydrostatischer Antrieb	hydrodynamischer Antrieb
Lenkung	Antriebslenkung	Allrad- oder Knicklenkung	Knicklenkung
Einsatzbereiche	– Universalgerät für Kleinbaustellen – Pflasterbetriebe – Garten- und Landschaftsbau	– Mit Schnellwechseleinrichtung in allen Baubereichen – Laden und transportieren von Materialien und Stoffen – Industrielader	– Laden und umsetzen von Materialien im Erdbau – Materialumschlag – Materialgewinnung in der Grundstoffindustrie – Industrielader

Abb. 5.36 Übersicht über Radlader-Baugrößen

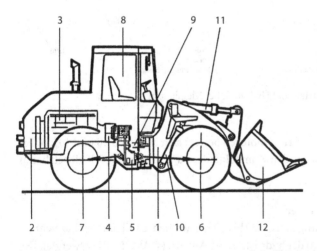

1	Vorderwagen	2	Hinterwagen
3	Antriebsmotor	4	Drehmomentwandler
5	Lastschaltgetriebe	6	Starrachse mit im Ölbad laufenden Lamellenbremsen und Selbstsperrdifferential
7	Pendelachse mit im Ölbad laufenden Lamellenbremsen und Selbstsperrdifferential	8	Fahrerkabine mit Überrollschutz (ROPS)
9	Hydraulische Knicklenkung	10	Hubzylinder
11	Kippzylinder	12	Ladeschaufel

Abb. 5.37 Bauteile des Radladers der Baugröße 3 [51]

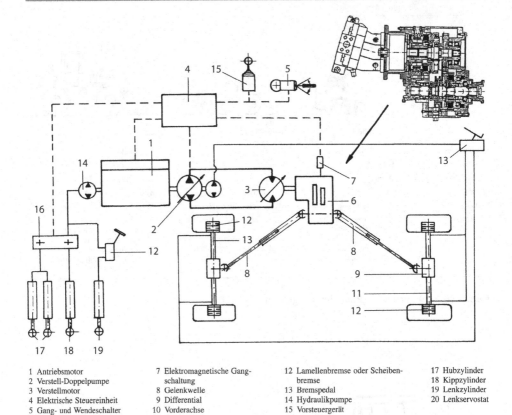

Abb. 5.38 Hydrostatischer Fahrantrieb und Hydraulik bei Kleinladern

1 Antriebsmotor	7 Elektromagnetische Gang-	12 Lamellenbremse oder Scheiben-	17 Hubzylinder
2 Verstell-Doppelpumpe	schaltung	bremse	18 Kippzylinder
3 Verstellmotor	8 Gelenkwelle	13 Bremspedal	19 Lenkzylinder
4 Elektrische Steuereinheit	9 Differential	14 Hydraulikpumpe	20 Lenkservostat
5 Gang- und Wendeschalter	10 Vorderachse	15 Vorsteuergerät	
6 Verteilergetriebe	11 Hinterachse (Pendelachse)	16 Mehrfachsteuerblock	

engstem Raum. Die Leistung der Antriebsmotoren bewegt sich zwischen 10 und 40 kW. Eine Anzahl von Anbaugeräten macht den Kompaktlader zu einem universell einsetzbaren Mehrzweckgerät.

5.6.2.2   Baugröße 2 – Kleinlader

Radlader mit einer Antriebsleistung von ca. 20 bis 60 kW werden als Kleinlader bezeichnet. Als Fahrantrieb wird überwiegend der hydrostatische Antrieb (s. Abb. 5.38) verwendet. Die meisten Geräte besitzen eine Knicklenkung oder eine Allradlenkung. Kleinlader sind oft mit Schnellwechseleinrichtungen für Anbaugeräte ausgerüstet und damit vielseitig einsetzbar. Radlader dieser Baugröße werden auf Baustellen auch weitgehend als Transport- und Umsetzgerät für die verschiedensten Materialien und Stoffe benutzt. Ihre Fahrgeschwindigkeit liegt bei ca. 20 bis 25 km/h.

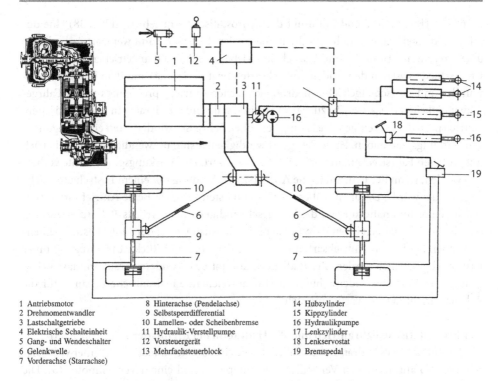

1 Antriebsmotor	8 Hinterachse (Pendelachse)	14 Hubzylinder
2 Drehmomentwandler	9 Selbstsperrdifferential	15 Kippzylinder
3 Lastschaltgetriebe	10 Lamellen- oder Scheibenbremse	16 Hydraulikpumpe
4 Elektrische Schalteinheit	11 Hydraulik-Verstellpumpe	17 Lenkzylinder
5 Gang- und Wendeschalter	12 Vorsteuergerät	18 Lenkservostat
6 Gelenkwelle	13 Mehrfachsteuerblock	19 Bremspedal
7 Vorderachse (Starrachse)		

Abb. 5.39 Hydrodynamischer Fahrantrieb und Hydraulik bei Großladern [71]

5.6.2.3 Baugröße 3 – Großlader

Die Baugröße 3 erfasst die Radlader ab etwa 70 kW Antriebsleistung, die meist als reine Ladegeräte eingesetzt werden. Aufgrund ihrer Größe und technischen Ausstattung sind sie in der Lage, Materialien zu lösen, zu laden und zu transportieren. Angetrieben werden Großlader überwiegend über Drehmomentwandler und Lastschaltgetriebe (s. Abb. 5.39), wobei dann die Fahrgeschwindigkeit bei ca. 40 km/h liegt. Die höhere Geschwindigkeit gegenüber Kleinladern ist für kurze Ladespielzeiten und beim losen Materialumschlag (z. B. bei Mischanlagen) notwendig. Neben der Antriebsart Drehmomentwandler und Lastschaltgetriebe sind zwischenzeitlich auch bei Großladern hydrostatische Antriebe in Verwendung. Es ist anzunehmen, dass sie sich weiter durchsetzen.

5.6.3 Technische Ausrüstungsdetails

5.6.3.1 Bauteile (s. Abb. 5.37)
5.6.3.2 Fahrantriebe und Hydraulik

Die im Baubetrieb eingesetzten Radlader haben Allradantriebe. Abhängig von der Radladergröße und den Einsatzkriterien werden 2 Antriebsarten verwendet. Bei Radladern bis ca. 60 kW (Baugröße 1 und 2) nimmt der hydrostatische Antrieb (s. Abb. 5.38) eine dominierende Stellung ein, während die Radlader der Baugröße 3 mit wenigen Ausnahmen über Drehmomentwandler und Lastschaltgetriebe (s. Abb. 5.39) angetrieben werden. Der Unterschied zwischen den beiden Antriebsarten liegt darin, dass mit dem Drehmomentwandler und Lastschaltgetriebe (hydrodynamischer Antrieb) problemlos große Fahrgeschwindigkeiten (bis 40 km/h) zu erreichen sind, während die Geräte mit hydrostatischem Antrieb nach der derzeitigen Auslegung bei hohen Fahrgeschwindigkeiten einen ungünstigen Wirkungsgrad haben. Hohe Fahrgeschwindigkeiten sind notwendig beim Ladebetrieb mit größeren Fahrstrecken und beim Straßentransport. Der Wirkungsgrad könnte verbessert werden, wenn der hydrostatische Antrieb in Verbindung mit einem Lastschaltgetriebe angewendet würde. Dafür sind aber die Gesamtkosten zu hoch. Beide Antriebsarten passen stufenlos und nahezu exakt die Fahrgeschwindigkeit dem Arbeits-Belastungszustand des Gerätes an und erreichen damit eine optimale Ausnutzung der Motorleistung. Ebenso können bei beiden Antriebsarten die Gänge der Vor- und Rückwärtsbewegung unter Last durchgeschaltet werden. Bei Radladern kommt es besonders darauf an, dass neben genügender Vortriebs- oder Schubkraft eine ausreichende hydraulische Leistung für die Arbeitseinrichtung zur Verfügung steht.

Der hydrostatische Fahrantrieb und die Hydraulik bei Kleinladern (s. Abb. 5.38)

Der Aufbau eines hydraulischen Fahrantriebes ist eine Kombination aus einer vom Dieselmotor (1) angetriebenen Verstell-Doppelpumpe (2) und einem Verstellmotor (3). Die Verstellsignale werden von einer rein hydraulischen oder elektrohydraulischen Steuerung (4) über einen Gang- und Wendeschalter (5) an der Lenksäule eingebracht. Entsprechende Sicherheits- und Regelventile bewirken, dass der Wirkungsbereich der Hydraulikkomponenten möglichst nahe an der Leistungskennlinie des Dieselmotors geführt wird. Der Verstellmotor (3) treibt ein Verteilergetriebe (6) mit meist zwei elektromagnetisch geschalteten Gängen (7) an. Über Gelenkwellen (8) und Differentiale (9) werden die Vorderachse (10) (Starrachse) und die Hinterachse (11) (Pendelachse) angetrieben. In einer oder beiden Achsen sind im Ölbad laufende Lamellenbremsen (12) oder Scheibenbremsen eingebaut, die beim Abbremsen über das Bremspedal (13) ab einem bestimmten Schaltpunkt zusätzlich die Bremswirkung der Hydraulik unterstützen. Eine Pumpe für die Arbeitshydraulik (14) wird über einen Nebenabtrieb am Dieselmotor (1) angetrieben. Über ein Vorsteuergerät (15) und einen Mehrfachsteuerblock (16) lassen sich die beiden Hubzylinder (17) und der Kippzylinder (18) ansteuern. Der Lenkzylinder (19) wird über den Servostaten (hydraulische Lenkventileinrichtung) (20) betätigt.

Der hydrodynamische Fahrantrieb und die Hydraulik bei Großladern (s. Abb. 5.39)

Der hydrodynamische Antrieb besteht aus einem Drehmomentwandler (s. Abschn. 5.6.3.3) (2) und einer automatisch wirkenden und stufenlos schaltbaren Getriebegruppe, dem Lastschaltgetriebe (3). Der Drehmomentwandler (2) kann mit dem Dieselmotor (1) über eine Gelenkwelle verbunden werden oder direkt am Motor angeflanscht sein. Mit einer elektrohydraulischen Steuerung (4) können über das Lastschaltgetriebe die

Reversierstufen (vorwärts – rückwärts) und die einzelnen Fahrgänge mit dem Gang-
und Wendeschalter (5) an der Lenksäule über hydraulische Lamellenkupplungen über-
lappt geschaltet werden, ohne dass die Radlader-Fahrbewegung unterbrochen wird. Beim
Umschalten auf vor- und rückwärts wirken die Lamellenkupplungen für die Fahrtrichtung während des Schließvorganges als Bremse auf den bewegten Radlader. Ist das Gerät
zum Stillstand gekommen, beschleunigt es sich bei geschlossener Lamellenkupplung
automatisch in die neu gewählte Fahrtrichtung. Über die Gelenkwellen (6) werden die
Vorderachse (Starrachse) (7) und die Hinterachse (Pendelachse) (8) angetrieben. Beide
Achsen sind meist mit Selbstsperrdifferential (9) und Scheibenbremsen oder mit im Ölbad
laufenden Lamellenbremsen (10) ausgerüstet. Ein eigener Hydraulikkreis mit der Pumpe
(11) versorgt über ein elektrisches Vorsteuergerät (12) und einen Steuerblock (13) die
beiden Hubzylinder (14) und den Kippzylinder (15) für die Ladeschaufel. Ein weiterer
Hydraulikkreis mit der Pumpe (16) ist für die Lenkung und die Bremsanlage vorhanden.
Dabei werden der Lenkzylinder (17) über den Servostaten (18) und die Lamellenbremsen
(10) über das Bremsventil (19) betätigt.

Die Lastschaltgetriebe werden in 3, 4 oder 6 Gängen vorwärts und jeweils 3 Gänge rückwärts angeboten. Radlader können auch mit einer elektronischen Schaltautomatik ausgerüstet werden. Mit dieser Einrichtung wird der Getriebe-Schaltzeitpunkt immer an den
vorliegenden Belastungszustand angepasst. Die Schaltvorgänge erfolgen durch den allmäh-
lichen Druckaufbau in den Lamellenkupplungen des Lastschaltgetriebes weich und ruck-
frei. Der Fahrer kann jederzeit durch manuelles Schalten in das Bewegungsverhalten des
Radladers eingreifen.

Die Steuerung der Arbeitshydraulik bei Großladern (Baugröße 3) erfolgt schon weitgehend über Hydrauliksysteme, die über die Verstellpumpe immer nur die vom Fahrer über
sein Vorsteuergerät abverlangte Ölmenge liefern. Bei gleichzeitiger Betätigung von Hub-
und Kippzylinder tritt keine Beeinflussung der zuerst gewählten Bewegung ein. Das System arbeitet unabhängig von den Lastdrücken in den Zylindern und erreicht eine optimale
Nutzung der Motorleistung auch im Teillastbereich.

Bei den herkömmlichen Steuerungen erfolgt die Feinsteuerung durch Drosselwirkung
in den Wegeventilen, wobei überschüssige Ölmengen unnötig erwärmt werden und in den
Tank zurückfließen.

5.6.3.3 Funktion des Drehmomentwandlers

Der Drehmomentwandler (s. Abb. 5.40) ist zwischen Motor und Getriebe angeordnet. Er
kann Kraft und Bewegung vom Motor zum Getriebe durch Ölhydraulik übertragen und
unterschiedliche Drehzahlen überbrücken. Turbinenschaufeln im Wandler, die einen Öl-
strom umlenken, passen das Drehmoment an den jeweiligen Betriebszustand an. Der Öl-
strom wird zusätzlich durch die Umlenkung über ein Leitrad (Reaktionsrad) zur Steigerung
des Drehmoments genutzt.

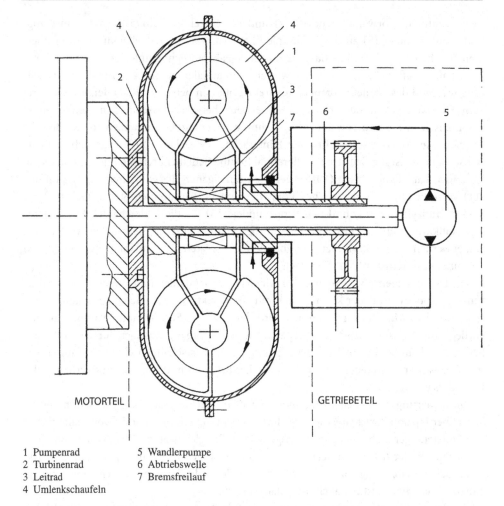

MOTORTEIL   GETRIEBETEIL

1 Pumpenrad   5 Wandlerpumpe
2 Turbinenrad   6 Abtriebswelle
3 Leitrad   7 Bremsfreilauf
4 Umlenkschaufeln

Abb. 5.40 Funktionsschema eines Drehmomentwandlers

Der Drehmomentwandler besteht aus drei Hauptteilen:

- Pumpenrad (1), mit dem Antriebsmotor verbunden,
- Turbinenrad (2), mit dem Getriebe verbunden,
- Leitrad (3), über Bremsfreilauf mit dem Getriebe verbunden.

Die Laufräder gleichen Turbinenrädern mit am Umfang schräg angeordneten Umlenkschaufeln (4). Die drei Schaufelräder sind ringförmig angeordnet und werden ständig vom
Drucköl der Wandlerpumpe (5) in der Reihenfolge Pumpenrad, Turbinenrad und Leitrad
durchströmt (s. Pfeilrichtung Abb. 5.40). Das aus dem Pumpenrad (1) schräg ausströmende
Öl wird im Turbinenrad (2) in der Strömungsrichtung umgelenkt. Es entsteht ein Reakti-

onsmoment, das über die Abtriebswelle (6) auf das Getriebe übertragen wird. Von dem Turbinenrad (2) fließt das Öl weiter durch das Leitrad (3) und wird in diesem nochmals umgelenkt und unter der passenden Strömungsrichtung wieder dem Pumpenrad zugeführt. Durch diese Umlenkung erfährt das Leitrad ebenfalls ein Reaktionsmoment, das über den Bremsfreilauf (7) auf die Abtriebswelle (6) übertragen wird. Das Verhältnis des Momentes am Turbinenrad (2) zum Moment am Pumpenrad (1) wird als Drehmomentwandlung bezeichnet und kann 3 : 1 erreichen.

Die Drehmomentwandlung ist umso größer, je größer der Drehzahlunterschied zwischen Pumpen- und Turbinenrad ist. Ein Maximum entsteht, wenn der Lader bei voller Schubkraft, z. B. bei der Materialaufnahme, zum Stehen kommt und damit auch das Turbinenrad stillsteht. Bei zunehmender Abtriebsdrehzahl des Wandlers nimmt die Momentenwandlung stufenlos ab und erreicht bei ca. 80 % der Turbinendrehzahl von der Pumpendrehzahl 1 : 1, d. h., Turbinenmoment ist gleich dem Pumpenmoment. In diesem Zustand arbeitet der Wandler dann ähnlich wie eine Flüssigkeitskupplung.

5.6.3.4 Lenksysteme

Entsprechend den Baugrößen der Radlader werden die in Abb. 5.41 dargestellten Lenksysteme verwendet.

Bei Kompaktladern ist die **Antriebslenkung** (Abb. 5.41 Nr. 1) vorherrschend. Dabei kann das linke und das rechte Räderpaar unabhängig voneinander mit verschiedenen Geschwindigkeiten in beide Laufrichtungen bewegt werden. Laufen beide Radseiten mit gleicher Geschwindigkeit in die gleiche Richtung, fährt der Radlader geradeaus. Bei unterschiedlicher Geschwindigkeit kann das Gerät Kurven fahren. Jede Radseite wird über einen separaten Hydraulikmotor und Rollenketten zu den einzelnen Rädern angetrieben.

Bei Kleinladern der Baugröße 2 bis ca. 60 kW ist neben der **Knickrahmenlenkung** (Abb. 5.41 Nr. 3) noch die **Allrad-Achsschenkellenkung** (Abb. 5.41 Nr. 2) anzutreffen. Damit ist eine Wendigkeit des Gerätes vergleichbar der Knickrahmenlenkung (auch Knicklenkung genannt) zu erreichen. Der maximale Radwinkel-Einschlag beträgt in der Regel ± 45°. Die Allrad-Achsschenkellenkung ist zwar sehr kostenaufwendig, hat aber den Vorteil der hohen Kippstabilität, da beim Lenkvorgang keine seitliche Verlagerung des Geräteschwerpunktes auftritt. Dies kann besonders bei der Verwendung des Radladers als Mehrzweckgerät mit verschiedenen Anbaugeräten von Vorteil sein.

Bei Großladern der Baugröße 3 hat sich die **Knicklenkung** (Abb. 5.41 Nr. 3) durchgesetzt. Bei dieser Lenkungsart werden der Vorderrahmen und der Hinterrahmen, die durch Zapfengelenke miteinander verbunden sind, durch einen Hydraulikzylinder gegeneinander verdreht. Der maximale Knickwinkel beträgt 40 bis 45° nach jeder Seite. Der Vorteil der Knicklenkung liegt in der hohen Wendigkeit des Radladers bei relativ langem Radstand, der zu einer besseren Geländegängigkeit führt. Bei knickgelenkten Radladern ist die Reduzierung der Kippsicherheit zu beachten, da eine Schwerpunktverlagerung und gleichzeitige Spurverringerung beim Lenken eintritt. Die maximale Kipplast eines knickgelenkten Radladers gilt nur bei Geradeausstellung des Gerätes und verringert sich in eingeknickter Stellung um etwa 15 %.

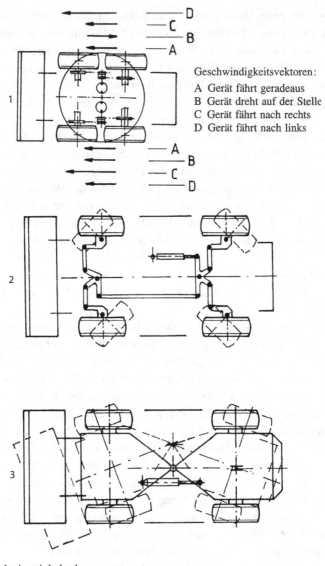

Geschwindigkeitsvektoren:

A Gerät fährt geradeaus
B Gerät dreht auf der Stelle
C Gerät fährt nach rechts
D Gerät fährt nach links

1 Antriebslenkung
2 Allrad-Achsschenkellenkung
3 Knicklenkung

Abb. 5.41 Schematische Darstellung der Radlader-Lenksysteme

5.6.3.5   Achsen und Bremsen

Der Fahrbahnkontakt aller Räder im Gelände wird dadurch erreicht, dass die Vorderachse (Starrachse) fest mit dem Aufbau verschraubt ist, während die Hinterachse (Pendelachse) pendelnd aufgehängt ist. Der maximale Pendelwinkel beträgt ca. ± 12 bis 15°. Damit werden auch Torsionsspannungen im Rahmen des Gerätes vermieden.

Der Antrieb der Radladerachsen erfolgt über ein in Achsmitte angeordnetes Differential, über das das Drehmoment in die Radnaben geleitet wird. In jeder Radnabe ist ein Planetengetriebe und eine Bremse untergebracht. Die Bremsen sind bei Radladern im Ölbad laufende, gekapselte, fast verschleißfreie Lamellenbremsen, nur noch selten selbstreinigende Scheibenbremsen.

Die Differentiale in den Radladerachsen können je nach Ladergröße und Antriebsart mit oder ohne Differentialsperre sein. Bei den Differentialsperren werden manuell betätigte und selbstsperrende Differentialsperren unterschieden. Sie werden benötigt, wenn das Vortriebsmoment an den beiden Rädern einer Achse aufgrund der Bodenverhältnisse verschieden ist. Bei Verwendung eines Differentials ohne Sperre würde ein Rad durchrutschen und das andere stehen. Der Radlader würde stehen bleiben. Bei Achsen mit manuell betätigtem Differential kann eine Sperre dazugeschaltet werden, die eine starre Verbindung zwischen den beiden Rädern herstellt und das Durchrutschen nur eines Rades verhindert. Bei Achsen mit Selbstsperrdifferential ist für die linke und die rechte Antriebsseite im Differential je eine Lamellenbremse eingebaut, die bei ungleichen Vortriebsmomenten an den Rädern automatisch einen Ausgleich schafft, der das Durchrutschen nur eines Rades verhindert.

Radlader der Baugröße 2 werden mit manuell- und selbstsperrbaren Differentialen ausgerüstet, während bei Radladern der Baugröße 3 ausschließlich Selbstsperrdifferentiale verwendet werden.

5.6.3.6   Lasten und Kräfte

Die am Radlader auftretenden Lasten und Kräfte sind: (s. Abb. 5.42)

- Die Nennlast (kg) ist das Gewicht des Schaufelinhalts.
- Die statische Kipplast (kg) ist das Gewicht, das im Schaufelschwerpunkt (S) angreift und den Radlader über die Vorderachse gerade zum Kippen bringt, wobei die Hinterachse etwas vom Boden abhebt. Die statische Kipplast muss bei Radladern der zweifache Wert der zulässigen Nennlast bei geknickter Stellung sein.
- Die Hubkraft (H) (kN) wird vom Hubzylinder erzeugt und greift im Schwerpunkt (S) der Nennlast in der Schaufel an.
- Die Ausbrechkraft (A) (kN) wird über den Kippzylinder erzeugt und greift an der Schaufelschneide an.

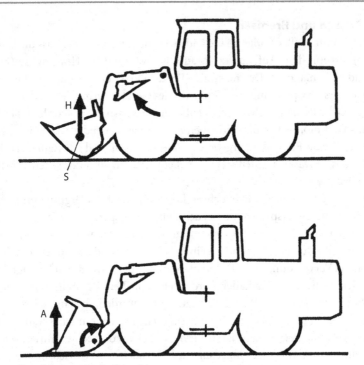

S = Schwerpunkt der Schaufel
H = Hubkraft
A = Ausbrechkraft

Abb. 5.42   Darstellung der Hubkraft und der Ausbrechkraft bei Radladern

5.6.3.7 Arbeitsausrüstung und Kinematik

Die Arbeitsausrüstung bei Radladern besteht aus einem Hubrahmen mit Zylinder für die Auf- und Abbewegung der Ladeschaufel. In den Hubrahmen integriert ist die Kinematik für die Kippbewegung der Schaufel.

Die Ausrüstung kann als **Parallel- oder Z-Kinematik** ausgelegt sein (s. Abb. 5.43). Bei der Parallel-Kinematik wirkt der Schaufelkippzylinder parallel zum Hubrahmen, während bei der Z-Kinematik der Schaufelkippzylinder über eine Schwinge mit der Schaufel verbunden ist, die von der Seite gesehen ein Z bildet. Die Leistung eines Radladers hängt im Wesentlichen von einer schnellen Übertragung der Zylinderkräfte auf die Schaufel ab. Dabei ist von Bedeutung, dass eine große Ausbrechkraft (s. Abb. 5.42, Kraft A) bei der in den auszuhebenden Boden geschobenen Ladeschaufel zur Verfügung steht. Langsames und kraftvolles Schaufelrückkippen wirkt sich dann positiv auf den Füllvorgang aus. Anderseits ist es wichtig, die volle Schaufel beim Entleeren schnell von der Rückkipp- in die Auskippstellung zu bringen. Die Beaufschlagung des Kippzylinders und die günstigeren Hebelverhältnisse der Z-Kinematik erfüllen diese Anforderungen gegenüber der Parallel-Kinematik besser.

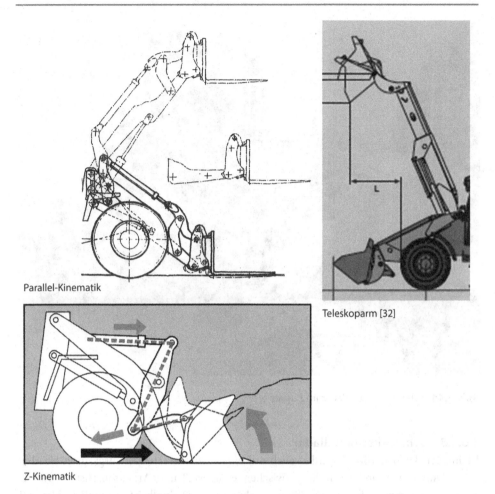

Parallel-Kinematik

Teleskoparm [32]

Z-Kinematik

Abb. 5.43 Arbeitsausrüstung und Kinematik bei Radladern [51]

Radlader der Baugröße 3 (s. Abb. 5.36) werden fast ausschließlich mit Z-Kinematik ausgerüstet. Radlader der Baugröße 2 besitzen meist eine Parallel-Kinematik. Der Vorteil ist eine bessere Parallelführung der Last bei der Hubbewegung im Einsatz z.B. mit Palettengabel oder Arbeitsbühne.

Eine weitere Bauart bei Ladern der Baugröße 2 ist die Ausbildung des Hubrahmens als **Teleskoparm**, mit einer an der Spitze integrierten Z-Kinematik oder wahlweise Parallel-Kinematik für die Kippbewegung der Schaufel. Damit kann die Reichweite höher und weiter gestaltet werden (s. Abb. 5.43). Besondere Vorteile bietet diese Einrichtung für Kleinlader beim Beladen von hohen Regalen, hochbordigen Fahrzeugen oder angebauten Arbeitsbühnen unter Einhaltung besonderer Sicherheitsvorschriften.

Abb. 5.44 Schwenkschaufellader im Einsatz [4]

5.6.3.8 Schwenkschaufellader

Kleinlader der Baugröße 2 werden auch mit einer Schwenkschaufel ausgerüstet (s. Abb.
5.44). Durch eine Drehverbindung zwischen Fahrgestell und Arbeitsausrüstung ist die
Schaufel nach beiden Seiten um 90 Grad schwenkbar. Dadurch ist es möglich, Material
in Fahrtrichtung aufzunehmen und ohne Richtungsänderung innerhalb des Drehberei-
ches abzukippen. Der übrige Aufbau des Geräts ist wie unter Abschn. 5.6.2.2 und 5.6.3
beschrieben. Vorteilhaft ist bei Schwenkladern die hohe Beweglichkeit bei engen Platzverhältnissen.

5.6.3.9 ROPS-Fahrerkabine und FOPS-Fahrerkabine

Berufsgenossenschafliche Regelungen für Sicherheit beim Betrieb von Erdbaumaschinen
(BGR 500 Abschn. 2.12) schreiben vor, dass sämtliche Lade-, Planier- und Schürfmaschi-
nen mit einer Antriebsleistung über 15 kW mit Überrollschutz auszurüsten sind. ROPS
steht für „Roll Over Protective Structure" und heißt Überrollschutz. Der Überrollschutz
muss so gestaltet bzw. in die Fahrerkabine integriert sein, dass er sich beim Überschlag der
Maschine nur so weit verformt, dass der Fahrer keinen Schaden erleidet.

Eine Erweiterung der ROPS-Kabine ist die FOPS-Einrichtung. FOPS steht für „Falling
Objects Protective Structure" und bedeutet Steinschlag-Schutzkonstruktion. Sie kommt

Abb. 5.45 Reichweite und
Ausschütthöhe beim Beladen
von LKWs

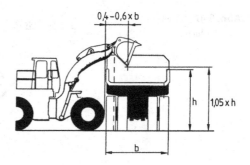

hauptsächlich für Ladegeräte im Steinbruch und im Abbruch zum Einsatz. Ihre Wirkungs-
weise beruht auf einem stabilen Schutz des Front- und Dachbereiches der Fahrerkabine
gegen herabfallende Gegenstände. Dieser Schutz besteht meistens aus Gittern mit Rahmen,
die jedoch nicht die Sicht des Fahrers behindern dürfen.

5.6.4 Einsatzgestaltung

5.6.4.1 Allgemeines

Wie bereits beim Ladebetrieb mit Baggern erwähnt, ist auch für den Radladerbetrieb ein
sorgfältig geplanter und auf die Gerätegröße abgestimmter Einsatz unerlässlich. Es sollte
darauf geachtet werden, dass das Fahrzeug mit 3 bis 5 Ladespielen so gefüllt ist, dass sich
darauf nicht zu viel und auch nicht zu wenig Material befindet. Überschüssiges Material
fällt herab, verunreinigt die Ladestelle und behindert den Ladevorgang. Die Ausschütthöhe
des Radladers sollte das 1,05-fache der Bordwandhöhe des Fahrzeugs sein, die Reichweite
das 0,4- bis 0,6-fache der Fahrzeugbreite (s. Abb. 5.45).

5.6.4.2 Radlader im Erdbau

Laden mit 1 Radlader (s. Abb. 5.46)

Die günstigste Anordnung des Fahrzeugs ist ein Winkel von 45 bis 60° zur Wand. Der
Radlader erreicht damit die kleinsten Knickwinkel und die kürzeste Fahrstrecke.

Abb. 5.46 Laden mit
1 Radlader

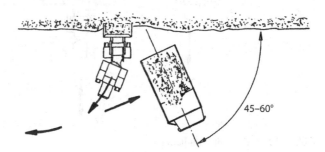

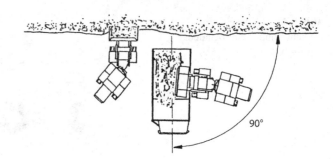

Abb. 5.47 Laden mit
2 Radladern

Laden mit 2 Radladern (s. Abb. 5.47)
Das Fahrzeug steht im Winkel von 90° zur Wand und wird von beiden Seiten beladen.

Laden mit 3 Radladern (s. Abb. 5.48)
Diese Methode ist anwendbar, wenn das Fahrzeug mit drei Ladespielen gefüllt ist. Die Radlader fahren nur vor- und rückwärts und beladen nacheinander das an der Wand entlang fahrende Fahrzeug.

Ladeleistung Ganz entscheidend für die Ladeleistung ist auch das Verhalten des Radladerfahrers. Er sollte vermeiden, dass der Füllvorgang mit Anlauf begonnen wird. Nur durch langsames, aber doch zügiges, kraftschlüssiges Anfahren des Haufwerks kann die volle Maschinenleistung genutzt werden. Die Schaufel sollte beim Anfahren des Haufwerks nicht am Boden schleifen, da dies die Vorschubkraft verringert. Das Durchrutschen der Räder während des Füllvorganges sollte vermieden werden. Die Platzverhältnisse müssen so sein, dass der Radlader genügend Platz zum freien Rangieren hat.

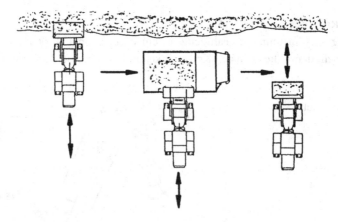

Abb. 5.48 Laden mit 3 Radladern

Tab. 5.8 Schaufel-Füllfaktoren für Radlader

	Schaufel-Füllfaktor
Mischböden (feucht, lose)	95–105 %
Sande bis 4 mm	95–105 %
Gesiebte Materialien 4–20 mm	95–100 %
Gesiebte Materialien größer 20 mm	85–90 %
Gut gesprengtes Haufwerk	85–95 %
Mittel gesprengtes Haufwerk	75–90 %
Schlecht gesprengtes Haufwerk	60–75 %

Auswahl eines Radladers Die Auswahl eines Radladers ist abhängig von:

- Erforderlicher Ladeleistung
- Ladespielzeit beinhaltet: Material aufnehmen, fahren, Material auskippen, zurückfahren.
  Basiswerte hierfür sind 0,45 bis 0,5 min.
  Bei größeren Fahrstrecken kann von folgenden Werten ausgegangen werden:
  Für die einfache Fahrstrecke bei ebener Fahrbahn 100 m in 0,5 min mit voller Schaufel
                                                                    0,3 min mit leerer Schaufel
- Nutzungsgrad berücksichtigt unvorhergesehene Pausen und Verzögerungen sowie Fahrzeugwechsel
  Effektive Arbeitszeit/h Nutzungsgrad
  60 min   100 %
  50 min   85 %
  45 min   75 %
  40 min   67 %
- Schaufelfüllfaktor (s. Tab. 5.8)

Beispiel Vorgaben: LKW-Beladung 450 t/h, Kies trocken von Halde, spez. Gewicht 1600 kg/m^3, Nutzungsgrad 75 % = 45 min, Schaufelfüllfaktor 90 %

- Mögliche Ladespiele/h = 60 min / 0,5 min = 120 Ladespiele/h
- Nutzungsgrad 75 % ergibt 120 × 0,75 = 90 Ladespiele/h effektiv
- Erforderliche Leistung des Laders = 450 t/h / 1,6 t/m^3 = 281 m^3/h
- Leistungsvolumen/Ladespiel = 281 m^3/h / 90 Ladespiele/h = 3,12 m^3/Ladespiel
- Erforderlicher Schaufelinhalt = 3,12 / 0,9 Füllfaktor = 3,46 m^3
- Gewählte Ladergröße 3,5 m^3 Schaufelinhalt

5.6.4.3 Radlader mit Schnellwechseleinrichtung

Wie bereits erwähnt, werden Kleinlader der Baugröße 2 oft mit einer Schnellwechsel-Einrichtung für verschiedene Anbaugeräte betrieben (s. Abb. 5.49). Die Ver- und Entriegelung

Abb. 5.49   Schnellwechseleinrichtung für einen Radlader [32]

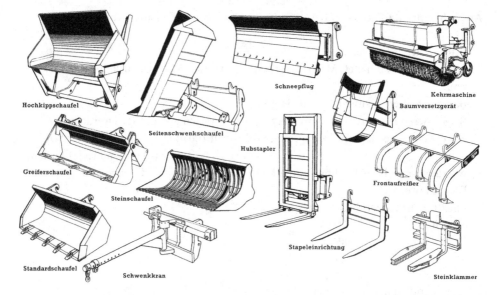

Abb. 5.50   Anbaugeräte für Radlader, Anbau über Schnellwechsel-Einrichtung [32]

erfolgt hydraulisch und kann vom Fahrersitz aus vorgenommen werden. Es steht eine Vielzahl von Anbaugeräten zur Verfügung (s. Abb. 5.50).

5.6.4.4   Einsatz von Kompaktladern

Auch für Kompaktlader wird außer der Ladeschaufel eine große Anzahl von Anbaugeräten angeboten (s. Abb. 5.51).

Abb. 5.51 Anbaugeräte für
Kompaktlader [10]

Kehrschaufel   Anbaubagger   Abbruchhammer
                                             * *

Planierkasten   Grabenfräse   Industriegreifer
                                     * *

Grader   Landwirtschaftsgreifer   Erdbohrer

Baumverpflanzer   Palettengabel   Schneeschild

Frontaufreißer   4-in-1-Schaufel   Vibrationswalze

5.7 Baggerlader und Teleskopmaschinen

Allgemeines Das Grundgerät bei Baggerladern und Teleskopmaschinen besteht aus einer zweiachsigen Einheit mit Allradantrieb und Allradlenkung. Großvolumige Reifen erlauben das Arbeiten in schwierigem Gelände. Der Anbau verschiedener Arbeitseinrichtungen führen zu vielseitigen Einsatzmöglichkeiten als Lade-, Grab- und Hubgerät.

5.7.1 Baggerlader

Baggerlader kommen überwiegend im Kabel- und Rohrleitungsbau zum Einsatz. An der Grundeinheit ist vorne eine Ladeschaufel und hinten eine Baggereinrichtung angebaut. Beide Einrichtungen können durch Drehen des Fahrersitzes um 180 Grad vom Fahrerhaus aus bedient werden.

Technische Ausrüstungsdetails Baggerlader werden in folgenden Größen hergestellt:

Antriebsleistung: 50 bis 80 kW
Ladeschaufelinhalt: ca. 0,8 bis 1,3 m^3
Tieflöffelinhalt: ca. 0.1 bis 0,4 m^3
Betriebsgewicht: ca. 7,0 bis 10,0 t

Bauteile

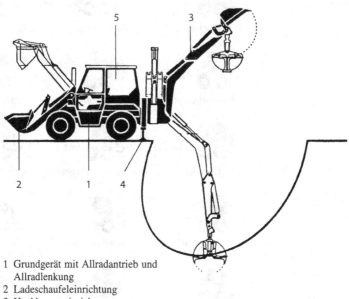

1 Grundgerät mit Allradantrieb und
  Allradlenkung
2 Ladeschaufeleinrichtung
3 Heckbaggereinrichtung
4 Hydraulische Abstützung
5 Fahrerkabine

Abb. 5.52 Bauteile eines Baggerladers [32]

Fahrantrieb, Lenkung und Arbeitsausrüstungen Baggerlader können mit hydrodyna-
mischem Antrieb, also Drehmomentwandler und Lastschaltgetriebe, oder mit hydrostatischem Antrieb (siehe Abschn. 5.6.3.2) ausgerüstet sein. Sie erreichen eine Fahrgeschwindigkeit von ca. 20 km/h. Die Geräte sind allradgetrieben mit hydraulischen Bremsen und
meist mit Allradlenkung ausgestattet.

Als Arbeitsausrüstung vorne überwiegt die Ladeschaufel. Durch eine Schnellwechsel-
Einrichtung am Hubrahmen wird die Einsatzmöglichkeit erweitert. Der Anbau von Geräten und Werkzeugen ist möglich, wie in Abschn. 5.6.4.3 beschrieben und in Abb. 5.50
dargestellt.

Die Arbeitseinrichtung hinten ist ein Heckbagger mit Tieflöffel oder Greifer. In einem
Schiebeschlitten gleitend kann die Baggereinrichtung hydraulisch nach beiden Seiten ver-
schoben werden. Damit ist das Baggern entlang von Begrenzungen möglich. Beim Baggerbetrieb wird die Standsicherheit durch eine hydraulische Abstützung am Heck erhöht.

5.7.2 Teleskopmaschinen

Der teleskopierbare, mittig angeordnete Ausleger und eine Vielzahl von Arbeitseinrichtungen machen die Teleskopmaschine zu einem Universalgerät. So kann die Teleskopmaschine für Hebe-, Transport-, Lade- und Montagearbeiten verschiedenster Art verwendet werden. Besondere Vorteile bringt das Gerät bei Arbeiten in Hallen und beim Einbringen von Materialien in einzelne Stockwerke.

Bauteile

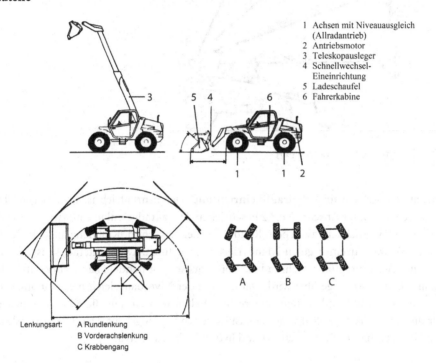

1 Achsen mit Niveauausgleich
(Allradantrieb)
2 Antriebsmotor
3 Teleskopausleger
4 Schnellwechsel-
Eineinrichtung
5 Ladeschaufel
6 Fahrerkabine

Lenkungsart: A Rundlenkung
B Vorderachslenkung
C Krabbengang

Abb. 5.53 Bauteile der Teleskopmaschine [45]

Abbildung 5.54 zeigt die verschiedenen Arbeitseinrichtungen, mit denen eine Teleskopmaschine ausgerüstet werden kann. Der Anbau der Arbeitseinrichtungen kann über eine hydraulische Schnellwechseleinrichtung von der Maschine aus erfolgen.

Technische Ausrüstungsdetails Teleskopmaschinen werden in folgenden Größen hergestellt:

Antriebsleistung: 50 bis 100 kW
Maximale Hublast: 3,0 bis 6,0 t
Maximale Hubhöhe: 6,5 bis 13,0 m

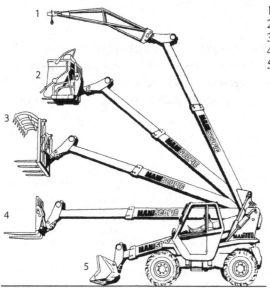

1 Kranausleger
2 Betonkübel
3 Ballenklammer (Landwirtschaft)
4 Ladegabel
5 Ladeschaufel

Abb. 5.54 Arbeitseinrichtungen [45]

Fahrantrieb, Achsen und Hydraulikeinrichtung Der Fahrantrieb ist überwiegend hydrostatisch, wie unter Abschn. 5.6.3.2 beschrieben. Der allradgelenkte Unterwagen erlaubt eine Verstellmöglichkeit zwischen Rund-, Vorderachs- und Krabbenganglenkung (s. Abb. 5.53), was zu einer guten Manövrierfähigkeit führt. Die Hinterachse ist als frei pendelnde Achs ausgeführt, während die Vorderachse zwar pendeln kann, aber durch Hydraulikzylinder gezielt geführt wird. Damit kann der Niveauausgleich meist automatisch hergestellt und die Last konstant waagrecht gehalten werden. Für die Kippsicherheit ist über die Hydraulik eine elektronische Lastüberwachung eingebaut. Der Teleskopausleger ist in Gleitlagern oder Rollen geführt und hydraulisch ausfahrbar.

5.8 Muldenkipper

Allgemeines Neben Baggern und Ladern ist bei der Erdbewegung, -gewinnung und -aufbereitung die richtige Auswahl der Baufahrzeuge von Bedeutung. Zum Einsatz kommen hauptsächlich Muldenkipper mit einer Stahlmulde und einer Kippeinrichtung nach hinten. Die Fahrzeugart richtet sich nach der Transportleistung, der Länge der Fahrstrecke und den Schwierigkeiten im Gelände, das z. B. weiche und unebene Böden und steile Auf- und Abfahrten aufweisen kann.

Als Transport-Fahrzeuge im Baustellenbetrieb stehen zur Auswahl:

- Muldenkipper mit starrem Rahmen
- Muldenkipper mit Knicklenkung
- Schwerlast-Muldenkipper mit starrem Rahmen

5.8.1   Muldenkipper mit starrem Rahmen

Abb. 5.55 Muldenkipper, starrer Rahmen, vierachsig

Technische Daten Drei- oder vierachsig meist mit Allradantrieb

Motorleistung: 230 bis 320 kW je nach Fahrzeuggröße
Muldeninhalt: 6 bis 10 m^3
Höchstgeschwindigkeit: bis 80 km/h

Diese Fahrzeuge haben eine Zulassung im normalen Straßenverkehr, sodass ihr Einsatz nicht nur auf die Baustelle beschränkt ist. Ein wirtschaftlicher Einsatz dieser Fahrzeugart setzt voraus, dass auf der Baustelle einigermaßen stabile Bodenverhältnisse vorhanden sind.

Einsatz: kleine und mittlere Erdbewegungsobjekte

5.8.2   Muldenkipper mit Knicklenkung

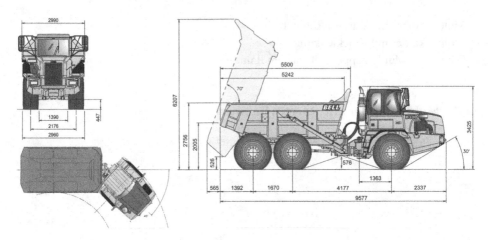

Abb. 5.56   Muldenkipper mit Knicklenkung [8]

Technische Daten   Dreiachsig meist mit Allradantrieb

Motorleistung: 200 bis 390 kW je nach Fahrzeuggröße
Muldeninhalt: 15 bis 28 m^3
Höchstgeschwindigkeit: bis 50 km/h

Muldenkipper mit Knicklenkung können aufgrund ihrer Abmessung und Achslasten nur auf Baustellen oder auf dem Betriebsgelände z. B. Steinbruch eingesetzt werden. Das Dreh- und Kippgelenk zwischen Vorder- und Hinterwagen passt die Fahrwerke dem Gelände optimal an und hält alle Räder in ständigem Bodenkontakt. Dies führt zu guten Fahreigenschaften in schwierigem Gelände.

Einsatz: mittlere und große Erdbaulose wie Autobahn- und Eisenbahnbau

5.8.3 Schwerlast-Muldenkipper mit starrem Rahmen

Abb. 5.57 Schwerlast-Muldenkipper mit starrem Rahmen [73]

Technische Daten Zweiachsig ohne Allradantrieb

Motorleistung: 260 bis 700 kW je nach Fahrzeuggröße
Muldeninhalt: 15 bis 40 m^3

Höchstgeschwindigkeit je nach Größe: bis 50 km/h

Schwerlast-Muldenkipper werden selten auf Baustellen, überwiegend aber in der Materialgewinnung und -verarbeitung sowie im Tagebau eingesetzt. Schwerpunkte sind der Transport von Gesteins- und Erdmassen in Verbindung mit den entsprechenden Ladegeräten. Im Baubereich werden Schwerlast-Muldenkipper bei großen Erdbaulosen, wie Dammschüttungen verwendet. Aufgrund ihrer Abmessungen und Gewichte bewegen sich Schwerlast-Muldenkipper nur auf dem Bau- und Betriebsgelände.

5.9 Planierraupen

5.9.1 Allgemeines

Planierraupen werden für grobe Planierarbeiten und das Abschieben von Böden eingesetzt. Eine noch wirtschaftliche Transportentfernung liegt bei etwa 50 m. Für die optimale Leistung eines Gerätes ist die Kombination von Raupengrundgerät und Arbeitsausrüstung (Schildausführung) von Bedeutung. Großen Einfluss auf die Schubleistung hat auch die

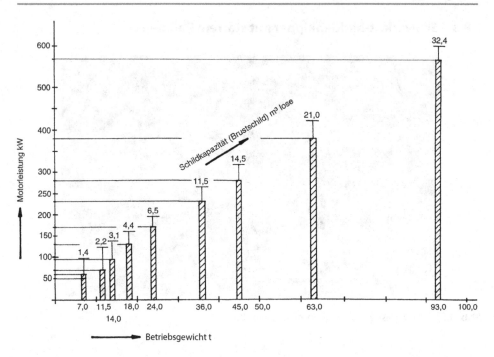

Abb. 5.58 Übersicht über Baugrößen von Planierraupen

Bodenart, die bewegt wird. Dabei wirken sich der Kornaufbau und die -form sowie die Lagerdichte des Erdreichs auf das Abrollverhalten am Schild aus. Je größer das Korn, umso schwerer kann das Schild in den Boden eindringen. Bei der Geräteauswahl sind also mehrere Faktoren zu berücksichtigen.

5.9.2   Übersicht über Baugrößen

Die Übersicht in Abb. 5.58 zeigt die Kenngrößen in kW Antriebsleistung der am Markt üblichen Planierraupen mit dem dazugehörigen Betriebsgewicht und der Kapazität am Brustschild. Vom Einsatz her werden Planierraupen bis etwa 300 kW überwiegend im Erd- und Straßenbau verwendet, während die Großgeräte über 300 kW Antriebsleistung hauptsächlich im Tagebau und bei der Grundstoffindustrie vorherrschen.

5.9.3   Bauteile (s. Abb. 5.59)

5.9.3.1   Fahrantriebe und Hydraulik
Die maximale Fahrgeschwindigkeit bei Planierraupen beträgt ca. 12 km/h.
    Im Folgenden werden die verschiedenen Fahrantriebe dargestellt.

Abb. 5.59 Bauteile einer
Planierraupe

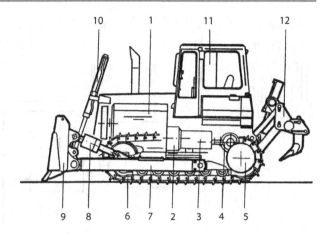

1 Antriebsmotor	7 Schubrahmen
2 Drehmomentwandler	8 Tiltzylinder
3 Lastschaltgetriebe	9 Planierschild
4 Lenkkupplung und Lenkbremse	10 Hubzylinder
5 Antriebsrad	11 ROPS-Fahrerkabine
6 Kettenlaufwerk	12 Heckaufreißer

Der mechanische Antrieb Dieser Antrieb wirkt über Motor, Kupplung, Schalt- und Verteilergetriebe auf die beiden Antriebsräder mit Lenkkupplung und Lenkbremse. Diese rein
mechanischen Antriebe werden kaum mehr verwendet. Deshalb wird auf eine weitere Beschreibung verzichtet.

Der hydrodynamische Antrieb (s. Abb. 5.60)

Mit dem hydrodynamischen Fahrantrieb, bestehend aus Drehmomentwandler und
Lastschaltgetriebe (s. Abschn. 5.6.3.2 und 5.6.3.3), lässt sich die Fahrgeschwindigkeit der
Planierraupe nahezu exakt an den Arbeits-Belastungszustand anpassen. Damit wird eine
optimale Nutzung der Motorleistung erreicht.

Funktion Der Antriebsmotor (1), der Drehmomentwandler (2) und das meist 3-gängige
Lastschaltgetriebe (3) bilden eine Baueinheit. Diese Baueinheit gibt das Antriebsdrehmoment weiter über ein Differential (4) für die beidseitigen Lenkkupplungen (5) und Lenkbremsen (6). Die weitere Momentenübertragung geht über eine Zahnradübersetzung (7)
zu den Kettenantriebsrädern (8). Die Schaltung des Lastschaltgetriebes erfolgt über einen
Getriebeschalthebel (9), über den die Auswahl der einzelnen Gänge und der Wechsel auf
Vor- und Rückwärtsfahrt unter Last durchgeführt werden kann. Die Lenkkupplungen und
die Lenkbremsen werden über einen Lenkkupplungs-Bremshebel (10) für jede Seite separat betätigt. Bei Geradeausfahrt der Planierraupe ist die federbelastete Lenkkupplung (5)
geschlossen und die Lenkbremse (6) offen. Wird nun der Lenkkupplungs-Bremshebel (10)
auf einer Seite betätigt, so öffnet sich die Kupplung und die Bremse schließt sich, d. h.,
der Kraftfluss über die Lenkkupplung wird vermindert und der Fahrantrieb abgebremst
(Momentenverlust). Diese Geschwindigkeits- bzw. Kraftschlussunterschiede werden zum

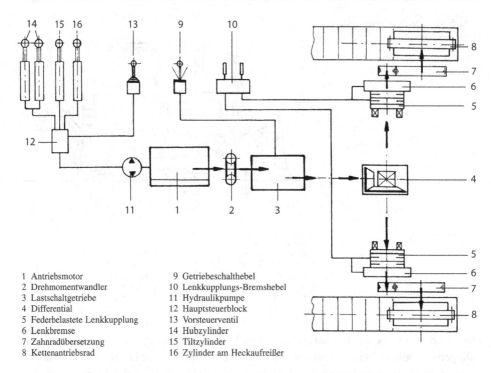

1 Antriebsmotor   9 Getriebeschalthebel
2 Drehmomentwandler   10 Lenkkupplungs-Bremshebel
3 Lastschaltgetriebe   11 Hydraulikpumpe
4 Differential   12 Hauptsteuerblock
5 Federbelastete Lenkkupplung   13 Vorsteuerventil
6 Lenkbremse   14 Hubzylinder
7 Zahnradübersetzung   15 Tiltzylinder
8 Kettenantriebsrad   16 Zylinder am Heckaufreißer

Abb. 5.60 Schema für einen hydrodynamischen Antrieb für eine Planierraupe

Lenken der Planierraupe genutzt. Kommt durch die Lenkbrems- und Lenkkupplungsbetä-
tigung eine Seite zum Stehen, dreht sich die Planierraupe um diese stehende Kette.

Unabhängig vom Fahrantrieb versorgt eine eigene Hydraulikpumpe (11) am Antriebsmotor über einen Hauptsteuerblock (12) und ein Vorsteuerventil (13) die Hubzylinder
(14), den Tiltzylinder (15) (s. Abschn. 5.9.4.1) und die Zylinder am Aufreißer (16).

Der hydrodynamische Fahrantrieb mit Differentiallenkung (s. Abb. 5.61)

Der Vorteil der Differentiallenkung besteht darin, dass sich die Planierraupe sowohl bei
Geradeaus- als auch bei Kurvenfahrt oder beim Drehen auf der Stelle kraftschlüssig bewegt.
Es entstehen keine Momentenverluste durch Lenkbremsen oder Lenkkupplungen wie beim
Antrieb ohne Differentiallenkung.

Funktion Die Baueinheit Antriebsmotor (1), Drehmomentwandler (2) und das Lastschaltgetriebe (3) treiben über einen Kegeltrieb (4) den Antriebs-Planetensatz (5) und
weiter den Lenk-Planetensatz (6) an. Der Lenk-Planetensatz läuft in einem Hohlrad (7),
das von einer hydraulischen Verstellpumpe (8) über einen Verstellmotor (9) und einen
Kegeltrieb (10) bewegt werden kann. Fährt die Planierraupe geradeaus, dann stehen der
Verstellmotor (9) und das Hohlrad (7) still. Vom Antriebsmotor (1) über den Kegeltrieb (4),
den Antriebs-Planetensatz (5) und den Ausgleichs-Planetensatz (11) ist eine kraftschlüs-

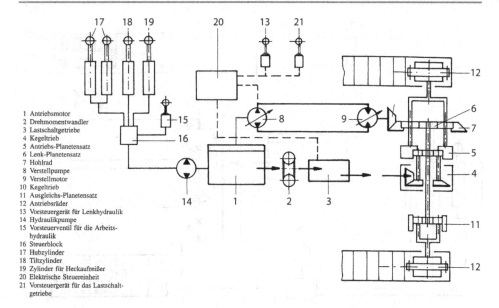

1 Antriebsmotor
2 Drehmomentwandler
3 Lastschaltgetriebe
4 Kegeltrieb
5 Antriebs-Planetensatz
6 Lenk-Planetensatz
7 Hohlrad
8 Verstellpumpe
9 Verstellmotor
10 Kegeltrieb
11 Ausgleichs-Planetensatz
12 Antriebsräder
13 Vorsteuergerät für Lenkhydraulik
14 Hydraulikpumpe
15 Vorsteuerventil für die Arbeitshydraulik
16 Steuerblock
17 Hubzylinder
18 Tiltzylinder
19 Zylinder für Heckaufreißer
20 Elektrische Steuereinheit
21 Vorsteuergerät für das Lastschaltgetriebe

Abb. 5.61 Schema für einen hydrodynamischen Antrieb für eine Planierraupe mit Differentiallenkung

sige Verbindung bis zu den Antriebsrädern (12) hergestellt. Bei der Kurvenfahrt wird das Hohlrad (7) durch den Verstellmotor (9) je nach Lenkeinschlag mehr oder weniger und je nach Lenkrichtung in verschiedener Drehrichtung angetrieben. Der Lenkvorgang kann so weit betrieben werden, bis nur noch der Verstellmotor (9) auf die Antriebe wirkt. In diesem Falle dreht die Planierraupe dann auf der Stelle. Der Antrieb über Wandler und Lastschaltgetriebe ist dann drehmomentfrei und nicht mehr wirksam. Die Arbeitshydraulik wird von der Hydraulikpumpe (14) versorgt. Über ein Vorsteuerventil (15) und den Steuerblock (16) werden die Hubzylinder (17), der Tiltzylinder (18) und die Zylinder für den Heckaufreißer (19) betätigt.

Der hydrostatische Antrieb (s. Abb. 5.62)

Beim hydrostatischen Fahrantrieb wird jede Laufwerkseite separat mit einem Hydraulikmotor angetrieben. Damit ist eine stufenlose Geschwindigkeitsregelung und eine voneinander unabhängige Vor- und Rückwärts-Drehrichtung der beiden Laufwerke möglich. Die Planierraupe ist somit in der Lage, ohne Momentenverlust zu lenken und auf der Stelle zu drehen.

Funktion Der Antriebsmotor (1) treibt über ein Verteilergetriebe (2) für jede Antriebsseite der Planierraupe eine separate Hydraulik-Verstellpumpe (3; 4) an. Diese Verstellpumpen bilden in Kombination mit den beiden Verstellmotoren (5; 6), die direkt an die Antriebsnabe (7) angeflanscht sind, zwei voneinander unabhängige Antriebseinheiten. In

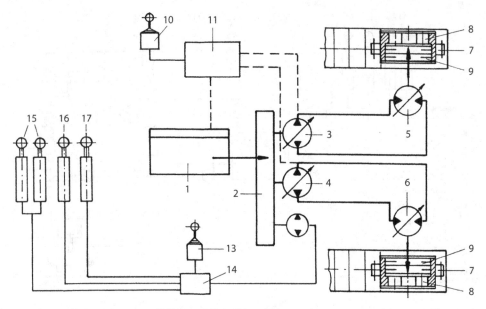

1 Antriebsmotor
2 Verteilergetriebe
3 Hydraulische Verstellpumpe
4 Hydraulische Verstellpumpe
5 Hydraulischer Verstellmotor
6 Hydraulischer Verstellmotor
7 Antriebsnabe
8 Planetensatz
9 Lamellenbremse

10 Vorsteuergerät für Fahrantrieb
11 Elektrische Steuereinheit
12 Hydraulikpumpe
13 Vorsteuergerät für Arbeitshydraulik
14 Mehrfachsteuerblock
15 Hubzylinder
16 Tiltzylinder
17 Zylinder für Heckaufreißer

Abb. 5.62 Schema für einen hydrostatischen Antrieb für eine Planierraupe

den Antriebsnaben ist ein Planetensatz (8) und eine im Ölbad laufende wartungsfreie Lamellenbremse (9) integriert. Die Lamellenbremse hat keinen Einfluss auf den Lenkvorgang. Sie ist eine Haltebremse und unterstützt ab einem bestimmten Punkt die Bremswirkung der Hydraulik. Die Fahrantriebe können unabhängig voneinander über das Vorsteuergerät (10) vor- und rückwärts bewegt werden. Die elektrische Steuereinheit (11) passt automatisch die Arbeitsgeschwindigkeit an die Belastungsverhältnisse der Planierraupe an und ermöglicht damit eine Nutzung der vollen Motorleistung ohne Überlastung der Antriebskomponenten. Eine Hydraulikpumpe (12) für die Arbeitshydraulik wird über das Verteilergetriebe angetrieben. Über ein Vorsteuergerät (13) und den Mehrfach-Steuerblock (14) werden die Hubzylinder (15), der Tiltzylinder (16) (s. Abschn. 5.9.4.1) und die Zylinder für den Heckaufreißer (17) betätigt.

5.9.3.2 Kettenlaufwerke
Ein Kettenlaufwerk besteht aus dem Laufrollenrahmen mit Kettenspanneinrichtung als Trageinheit (s. Abb. 5.63). Die Laufrollen, Tragrollen, das Antriebs- und das Leitrad sind mit dem Rahmen verschraubt bzw. in ihm gelagert. Die beiden Laufwerke sind in Längs-

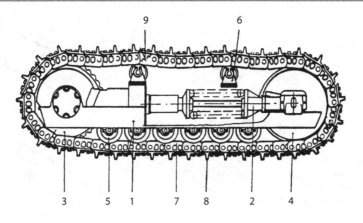

1	Laufrollenrahmen	6	Tragrolle
2	Kettenspannvorrichtung	7	Kettenglied
3	Antriebsrad	8	Bodenplatte
4	Leitrad	9	Geteiltes Endglied
5	Laufrolle		

Abb. 5.63 Kettenlaufwerk einer Planierraupe

richtung pendelnd mit dem Geräte-Hauptrahmen verbunden. Der Drehpunkt für die Pendelung liegt in der Nähe des Antriebsrades. Die pendelnden Laufwerke sind ungefähr in der Mitte der Maschine in einer Pendelbrücke geführt. Mit dieser Pendeleinrichtung können Geländeunebenheiten ausgeglichen werden.

Die bei Laufwerken für Planierraupen verwendeten Bodenplatten sind Einsteg-Bodenplatten, die bei der Anschaffung des Gerätes in mehreren Breiten zur Auswahl stehen. Mit der Breite der Bodenplatten kann die spezifische Bodenbelastung (kg/cm^2) den Erfordernissen angepasst werden. Diese liegt bei Planierraupen zwischen 0,3 und 1,0 kg/cm^2. Für Moorböden werden besonders breite Stahl-Bodenplatten oder selbstreinigende Moorbodenplatten mit Kunststoff- oder Gummistollen verwendet. Laderaupen sind mit Zwei- und Dreisteg-Bodenplatten ausgerüstet. Sie erleichtern den Drehvorgang im Ladebetrieb (s. Abb. 5.64).

Die Kettenspanneinrichtung besteht aus einer starken Spiralfeder und einem Kettenspannzylinder. Der Kettenspannzylinder kann durch eine Fettfüllung mittels Fettpresse ausgeschoben werden, womit die Kette leicht durchhängend (Maß in Bedienungsanleitung) vorgespannt wird. Diese Vorspannung muss immer dann korrigiert werden, wenn sich die Kettenlänge durch Abnutzung ändert. Die starke Spiralfeder gleicht Längenänderungen aus, die sich durch eingeklemmte Steine oder Schmutz zwischen Leitrad oder Antriebsrad und Kette ergeben.

Von einem namhaften Hersteller wird das Delta-Laufwerk angeboten (s. Abb. 5.65). Das Antriebsrad ist über dem Laufrollenrahmen angeordnet. Der Vorteil dieser Konstruktion liegt darin, dass die Antriebsräder außerhalb des größten Schmutzbereiches sind. Nachteilig ist die längere und damit teurere Kette, die in der Regel etwas stärker ausgeführt ist.

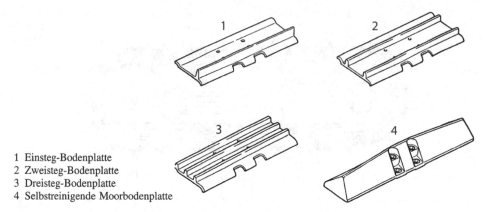

1 Einsteg-Bodenplatte
2 Zweisteg-Bodenplatte
3 Dreisteg-Bodenplatte
4 Selbstreinigende Moorbodenplatte

Abb. 5.64   Bodenplatten für Laufwerke von Planier- und Laderaupen [73]

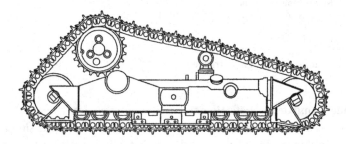

Abb. 5.65   Delta-Laufwerk [73]

5.9.4   Arbeitseinrichtungen

Die Arbeitseinrichtungen sind verschiedenartige Schubrahmen und Planierschildformen, die je nach den Einsatzbedingungen bei der Beschaffung des Gerätes festzulegen sind. In den meisten Fällen werden Planierraupen auch mit Heckaufreißer ausgerüstet. Damit lassen sich hartgelagerte Böden auflockern, was dann zur Erleichterung des Schiebevorganges beiträgt.

5.9.4.1   Planierschild und Schubrahmen
Es werden nachstehende Planierschild- und Schubrahmenkombinationen unterschieden (s. Abb. 5.66).

Brustschild mit außenliegendem Schubrahmen und Tilteinrichtung (s. Abb. 5.66 Nr. 1)
    Diese Ausführung ist für alle Raupengrößen geeignet und wird am meisten verwendet. Das Brustschild ist ein vollkommen gerades Schild. Mit dem Tiltzylinder kann die Schild-Querneigung verstellt werden. Er ist nur auf einer Rahmenseite angeordnet und hält in seiner Mittelstellung das Schild gerade.

1 Brustschild mit außenliegendem
   Schubrahmen und Tilteinrichtung
2 Semi U-Schild mit außenliegendem
   Schubrahmen und Tilteinrichtung
3 Schwenkschild mit außenliegendem
   Schubrahmen
4 U-Schild mit außenliegendem Schubrahmen und Tilteinrichtung
5 Mehrwegschild mit außenliegendem
   Schubrahmen
6 Mehrwegschild mit innenliegendem
   Schubrahmen

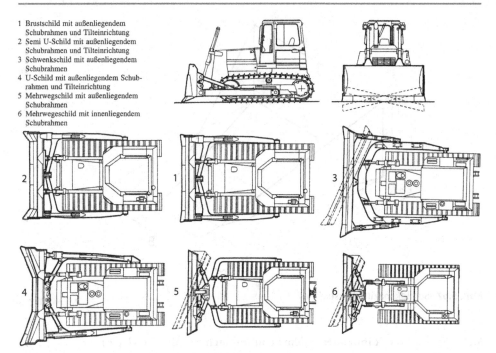

Abb. 5.66 Planierschild und Schubrahmenkombinationen [41]

Semi U-Schild mit außenliegendem Schubrahmen und Tilteinrichtung (s. Abb. 5.66 Nr. 2)

Das Semi U-Schild ist im Grunde ein Brustschild mit eingezogenen Ecken, das dadurch leicht U-förmig wird. Das Schild wird durch die leichte U-Form stabiler und eignet sich für schwerere Einsätze. Verwendet wird diese Schildausführung hauptsächlich für Raupen der Mittelklasse von ca. 100 bis 200 kW Antriebsleistung.

Schwenkschild mit außenliegendem Schubrahmen (s. Abb. 5.66 Nr. 3)

Das Schwenkschild ist ein etwas niedrigeres Brustschild, das nach beiden Seiten mechanisch geschwenkt werden kann. Mit dieser Schild-Schrägstellung kann Material zur Seite gefördert werden.

U-Schild mit außenliegendem Schubrahmen und Tilteinrichtung (s. Abb. 5.66 Nr. 4)

Das stark U-förmige Schild wird hauptsächlich für Großraupen ab ca. 200 kW Antriebsleistung verwendet. Durch die U-Form wird die Schildkapazität beträchtlich erhöht.

Mehrwegschild mit außenliegendem Schubrahmen (s. Abb. 5.66 Nr. 5)

Dieses vollhydraulische Schild kann nach beiden Seiten geschwenkt und nach beiden Seiten in der Querrichtung verstellt werden. Diese Flexibilität des Schildes ist geeignet für leichtere und vielseitige Planierarbeiten. Ausgerüstet mit dieser Einrichtung werden meist nur Planierraupen bis 100 kW.

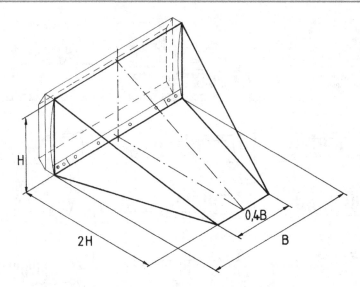

Abb. 5.67 Schildkapazität Brustschild

Mehrwegeschild mit innenliegendem Schubrahmen (s. Abb. 5.66 Nr. 6)
Diese Einrichtung eignet sich für schmälere Schildausführungen, also für Arbeiten bei engen Platzverhältnissen.

5.9.4.2   Festlegung der Schildkapazität
Die Schildkapazität einer Planierraupe ist nach der SAE-Norm zu ermitteln.
Für das Brust- und Schwenkschild (bei gerader Stellung) zeigt Abb. 5.67 die Berechnung.

Schildkapazität $V = 0{,}8 \times B \times (H)^2$

Für das U-Schild und Semi U-Schild zeigt Abb. 5.68 die Berechnung.

Schildkapazität $V = 0{,}8 \times B \times (H)^2 + H \times C \times (B - B')$

5.9.4.3   Heckaufreißer
Bei den Heckaufreißern an Planierraupen gibt es die im Abb. 5.69 gezeigten Typen.

Parallel geführte Aufreißer mit 3 Zähnen (s. Abb. 5.69 Nr. 1)
Durch die Parallelführung ist der Reißwinkel am Zahn in allen Tiefen gleich. Diese Art von Aufreißer ist für großflächige Reißarbeiten bei fest gelagertem Material geeignet.

Radial geführte Aufreißer meist mit 1 Zahn (s. Abb. 5.69 Nr. 2)
Durch die Radialführung ändert sich der Reißwinkel am Zahn mit der Reißtiefe. Diese Ausführung ist sehr robust und für schwere Reißarbeiten geeignet.

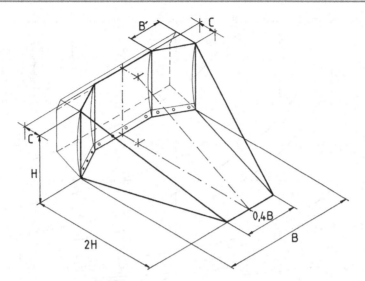

Abb. 5.68 Schildkapazität U-Schild

Radial geführter Aufreißer mit hydraulischer Zahnverstellung mit 3 Zähnen oder 1 Zahn (s. Abb. 5.69 Nr. 3)

Bei dieser Aufreißerart kann durch einen zusätzlichen Hydraulikzylinder der Schnittwinkel des Zahnes verstellt und den Erfordernissen angepasst werden.

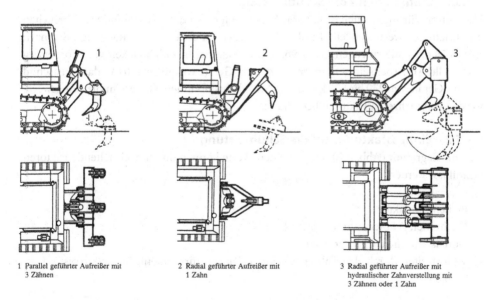

1 Parallel geführter Aufreißer mit
  3 Zähnen

2 Radial geführter Aufreißer mit
  1 Zahn

3 Radial geführter Aufreißer mit
  hydraulischer Zahnverstellung mit
  3 Zähnen oder 1 Zahn

Abb. 5.69 Heckaufreißer an Planierraupen [41]

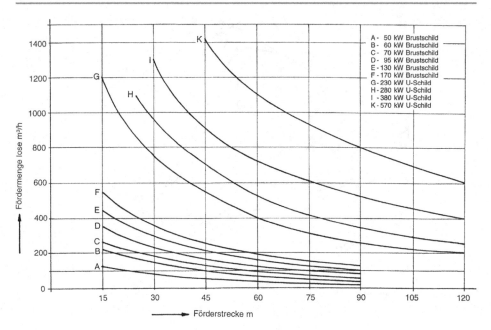

Abb. 5.70 Diagramm für die Schubleistung verschiedener Raupengrößen

5.9.5 Einsatzgestaltung und Schubleistung

5.9.5.1 Diagramm für die Schubleistung

Diagramme für die Schubleistung von Planierraupen sind meist anhand von Versuchen und Erfahrungswerten erstellt. In Abb. 5.70 werden für die einzelnen Raupengrößen nach Abb. 5.58 die Fördermengen in m^3 von losem Material in Abhängigkeit vom Förderweg dargestellt. Als Arbeitseinrichtungen wurden für Geräte von 50 bis 170 kW das Brustschild und für Geräte von 230 bis 570 kW das U-Schild angenommen. Diese Schubleistungswerte werden von mehreren Faktoren beeinflusst.

5.9.5.2 Einflussfaktoren auf die Schubleistung

Die im Diagramm (Abb. 5.70) angegebenen Werte können durch nachstehende Faktoren beeinflusst werden:

- Bedienungsfaktor
  Erfahrener, geübter Fahrer: Faktor 1,0
  Durchschnittlicher Fahrer: Faktor 0,8
- Verlustzeiten durch den Fahrer wie kurze Pausen für persönliche Bedürfnisse: Faktor 0,85

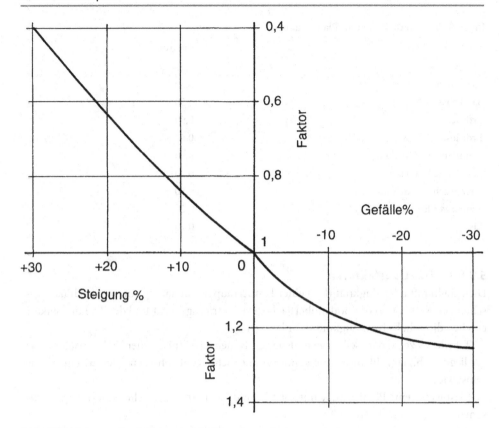

Abb. 5.71 Faktoren für Schieben im Gefälle oder an Steigungen

- Materialfaktor loses Material: Faktor 1,2
  Dicht gelagertes und zu lösendes Material: Faktor 0,8
  Schwere, sehr klebrig Böden und gesprengter Felsmaterial: Faktor 0,6 bis 0,8
- Witterungseinflüsse Staub, Regen, Schnee, Nebel, Dunkelheit: Faktor 0,8
- Faktoren für Schieben im Gefälle oder an Steigungen s. Abb. 5.71.

Beispiel für die Schubleistung einer Planierraupe 170 kW Antriebsleistung, Brustschild, Förderstrecke 50 m
Einflussfaktoren (aus Abb. 5.71):

Verlustzeit durch den Fahrer	Faktor 0,85
Dichtgelagertes Material	Faktor 0,80
Schieben in einer Steigung von 10 %	Faktor 0,85

Aus Diagramm Abb. 5.70 Kurve F Fördermenge $230\,\text{m}^3/\text{h} \times 0,85 \times 0,80 \times 0,85 = 133\,\text{m}^3/\text{h}$.

Tab. 5.9 Traktionsfaktoren für Planierraupen

Material	Traktionsfaktor
Beton	0,45
Sand trocken	0,30
Sand nass	0,50
Erde fest	0,90
Erde lose	0,60
Lehm und Ton trocken	0,90
Lehm und Ton nass	0,70
Steinbruch und Schotter lose	0,50
Schnee verdichtet	0,25
Eis	0,10

5.9.5.3 Traktionsfaktoren

Die Schubkraft oder Zugkraft (kN) einer Planierraupe ist abhängig vom Kraftschluss zwischen den Ketten und der Bodenoberfläche. Das Betriebsgewicht und der Traktionsfaktor ergeben die Schub- bzw. Zugkraft der Planierraupe.

Tabelle 5.9 zeigt, dass selbst bei günstigsten Bodenverhältnissen der Traktionsfaktor bei 0,9 liegt. D. h., eine Planierraupe kann nie mit mehr Kraft schieben oder ziehen, als sie selbst wiegt.

Beispiel für eine Planierraupe mit 280 kW und 36 t Betriebsgewicht bei festem gewachsenen Mischboden (Faktor 0,9):

$$36\,t \times 0,9 \times 10 = 324\,kN\ \text{Schub- oder Zugkraft.}$$

5.10 Laderaupen

5.10.1 Allgemeines

Früher diente die Planierraupe als Grundgerät für die Laderaupe; anstatt des Planierschildes wurde ein Hubrahmen mit Ladeschaufel angebaut. Diese Bauweise wird heute kaum mehr angewendet.

Stattdessen sind der Motor am Heck der Maschine und die Fahrerkabine etwa in Maschinenmitte angeordnet. Damit wird eine gute Sicht für den Fahrer erreicht, und der Motor dient als Gegengewicht für das Gerät.

Durch ihren Kettenantrieb sind Laderaupen in der Lage, dichtgelagerte Böden besser zu lösen und zu laden als Radlader. Weitere Vorteile gegenüber dem Radlader hat die Laderaupe auf wenig tragfähigen Böden durch den niedrigen spezifischen Flächendruck der Laufwerke.

5.10.2 Technische Ausrüstungsdetails

Laderaupen werden in folgenden Größen hergestellt:

Antriebsleistung: 60 bis 160 kW
Ladeschaufelinhalte: 1,0 bis 3,0 m^3
Betriebsgewicht: 12 bis 25 t

5.10.2.1 Bauteile

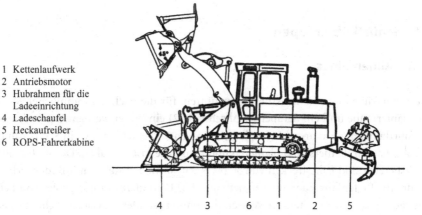

1 Kettenlaufwerk
2 Antriebsmotor
3 Hubrahmen für die
   Ladeeinrichtung
4 Ladeschaufel
5 Heckaufreißer
6 ROPS-Fahrerkabine

Abb. 5.72 Bauteile einer Laderaupe [41]

5.10.2.2 Kettenlaufwerk

Die Kettenlaufwerke entsprechen meist denen von Planierraupen. Unterschiedlich sind die Bodenplatten, die nur in 2- oder 3-Steg-Ausführung mit niedrigeren Stollen verwendet werden (s. Abb. 5.64). Außerdem sind bei den meisten Geräten die Laufwerke nicht pendelnd, sondern starr mit dem Grundrahmen verbunden.

5.10.2.3 Fahrantrieb

Nur noch selten gibt es bei Laderaupen Antriebe mit Drehmomentwandler, Lastschaltgetriebe, Lenkkupplungen und Lenkbremsen, wie sie bei Planierraupen verwendet werden. Die überwiegende Antriebsart für Laderaupen sind die hydrostatischen Antriebe. Sie sind wegen ihrer durchgehenden, kraftschlüssigen Antriebsweise und der Möglichkeit des Drehens auf der Stelle beim Ladevorgang allen anderen Antrieben technisch überlegen (hydrostatische Antriebe s. Abschn. 5.9.3.1 und Abb. 5.62).

5.10.2.4 Arbeitseinrichtung

Durch die Motoranordnung im Heck der Maschine ist es möglich, auch für Laderaupen die leistungsfähigere Schaufelausrüstung mit Z-Kinematik einzusetzen. Die Z-Kinematik ermöglicht höhere Ausbrechkräfte, günstigere Kippwinkel und schnelleres Auskippen der Schaufel. Als Ladeschaufeln werden die Normal-, die Fels- und die Klappschaufel angeboten. Nicht selten werden Laderaupen auch mit Heckaufreißer ausgerüstet. Die Bedienung der Arbeitshydraulik erfolgt über ein Einhebel-Vorsteuergerät. Die übrigen hydraulischen Bauteile und Zylinder entsprechen weitgehend denen des Radladers.

5.10.2.5   Einflussfaktoren auf die Ladeleistung

Für Laderaupen gelten etwa die gleichen Bedingungen, wie im Abschn. 5.6.4.2 für Radlader beschrieben.

5.11   Schürfkübelraupen

5.11.1   Allgemeines

Eine Schürfkübelraupe kann Arbeiten ausführen, für die nach herkömmlicher Methode eine Planierraupe und ein Scraper (s. Abschn. 5.12) eingesetzt werden. Das bedeutet, eine Schürfkübelraupe kann schürfen, laden, fördern und entladen wie ein Scraper und mit dem angebauten Planierschild planieren und Fahrwege instandhalten. Der wirtschaftliche Arbeitsbereich sind Fahrstrecken von 50 bis 500 m sowie Baustellen mit Bodenverhältnissen, die für Reifenfahrzeuge ungeeignet sind. Ein besonderes Einsatzgebiet von Schürfkübelraupen ist das Arbeiten im Wasser, das ohne besondere Zusatzeinrichtung bis 1 m Wassertiefe möglich ist. Mit einer besonderen Wateinrichtung kann das Gerät bis 1,8 m Wassertiefe arbeiten.

5.11.2   Technische Ausrüstungsdetails

Schürfkübelraupen werden in zwei Größen angeboten:

Kübelinhalt	$10\,\mathrm{m}^3$	$18\,\mathrm{m}^3$
Antriebsleistung	232 kW	350 kW
Schürfbreite/Schürftiefe	1,9 m / 0,47 m	1,9 m / 0,5 m
Gewicht	27 t	38 t
Fahrgeschwindigkeit max.	16 km/h	16 km/h

Leistungsdaten:

Transportentfernung 100 m	ca. 220 m^3/h	ca. 400 m^3/h
Transportentfernung 500 m	ca. 80 m^3/h	ca. 180 m^3/h

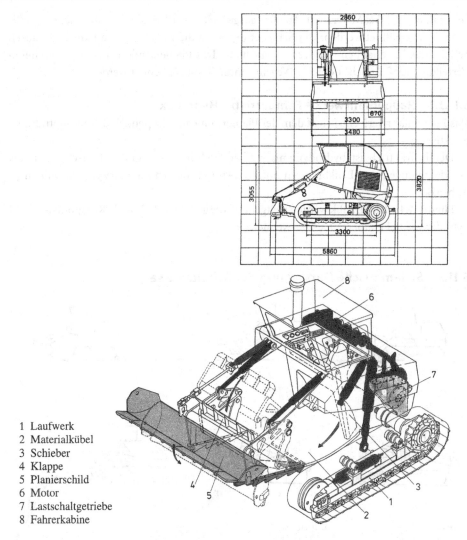

1 Laufwerk
2 Materialkübel
3 Schieber
4 Klappe
5 Planierschild
6 Motor
7 Lastschaltgetriebe
8 Fahrerkabine

Abb. 5.73 Bauteile einer Schürfkübelraupe [21]

5.11.2.1 Bauteile und Arbeitsweise

Die Arbeitsweise (s. Abb. 5.73): Der Materialkübel (2) ist mit einer Schürfbreite von ca. 2,0 m zwischen den beiden Laufwerken (1) angeordnet und hydraulisch bis zu einer Schürftiefe von ca. 0,45 m unter Niveau absenkbar.

Durch langsame Vorwärtsfahrt wird das Material gelöst und über die Schneidkante in den Kübel geschürft. Die Klappe (4) ist beim Schürfvorgang angehoben, wird zum Transport abgesenkt und bildet damit eine Vorderwand für den Kübel. Zum Entleeren und Austragen des Erdreichs in Schichten wird die Klappe (4) je nach der gewünschten Schichtstärke geöffnet. Soll das Material als Haufen ausgetragen werden, so kann die Klappe (4) bis 1,8 m Höhe geöffnet werden. Der Schieber (3) bildet die Kübelrückwand, die hydraulisch betätigt das Material beim Entleeren ausschiebt. Das Planierschild (5) kann zur weiteren Verteilung des Erdreichs oder zur Wegeinstandhaltung verwendet werden.

5.11.2.2   Raupenfahrwerk – Fahrantrieb – Hydraulik

Das Raupenfahrwerk entspricht dem der Planierraupe und ist pendelnd am Hauptrahmen befestigt.

Der Fahrantrieb ist hydrodynamisch über Drehmomentwandler, Lastschaltgetriebe, Lenkkupplungen und Lenkbremsen mit den Antriebsrädern im Fahrwerk verbunden (s. Abb. 5.60).

Für die Arbeitshydraulik werden weitgehend die gleichen Hydraulik-Komponenten und Zylinder wie bei Planierraupen verwendet.

5.11.3   Schematische Darstellung der Arbeitsweise

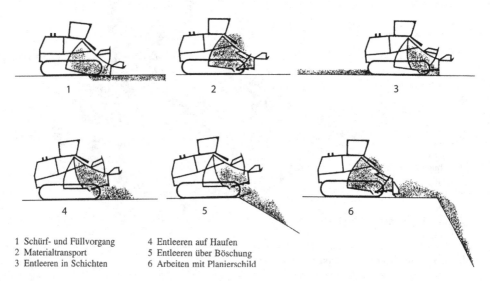

1 Schürf- und Füllvorgang   4 Entleeren auf Haufen
2 Materialtransport   5 Entleeren über Böschung
3 Entleeren in Schichten   6 Arbeiten mit Planierschild

Abb. 5.74 Schematische Darstellung der Arbeitsweise einer Schürfkübelraupe [21]

Abb. 5.75 Schürfkübelraupe im Einsatz [21]

5.12   Scraper (Schürfwagen)

5.12.1   Allgemeines

Zum Abräumen großer Flächen und Umsetzen von leicht lösbaren Materialien oder bei Transportwegen von einigen hundert Metern bis einigen Kilometern ist der Scraper eine wirtschaftliche Alternative zu der üblichen Kombination von Lade- und Fahrbetrieb.

5.12.2   Bauteile und Arbeitsweise

Scraper (s. Abb. 5.76) bestehen aus einer Zugeinheit (1) und einer Schürfeinheit (2), die gelenkig miteinander verbunden sind. Die gelenkige Verbindung (3) dient zugleich als Lenksystem, das über Hydraulikzylinder (4) ähnlich der Knicklenkung eines Radladers betätigt wird. Zum Schürfen und Füllen wird der Kübel (5) abgesenkt. Durch die Vorwärtsbewegung des Scrapers schiebt sich das Material über die Schürfkante (8) in den Kübel. Eine hydraulisch betätigte Frontklappe (6) verschließt den Kübel nach dem Füllvorgang. Der Füllvorgang dauert je nach Scraper-Bauart zwischen 0,5 und 1,0 min. Das Entleeren kann durch eine gezielte Öffnung der Frontklappe und eine hydraulisch betätigte Rückwand (7), die das Material ausschiebt, in Lagen erfolgen. Schürfbreiten, d. h. Kübelbreiten, sind zwischen 3,0 und 3,8 m üblich.

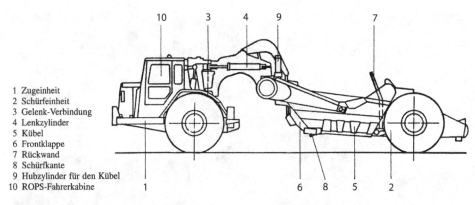

1 Zugeinheit
2 Schürfeinheit
3 Gelenk-Verbindung
4 Lenkzylinder
5 Kübel
6 Frontklappe
7 Rückwand
8 Schürfkante
9 Hubzylinder für den Kübel
10 ROPS-Fahrerkabine

Abb. 5.76 Bauteile eines Scrapers [73]

5.12.2.1 Fahrantriebe

Scraper werden hydrodynamisch angetrieben, über Drehmomentwandler und Lastschalt-getriebe (s. Abschn. 5.6.3.2), die über ein Selbstsperrdifferential auf die Antriebsräder wir-ken. Die Geräte besitzen meist 6 bis 8 Vorwärtsgänge und erreichen eine Geschwindigkeit von ca. 50 km/h. Bei der Materialaufnahme in den kleinen Gängen wirkt sich der Dreh-momentwandler positiv auf den Schürfvorgang aus.

5.12.3 Scraper-Bauarten

5.12.3.1 Standard-Scraper

Der Standard-Scraper entspricht der in Abb. 5.76 dargestellten Maschine. Das Gerät besteht aus einer Zugeinheit mit Antrieb und einer Schürfeinheit ohne Antrieb.

Übliche Gerätegrößen sind:

Antriebsleistung Zugeinheit:	246 kW	336 kW	410 kW
Kübelinhalt:	15 m^3	24 m^3	33,5 m^3
Betriebsgewicht leer:	30,5 t	44 t	61 t

Zum Schürfen bzw. Laden des Scrapers ist eine Planierraupen-Unterstützung in der Größenordnung von 200 bis 500 kW zum Schieben (Pushen) notwendig. Die Raupe schiebt direkt mit dem Planierschild an einem überstehenden Heckrahmenteil des Scrapers.

5.12.3.2 Doppelmotor-Scraper

Das Gerät (s. Abb. 5.77) besteht aus einer Zugeinheit mit Antrieb und einer Schürfeinheit, ebenfalls mit Antrieb.

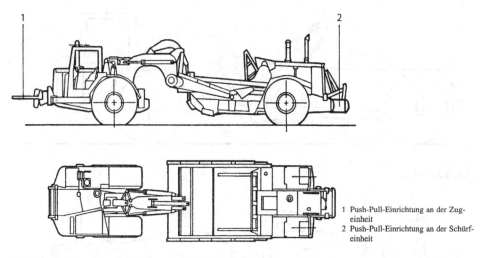

1 Push-Pull-Einrichtung an der Zugeinheit
2 Push-Pull-Einrichtung an der Schürfeinheit

Abb. 5.77 Doppelmotor-Scraper mit Push-Pull-Einrichtung [73]

Übliche Gerätegrößen sind:

Antriebsleistung Zugeinheit:	246 kW	336 kW	410 kW
Antriebsleistung Schürfeinheit:	168 kW	187 kW	298 kW
Kübelinhalt:	15 m³	24 m³	33,5 m³
Betriebsgewicht leer:	35 t	51 t	69 t

Doppelmotor-Scraper besitzen eine Push-Pull-Einrichtung, d. h., beim Schürf- und Ladevorgang können sich die Geräte gegenseitig durch Schieben oder Ziehen unterstützen.
Durch diese Push-Pull-Einrichtung und die zusätzliche Antriebsleistung der Schürfeinheit
kann die Planierraupe zum Pushen entfallen.

5.12.3.3 Elevator-Scraper
Das Gerät gleicht einem Standard-Scraper, hat jedoch als Zusatzausrüstung einen Elevator
über die ganze Kübelbreite angeordnet (s. Abb. 5.78).
Übliche Gerätegrößen sind:

Antriebsleistung Zugeinheit:	131 kW	197 kW	272 kW
Kübelinhalt:	8,4 m³	12,2 m³	17,6 m³
Betriebsgewicht leer:	15 t	23 t	34 t

Durch die Elevator-Zusatzausrüstung sind die Geräte in der Lage, selbst zu schürfen
und zu laden. Sie arbeiten also ohne Push-Raupe und ohne gegenseitige Unterstützung.
Nachteilig sind die geringen Kübelinhalte im Vergleich zu anderen Scrapern.

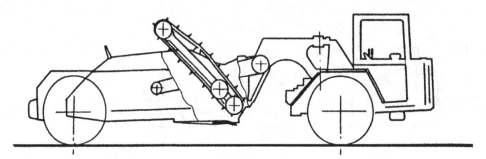

Abb. 5.78 Elevator-Scraper [73]

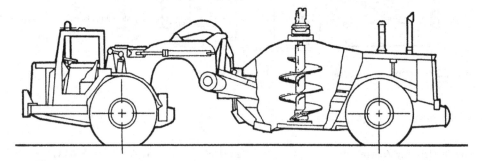

Abb. 5.79 Schnecken-Scraper [73]

5.12.3.4 Schnecken-Scraper

Die Schnecken-Fülleinrichtung kann als Zusatzgerät angesehen werden, dessen Einbau in Standard-Scraper und Doppelmotor-Scraper möglich ist (s. Abb. 5.79). Die Schnecke ist in der Kübelmitte angeordnet, wird hydraulisch angetrieben und fördert das an der Schürfkante ankommende Material nach oben. Mit dieser Schnecken-Fülleinrichtung kann das Gerät selbst schürfen und laden.

5.12.4   Einsatzbeispiel

Abb. 5.80   Elevatorscraper [73]

5.13   Grader

5.13.1   Allgemeines

Grader sind Planiergeräte, deren überwiegender Einsatzbereich die Fein-Planierarbeiten sind. Unterschiedlich gegenüber Planieraupen ist die Anordnung der Schar zwischen den Vorder- und Hinterrädern, etwa in Gerätemitte. Durch diese mittige Scharanordnung wirken sich die Bodenunebenheiten, die über die Räder auf die Maschine übertragen werden, an der Schar nur etwa zur Hälfte aus. Bei Planiergeräten mit Frontschild wird bei Bodenunebenheiten der Ausschlag noch vergrößert. Durch dieses unterschiedliche Verhalten der beiden Maschinenarten erreicht der Grader die gewünschte Planiergüte bei wesentlich weniger Arbeitsübergängen. Der im Baubetrieb am meisten verwendete Grader ist der Tandem-Grader mit zwei in Längsrichtung pendelnden Antriebs-Radsätzen hinten und einer in Querrichtung pendelnden Vorderachse.

Grader besitzen meist einen Frontschild, das sich zum groben Verteilen abgekippter Haufen bestens eignet.

Übliche Gerätegrößen sind:

Antriebsleistung:	ca. 90 kW	ca. 112 kW	ca. 150 kW
Betriebsgewicht:	ca. 12 t	ca. 16 t	ca. 19 t
Scharlänge:	ca. 3,6 m	ca. 3,6 m	ca. 4,3 m

5.13.2   Bauteile

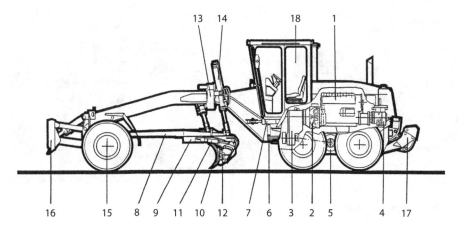

Abb. 5.81   Bauteile eines Tandem-Graders [51]

1	Arbeitsmotor	11	Zylinder zur Schnitt-Winkel-Verstellung
2	Drehmomentwandler	12	Schar-Verschiebzylinder
3	Lastschaltgetriebe	13	Schwenkjoch
4	Hydraulikpumpe	14	Schar-Hubzylinder
5	Tandem-Radsatz	15	Pendelachse mit Achsschenkellenkung
6	Knickgelenk	16	Frontschild
7	Knick-Lenkzylinder	17	Heckaufreißer
8	Schar-Schwenkstuhl	18	ROPS-Fahrerkabine
9	Schar-Drehkranz		
10	Schar		

5.13.2.1   Fahrantriebe

Bei Gradern werden werden überwiegend hydrodynamische Fahrantriebe verwendet (s. Abb. 5.82). Die technische Ausführung entspricht den unter Abschn. 5.6.3.2 beschriebenen Fahrantrieben für Radlader. Beide Antriebsarten können nur auf die Tandem-Hinterachse oder bei entsprechender Ausrüstung zusätzlich auf die Vorderachse als Allradantrieb wirken. Der Vorderachsantrieb kann über ein Hydraulikventil bei Bedarf zu- oder abgeschaltet werden. Die Drehmomentverteilung auf die Vorderachse wird elektronisch überwacht und an den Tandemantrieb angepasst. Über einen Wahlschalter lässt sich ein Drehzahl-Vorlauf oder Drehzahl-Nachlauf gegenüber dem Tandemantrieb einstellen. Mit dieser Einrichtung kann ein optimaler Kraftschluss zwischen Boden und Rädern hergestellt werden, was dem Gerät eine hohe Schubkraft verleiht.

Die maximale Fahrgeschwindigkeit liegt bei 35 bis 40 km/h.

Die Bremsen sind im ölbadlaufende, wartungsfreie Lamellenbremsen. Sie sind in den Tandem-Radnaben eingebaut. Wie bei Radladern beschrieben, verhindert ein Selbstsperrdifferential das Durchrutschen der Räder.

1 Antriebsmotor
2 Drehmomentwandler
3 Lastschaltgetriebe
4 Gelenkwelle
5 Selbstsperrdifferential
6 Tandem-Radsätze mit Rollen-
   kettenantrieb
7 Radnabe mit Lamellenbremsen
8 Hydraulikpumpe für Frontantrieb
9 Hydraulik-Radnaben-Motoren
10 Förderstromteiler
11 Ein-Aus-Ventil
12 Elektronische Schalteinheit
13 Vorsteuergerät für Fahrantrieb

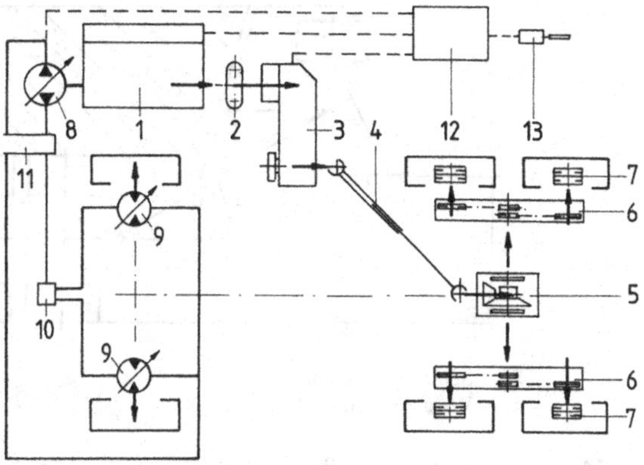

Abb. 5.82 Schema eines hydrodynamischen Allradantriebes bei Gradern

Abb. 5.83 Vergleich Wenderadius Grader – Golf

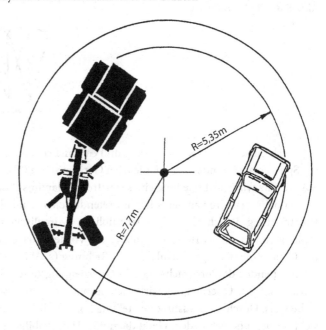

5.13.2.2 Die Lenkung und Verstellmöglichkeit des Fahrwerks

Grader besitzen eine hydraulisch betätigte Knicklenkung mit einem Knick-Winkel von 28
bis 30° nach links und rechts. Zusätzlich können die Vorderräder mit Achsschenkellen-
kung und einem Lenkeinschlag von 35 bis 45° nach links und rechts bewegt werden. Der
beidseitige Einschlag von Knick- und Radlenkung verleihen dem Grader einen kleinen
Wenderadius je nach Gerätegröße von 6,5 bis 7,7 m und damit hohe Manövrierfähigkeit
(VW-Golf-Wenderadius = 5,35 m) (s. Abb. 5.83).

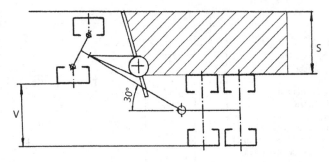

S = Spurfreies Planum
V = Versatz der Spur (Hundegang)

Abb. 5.84 Schematische Darstellung des Lenksystems bei Spurversatz (Hundegang)

Abb. 5.85 Radsturzverstellung [51]

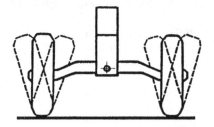

Durch Einschlag der Knicklenkung und Gegen-Lenkeinschlag der Vorderräder entsteht ein Spurversatz (Hundegang), der je nach Gerätegröße 2,0 bis 2,5 m betragen kann. Dieser Spurversatz wird zur Erstellung eines spurfreien Planums genutzt (s. Abb. 5.84).

Der beim Planieren an der Schar auftretende Seitenschub drängt den Grader aus seiner Fahrtrichtung. Durch die bei Gradern übliche hydraulische und stufenlose Radsturzverstellung von ca. 15 bis 18° stemmen sich die Vorderräder gegen diesen Schub und halten das Gerät ohne ständiges Nachlenken in Richtung (s. Abb. 5.85).

Eine pendelnde Vorderachse gleicht Querneigungsunterschiede zur hinteren Tandemachse aus. Diese Querneigung wirkt sich besonders beim Böschungshobeln oder Grabenziehen aus. Durch die Radsturz Verstellung können die Vorderräder wieder senkrecht gestellt werden und geben dem Gerät die nötige Hangstabilität (s. Abb. 5.86).

5.13.2.3 Verstellmöglichkeit der Schar

Der Vorteil des Graders gegenüber anderen Planiergeräten ist die hohe Flexibilität der Schar. Alle Scharbewegungen können hydraulisch und stufenlos durchgeführt werden.

Die Schar hat folgende Verstellmöglichkeiten:

- Über eine hydraulisch angetriebene Kugeldrehverbindung kann die Schar um 360° endlos gedreht werden (s. Abb. 5.87).
- Der Schnittwinkel der Schar lässt sich hydraulisch von 37° in flacher Stellung bis ca. 67° in steiler Stellung, bezogen auf das Planum, verändern. Flache Schnittwinkel wer-

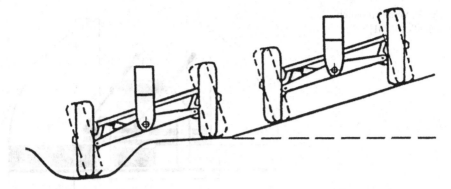

Abb. 5.86 Pendelachse und Radsturzverstellung beim Ziehen von Gräben und an Böschungen [51]

Abb. 5.87 Endlos drehbare
Schar (Schema)

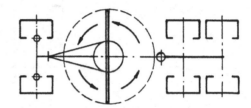

den zum Schälen von Rasenflächen oder Banketten verwendet, steile Schnittwinkel zum Abziehen des Planums, zum Materialeinbau und zum Schneiden von Böschungen (s. Abb. 5.88).

• Die Schar kann über einen Hydraulikzylinder in einer Führungsschiene nach links und nach rechts ausgefahren werden. Zwei Hubzylinder ermöglichen ein paralleles Heben und Senken der Schar, die zwischen Schwenkjoch und Schwenkstuhl angeordnet sind. Über das Schwenkjoch kann die Schar nach beiden Seiten, stufenlos schräg und bis zur Senkrechten verstellt werden (s. Abb. 5.89). Diese Schrägstellung wird zum Schneiden

Abb. 5.88 Darstellung der
Scharschnittwinkel [51]

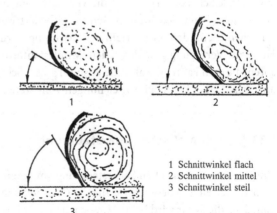

1 Schnittwinkel flach
2 Schnittwinkel mittel
3 Schnittwinkel steil

Abb. 5.89 Verstellmöglichkeiten der Schar [51]

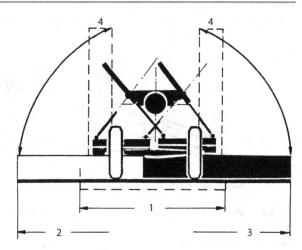

1 Schar nach Mittelstellung
2 Schar nach links ausgefahren
3 Schar nach rechts ausgefahren
4 Schar in senkrechter Position links
  und rechts

von Böschungen innerhalb und außerhalb der Fahrspur und zum Ziehen von Gräben
genutzt (s. Abb. 5.90).

- Die richtige Einstellung des Schardrehwinkels ist wichtig für das wirtschaftliche Planieren und das Verteilen des Materials. In der Praxis haben sich folgende Schardrehwinkel
  bewährt (s. Abb. 5.91):
  20° für den Einbau von losem Sand,
  30° für das Schälen und Querverteilen von Böden,
  45° für harte Böden und Schürfarbeiten.

Die vorher beschriebenen stufenlosen Verstellmöglichkeiten der Schar und eine entsprechende Scharsteuerung sind die Voraussetzung für die Herstellung eines Planums, bei
dem heute Ebenheiten im mm-Bereich gefordert werden. Diese Ebenheiten sind nur zu
erreichen, wenn dem Graderfahrer Einrichtungen zum Einstellen von Querneigung und
Höhe zur Verfügung gestellt werden. Mindestanforderungen sind Abtastungen oder Sensoren, die dem Fahrer die aktuelle Position seiner Schar für die Querneigung und die Höhe
anzeigen. Damit kann bei Abweichungen vom Sollwert entsprechend korrigiert werden.

5.13.3 Automatische Scharsteuerung

Unter einer automatischen Scharsteuerung am Grader versteht man eine Einrichtung, die
vom Fahrer eingegebene Werte für die Querneigung und die Längsneigung (Höhe) ein-
hält, d. h., die Schar wird beim Abweichen vom Sollwert automatisch nachgeführt. Es han-

Abb. 5.90 Scharstellung beim
Schneiden von Böschungen
und Ziehen eines Grabens [51]

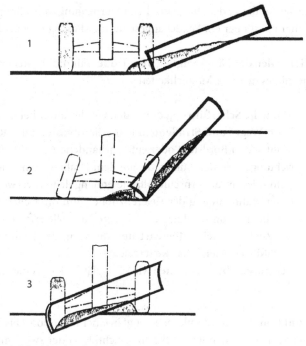

1 Schneiden einer flachen Böschung
2 Schneiden einer steilen Böschung
3 Ziehen eines Grabens

Abb. 5.91 Darstellung der
Schardrehwinkel und des
spiralförmigen seitlichen Mate-
rialaustrages [51]

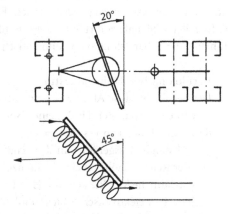

delt sich hier um elektronische Einrichtungen mit Quer- und Längsneigungssensoren, Hö-
henabtaster, einer Zentraleinheit und einer Bedienungseinheit in der Fahrerkabine. Mit
welcher Scharsteuerung ein Gerät ausgerüstet wird, hängt von den Anforderungen der aus-
zuführenden Planierarbeiten und vom Können des Graderfahrers ab.

Herstellen der Querneigung Sinnvoll wäre, alle Geräte mit einer automatischen Querneigungsverstellung auszurüsten, da bei den wenigsten Graderarbeiten ebene Flächen herzu-

stellen sind. Bei der automatischen Querneigungsverstellung werden die Hubzylinder der Schar meist über ein Pendel angesteuert und in der gewünschten Neigung gehalten.

Herstellen der Längsneigung oder Höhe   Für die Herstellung der Längsneigung oder Höhe gibt es mehrere Möglichkeiten:

- **Manuelle Scharführung** durch den Graderfahrer bei genügender Qualifikation.
- Beim **Wege- und Straßenbau** kann die Abtastung der Referenzhöhe über einen Leitdraht, einen Bordstein oder eine vorhandene Anschlussfläche erfolgen. Als Abtasteinrichtungen werden Fühler, die auf dem Draht gleiten, oder Skitaster, die an dem Bordstein oder an der Anschlussfläche entlanggleiten, verwendet. Nach Fertigstellung der ersten Bahn entlang der Referenzhöhe kann die weitere Abtastung von dieser Fläche aus ebenfalls durch Skitaster oder eine Laufrolle erfolgen. Abweichungen werden in einer Zentraleinheit aufbereitet und direkt an das Hydrauliksystem zur automatischen Nachführung der Schar weitergeleitet.
- Bei **großen ebenen Flächen** wie Sportplätzen kann eine Laser-Höhensteuerung verwendet werden.

Funktion   Ein Rundumlaser erzeugt in einer Höhe von 2 bis 3 m eine Referenz-Lichtebene, die der herzustellenden Fläche entspricht. Ein oder zwei Empfänger an der Schar nehmen das Laserlicht auf und zeigen dem Fahrer über eine Steuereinheit und ein Lichtdisplay die Position der Schar, bezogen auf die Lichtebene, mit Plus oder Minus an. Bei Abweichungen kann nun von Hand nachgeregelt werden. Eine Erweiterung der Lasersteuerung kann die aufbereiteten Signale sofort auf das Hydrauliksystem des Graders übertragen. Die Nachführung der Schar erfolgt dann automatisch (s. Abb. 5.92).

- **Berührungslose Höhenabtastung**
  Der berührungslose Abtaster ist ein Ultraschall-Abstandmesser, der die Referenzhöhe von einem gespannten Draht, einer Bordsteinkante oder direkt von der Geländeoberfläche abnehmen kann (s. Abb. 5.93).
  Das Abstand-Messgerät ist an der Scharaußenkante befestigt und gibt Abweichungen von der Referenzhöhe an eine Lichtanzeige in der Fahrerkabine weiter. Der Graderfahrer hat dann die Möglichkeit, von Hand nachzusteuern. Die Abweichungen können aber auch in einer elektronischen Steuereinheit verarbeitet werden. Die aufbereiteten Signale wirken dann direkt auf das Hydrauliksystem und steuern die Schar automatisch nach (s. Abb. 5.94).

Scharsteuerungen sind heute oft eine Kombination aus einer elektronischen Nivellierautomatik für die Querneigung in Verbindung mit einer Laser- oder einer berührungslosen Ultraschall-Höhenabtastung.

Abb. 5.92 Grader mit Laser-Höhensteuerung [59]

Ultraschall-Abtastung von einem Draht

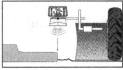

Ultraschall-Abtastung von einem Bordstein

Ultraschall-Abtastung von der Geländeoberfläche

Abb. 5.93 Berührungslose Ultraschallabtastung [36]

Abb. 5.94 Ultraschall-Ab-
standmessgerät [59]

5.14 Maschinensteuerungssysteme

Allgemeines Maschinensteuerungssysteme können Lage- und Höhendaten auf Baustellen erfassen. Diese Messdaten werden als Kontrolldaten benutzt, oder auf die Steuerung einer Maschine übertragen d. h. es können Arbeitsabläufe an Baumaschinen überwacht oder gesteuert werden.

Zur Auswahl stehen:

Konventionelle Maschinensteuerungen, die üblicherweise Laser für Arbeiten mit vorgegebenen Höhenreferenzen und Neigungen einsetzen oder die Abtastung mit Ultraschallsensoren, bei einer vorhandenen Referenzhöhe z. B. Planum, Spanndraht oder Rinnenstein.

Dreidimensionale Maschinensteuerungen mit Satelliten-, Totalstation- oder Laserunterstützung. Grundlage für eine effiziente Maschinensteuerung mit hoher Genauigkeit sind digitale Planungsdaten. Sie können in der Steuereinheit der Arbeitsmaschine hinterlegt, im Soll-Ist-Vergleich verarbeitet und auf die Arbeitseinrichtung übertragen werden.

Zur Anwendung kommen diese Steuerungssysteme bei Planierraupen, Gradern, Baggern, Schwarzdecken- und Betondeckenfertigern, Walzen und Straßenfräsen.

Nachfolgend werden die wichtigsten Steuerungssysteme kurz beschrieben.

5.14.1 Konventionelle Maschinensteuerungen

Lasersteuerung als Richtungsgeber mit Anzeigekontrolle (s. Abb. 5.95) Dabei wird die Strahlebene eines Nivellier- oder Neigungslasers als Referenz zur Kontrolle meist bei Planier- und Aushubarbeiten benutzt. An einem z. B. auf dem Planierschild einer Raupe befestigten Laserempfänger kann der Geräteführer vom Fahrerhaus aus an Lichtsignalen die Schildhöhenlage erkennen. Bei Abweichung von der vorgegeben gewünschten Höhe nach oben oder unten kann er manuell nachsteuern. Auch bei Baggern ist über einen Laserempfänger am Löfferstiel eine visuelle Kontrolle und Führung der Löffelschneidkante durch den Baggerführer möglich.

Lasersteuerung mit automatischer Nachführung (s. Abb. 5.96) Dies ist eine Erweiterung der vorher beschriebenen Einrichtung. Ergänzt durch eine Steuereinheit im Fahrerhaus und einen Hydraulikbausatz werden die Höheninformationen des Laserempfängers von der Steuereinheit verarbeitet. Im Soll-Ist-Vergleich werden Abweichungen der Arbeitseinrichtung erkannt und über die Gerätehydraulik automatisch nachgeführt. Der Gerätefahrer hat außer dem Fahrvorgang nur noch eine Instrumentenüberwachung durchzuführen. Durch Knopfdruck ist ein Wechsel vom Manuellen- auf Automatikbetrieb möglich.

Anwendung finden Lasersteuerungen bei Planierraupen und Gradern besonders bei großflächigen Planierarbeiten.

Abb. 5.95 Lasersteuerung als Richtungsgeber [59]

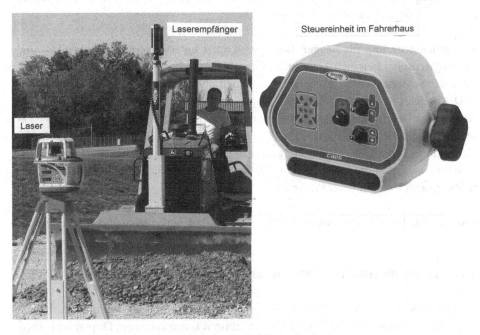

Abb. 5.96 Lasersteuerung mit automatischer Nachführung [59]

Ultraschallabtastung Mit der Ultraschallabtastung besteht die Möglichkeit vorhandene Referenzebenen oder einen Leitdraht abzutasten (siehe Abb. 5.93, 5.94). Der Ultraschallsensor sendet Impulse aus, die von der Referenzebene oder vom Leitdraht reflektiert werden. Die Zeit zwischen Senden und Empfangen ist das Maß für den Abstand zur Referenzebene. Bei Abweichung vom Sollwert kann die Arbeitseinrichtung manuell oder automatisch nachgeführt werden. (Ausführliche Beschreibung siehe Abschn. 5.13.3 – berührungslose Höhenabtastung)

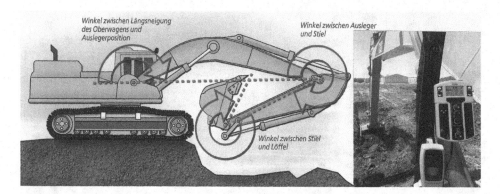

Abb. 5.97 Maschinensteuerung für Bagger mit Steuereinheit im Fahrerhaus [59]

Anwendung findet die Ultraschallabtastung häufig bei Gradern, Schwarzdeckenfertigern, Betondeckenfertigern und Straßenfräsen.

Maschinensteuerung für Bagger Das System nutzt unterwassertaugliche Winkel- und Neigungssensoren zwischen Ausleger, Stiel und Löffel des Baggers (s. Abb. 5.97). Die Messwerte der Sensoren werden auf eine Steuereinheit übertragen und verarbeitet. Über eine LED-Anzeige an der Steuereinheit wird dem Baggerführer immer die aktuelle Tiefe und Neigung der Löffelschneide (Ist-Position) angezeigt. Gleichzeitig kann z. B. durch eine Laser-Referenzebene die Sollvorgabe für Tiefe und Neigung angezeigt werden. Damit ist der Geräteführer in der Lage, die Distanz zwischen Ist und Soll der Aushubtiefe und Neigung zu erkennen. Er hat die Löffelposition stets im Blick. Besonders vorteilhaft ist diese Einrichtung beim Baggern unter Wasser.

Anwendung bei größeren Aushubarbeiten, Profilaushub bei Kanälen und Böschungen.

5.15   Dreidimensionale Maschinensteuerungen

3D-Maschinensteuerungen sind mit einer leistungsstarken Software ausgestattet, die den gespeicherten Baustellenplan (Soll) und alle wichtigen Daten auf einem Display im Fahrerhaus der Arbeitsmaschine anzeigt. Über GPS (Global Positioning System) Satelliten, Totalstation oder Laser kann die aktuelle Position (Ist) der Arbeitseinrichtung einer Maschine (z. B. Planierschild einer Raupe) erfasst werden. Ein Soll-Ist Vergleich zeigt am Steuergerät permanent die erforderlichen Auffüll- oder Abtragsdaten für die jeweilige Position an. Bei Abweichung vom Sollwert kann manuell oder über Ventilmodule der Hydraulik die Höhe und Neigung an Schild, Schar oder Einbaubohle automatisch nachgeführt werden. Neigungen werden durch Neigungssensoren oder durch GPS-Antennen bzw. Laserempfänger auf beiden Schildkanten erreicht.

1	GPS-Empfänger	4	Funkmodem
2	Satelliten	5	GPS-Antennen
3	Referenzstation	6	Rechner

Abb. 5.98 Maschinensteuerung mit GPS-Unterstützung

Die größte Genauigkeit und Ebenheit ist durch die Kombination von GPS-Steuerung und Totalstation oder GPS-Steuerung und Laser möglich. Hier werden Genauigkeiten z. B. bei Feinplanie von ± 3 mm erreicht.

Anwendung finden 3D-Steuerungen hauptsächlich bei Gradern, Raupen und Straßenfertigern.

Maschinensteuerung mit GPS-Unterstützung Die Funktion wird am Beispiel einer Planierraupe erläutert. (siehe dazu Abb. 5.98)

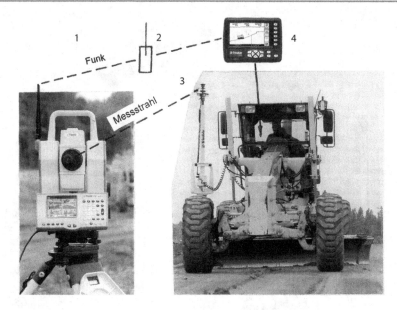

Abb. 5.99 Maschinensteuerung mit Totalstation-Unterstützung [59]

Das System besteht aus folgenden Komponenten:

- GPS-Empfänger (1) eingebaut im Fahrerhaus
- Satelliten (2)
- GPS-Referenzstation (3), sie verbessert die Messgenauigkeit und befindet sich im Baustellenbereich
- Datenfunkeinrichtung (4) zwischen Referenzstation und GPS-Empfänger
- GPS-Antennen (5) auf den Schildkanten
- Rechner (Bordcomputer) (6) im Fahrerhaus

Der auf der Raupe installierte GPS-Empfänger (1) ermittelt über Satelliten (2), die Referenzstation (3) und ein Funkmodem (4) mehrfach pro Sekunde die Ist-Positionswerte der beiden GPS-Antennen (5) auf den Schildkanten und gibt sie an den Rechner (6) weiter. Diese Ist-Positionswerte werden im Rechner mit den hinterlegten Soll-Positionen (digitaler Baustellenplan) verglichen. Abweichungen werden erkannt und automatisch durch Steuerbefehle an die Hydraulik weitergegeben, die je nach Bedarf eine Auf- oder Abwärtsbewegung am Schild einleiten. Die Werte werden dem Fahrer auf einem Display angezeigt. Ferner wird über die Gesamtfläche in verschiedenen Farben angezeigt, wo Auffüllung oder Abtrag notwendig ist. Es werden Genauigkeiten von ± 20 bis 30 mm erreicht.

Maschinensteuerung mit Totalstation-Unterstützung Die Funktion wird am Beispiel eines Graders erläutert. (siehe dazu Abb. 5.99)

Die Einrichtung besteht aus folgenden Komponenten:

- Totalstation (1) im Baustellenbereich
- Funkgerät (2) zwischen Totalstation und Arbeitsmaschine
- Aktive Zieleinheit (3) am Schild des Graders befestigt
- Steuereinheit (4) im Fahrerhaus des Graders

Die Totalstation (1) ermittelt die genaue Schildposition über die aktive Zieleinheit (3) am Grader und stellt die Zielerfassung und Zielverfolgung sicher. Über Funk (2) werden diese Ist-Positionswerte auf die Steuereinheit (4) übertragen. Die in der Steuereinheit hinterlegten Soll-Daten (digitaler Baustellenplan) werden mit den Ist-Daten verglichen und der Ab- oder Auftrag errechnet. Die Korrekturdaten können über eine Ventileinheit direkt auf die Hydraulik der Maschine zur automatischen Nachführung der Schar übertragen werden. Über eine Displayanzeige hat der Fahrer stets Überblick über die Arbeitseinrichtung seiner Maschine. Es werden Genauigkeiten von ± 3 bis 5 mm erreicht.

Geräte für die Bodenverdichtung

6.1 Allgemeines

Das Ziel der Bodenverdichtung ist, die mit Luft und Wasser gefüllten Porenräume eines Bodens zu verringern oder ganz zu schließen. Durch die Erhöhung der Dichte wird die Tragfähigkeit des Erdreichs verbessert und spätere Verformungen und Setzungen verhindert. Die Grundlage für fast alle Bauwerke, vor allem im Straßen- und Tiefbau, ist eine richtig und kontrolliert durchgeführte Verdichtung der durch Aushub oder Schüttung gestörten Böden. Die richtige Auswahl der Verdichtungsgeräte kann nur getroffen werden, wenn Bodenart und -zusammensetzung und damit die Verdichtungseigenschaft bekannt ist. Für die Bodenverdichtungen werden Vibrationsstampfer, Vibrationsplatten und Walzen eingesetzt. Walzen werden auch für die Asphaltverdichtung verwendet, die im Abschn. 7.6 beschrieben.

6.2 Bodenarten

Beispiele für Körnungslinien verschiedener Bodenarten zeigt Abb. 6.1.
Man unterscheidet bindige, nichtbindige und Mischböden sowie Felsgestein.

6.2.1 Bindige Böden

Bindige Böden (Körnungslinie A und B in Abb. 6.1) sind Böden mit mehr als 15 % Schlämmkornanteil, gleich oder kleiner 0,063 mm.

Beispiel Körnungslinie: A – Material schluffig, tonig
B – Material Schluff und Sand, schwach bindig

H. König (Hrsg.), *Maschinen im Baubetrieb*, Leitfaden des Baubetriebs und der Bauwirtschaft, DOI 10.1007/978-3-658-03289-0_6, © Springer Fachmedien Wiesbaden 2014

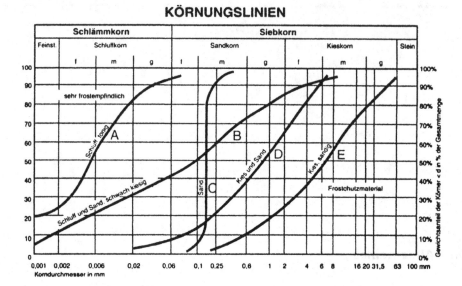

Abb. 6.1 Körnungslinien verschiedener Bodenarten

6.2.2   Nichtbindige Böden

Unter nichtbindigen Böden (Körnungslinie C und D in Abb. 6.1) versteht man Steine, Kie-
se und Sande, deren kleinste Körnung 0,063 mm ist. Dabei kann die Kornabstufung eng
sein, wie die Körnungslinie C zeigt (Dünensand), oder sie kann weit gestuft sein, wie die
Körnungslinie D zeigt (0,063 bis 7,0 mm).

6.2.3   Mischböden

Mischböden (Körnungslinie E in Abb. 6.1) sind zusammengesetzt aus Fein- und Grobkör-
nung (sandiger Kies), die je nach Vorkommen in verschiedenen Anteilen vorhanden sein
können. Mischböden werden vor allem als Frostschutzmaterial verwendet.

6.2.4   Felsgestein

Felsgestein wird für Steinschüttungen im Verkehrswegebau sowie im Wasser- und Talsper-
renbau verwendet. Der Einbau kann je nach Material und Sprengung des Felses eng gestuft
oder weit gestuft erfolgen. Das Größtkorn kann 200 mm und größer sein.

6.3 Verdichtungswilligkeit der Böden

Einfluss auf die Verdichtungswilligkeit der Böden haben (s. Tab. 6.1):

- Kornform (s. Abb. 6.2),
- Kornrauhigkeit (s. Abb. 6.3),
- Kornzusammensetzung und -abstufung,
- Mischungsverhältnis Grob- zu Feinkorn,
- Gesteinsfestigkeit,
- Wassergehalt,
- Plastizität bei bindigen Böden.

Tab. 6.1 Einflussfaktoren auf die Verdichtung bei verschiedenen Bodenarten

	Bindige Böden	Nichtbindige Böden	Mischböden	Felsgestein
Kornform		+		+
Kornrauhigkeit		+		+
Kornzusammensetzung	+	+	+	+
Mischungsverhältnis grob – fein			+	
Kornabstufung		+		+
Gesteinsfestigkeit				+
Wassergehalt	+	+	+	
Plastizität	+			

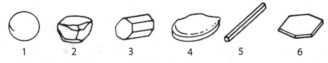

1 kugelig	4 plattig
2 gedrungen	5 stäbchenförmig
3 prismatisch	6 plättchenförmig

Abb. 6.2 Kornform

Abb. 6.3 Kornrauhigkeit

1 scharfkantig	4 gerundet
2 kantig	5 glatt
3 rundkantig	

6.4   Verdichtungsverfahren

6.4.1   Statische Verdichtung

Eine statische Verdichtung wird durch Überfahren des zu verdichtenden Materials, z. B. mit einer Walze, erreicht. Dabei wird nur das Gewicht der Walze über die Walzkörper (Bandagen) wirksam. Die statische Linienlast errechnet sich aus der Achslast der Walze, geteilt durch die Bandagenbreite (s. Abb. 6.4).

Um eine ausreichende Verdichtung zu erreichen, sind große Gewichte notwendig. Da die rein statische Verdichtung heute kaum mehr zur Anwendung kommt, wird nicht weiter darauf eingegangen.

6.4.2   Dynamische Verdichtung

Bei der dynamischen Verdichtung wird der Boden durch Stampfen oder Vibration so angeregt, dass eine Kornumlagerung in eine dichtere Position stattfinden kann.

6.4.2.1   Stampfverdichtung

Der Verdichtungseffekt beim Stampfen ist abhängig von der Schlagzahl, der Hubhöhe, der Größe der schwingenden Masse und der Stampfplattengröße. Die Schlagzahl beim Stampfen liegt bei 500 bis 800 Schlägen/min und bringt den zu verdichtenden Boden in Bewegung. Damit vermindert sich die Haftreibung zwischen den Körnern, was zur Umlagerung und Verdichtung des Bodens führt.

6.4.2.2   Vibrationsverdichtung

Bei der Vibrationsverdichtung werden durch ein rotierendes Unwuchtsystem (meist Kreisschwinger) Zentrifugalkräfte erzeugt, die weit über dem Eigengewicht einer Grundplatte

Abb. 6.4 Statische Linienlast
[12]

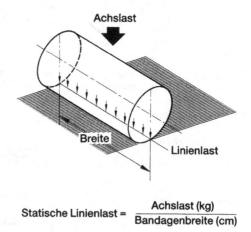

$$\text{Statische Linienlast} = \frac{\text{Achslast (kg)}}{\text{Bandagenbreite (cm)}}$$

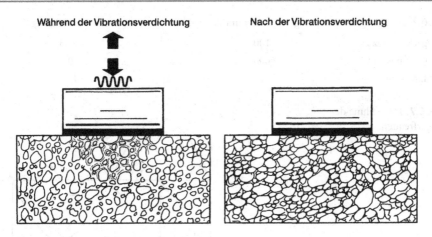

Abb. 6.5 Prinzip der Vibrationsverdichtung [12]

oder eines Walzkörpers (Bandage) liegen (s. Abb. 6.5). Der Vibrationskörper wird bei jeder Umdrehung der Unwucht etwas angehoben und fällt mit Schlagenergie auf den Boden zurück. Zusätzlich wirkt die durch die Zentrifugalkraft erzeugte kinetische Energie über den Vibrationskörper auf den Boden ein. Es werden also Schwingungen und Schläge auf das zu verdichtende Material ausgeübt. Die einzelnen Körner des Bodens kommen in schwingende Bewegung, heben sich kurzzeitig voneinander ab und verlieren ihre Stütz- und Haltewirkung. Es findet eine Umlagerung des Materials statt, wobei die feineren Bestandteile die Hohlräume zwischen den größeren Körnern füllen. Es tritt eine Stabilisierung und damit Verdichtung des Bodens ein. Die für die Verdichtungsintensität maßgeblichen Kennwerte eines Vibrationsverdichters sind:

- Betriebsgewicht, z. B. bei einer Walze verteilt auf die einzelnen Walzkörper (Bandagen).
- Unwuchtmasse im Vibrationskörper (s. Abb. 6.6).
- Erregerfrequenz (s. Abb. 6.7). Sie stellt die Drehzahl der Erregerwelle pro Sekunde dar und wird in Hz gemessen. Für Verdichtungsgeräte werden verschiedene Frequenzen an-

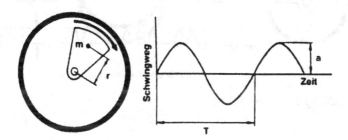

Abb. 6.6 Schema der Unwuchtmasse im Vibrationskörper [12]

Tab. 6.2 Abhängigkeit von Erregerfrequenz und Korngröße für die optimale Verdichtung

Erregerfrequenz Hz	100	50	33,3
Schwingungszahl 1/min	6000	3000	2000
Korngröße mm	10	20	40

Abb. 6.7 Darstellung der
Erregerfrequenz

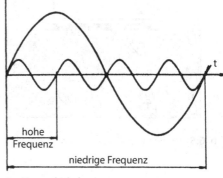

gewendet. Feine Bestandteile im Boden lassen sich durch hohe und grobe Körnungen durch niedrige Frequenzen zur Umlagerung anregen. Für die Abhängigkeit von Frequenz und Korngröße sind Werte in Tab. 6.2 angegeben.

• Amplitude. Unter ihr versteht man die halbe Schwingweite der schwingenden Masse (s. Abb. 6.8).
• Statische Linienlast (s. Abb. 6.4).

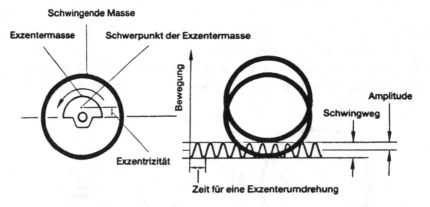

Abb. 6.8 Darstellung der Amplitude [12]

Abb. 6.9 Auswirkung der
Fahrgeschwindigkeit auf die
Verdichtung bei gleicher Fre-
quenz

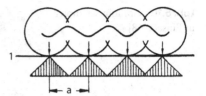

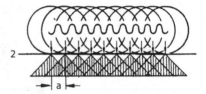

a = Vibrations- oder Schlagabstand

1 Hohe Fahrgeschwindigkeit
2 Niedrige Fahrgeschwindigkeit

- Dynamische Linienlast ist die Kraft, die durch die erzeugte Zentrifugalkraft über die
  Bandage auf den Boden wirkt; sie errechnet sich folgendermaßen:

$$\text{Dynamische Linienlast} = \frac{\text{Zentrifugalkraft [kN]}}{\text{Bandagenbreite [cm]}}.$$

Je größer die dynamische Linienlast, um so größer ist die Tiefenwirkung einer Walze.
- Arbeitsgeschwindigkeit. Sie liegt bei Vibrationswalzen zwischen 1 und 4 km/h. Mit stei-
  gender Geschwindigkeit vergrößert sich der Schlagabstand bei jeder Umdrehung der
  Bandage (s. Abb. 6.9). Damit ist die Verdichtungsintensität direkt abhängig von der Frequenz und der Fahrgeschwindigkeit. Walzen mit höherer Frequenz können daher bei
  gleichem vorgegebenen Schlagabstand schneller fahren.

6.5 Verdichtungsgeräte

6.5.1 Vibrationsstampfer

Vibrationsstampfer (s. Abb. 6.10) zählen zu den leichten, handgeführten Verdichtungsgeräten. Durch einen Benzin-, Diesel- oder Elektromotor wird ein Mehrfeder-Schwingsystem
angetrieben, das die Energie so speichert, dass die Stampfplatte im Moment des Aufschlags
auf den Boden die höchste Geschwindigkeit bei der Vibration erreicht. Durch die schlagende und vibrierende Wirkung und den verhältnismäßig großen Hub (bis 80 mm) wird
mit dem Stampfer gegenüber anderen Verdichtungsgeräten eine sehr hohe Lagerdichte erreicht.

Abb. 6.10 Vibrationsstampfer im Einsatz [68]

Übliche Gerätegrößen sind:

Betriebsgewicht: 30 bis 100 kg
Antriebsleistung: 2,2 bis 3,2 kW
Stampfplattengröße: Breite 200 bis 400 mm
                        Länge 300 bis 400 mm
Arbeitsgeschwindigkeit: bis 13 m/min

Ein Einsatzbeispiel zeigt Abb. 6.10.

6.5.2 Vibrationsplatten

Vibrationsplatten (s. Abb. 6.11) bestehen aus einer Grundplatte mit dem fest verbundenen Unwuchtsystem (Kreisschwinger) und einer Antriebseinheit aus Motor mit Fliehkraftkupplung und Keilriemen- oder Gelenkwellenantrieb. Die Grundplatte (untere Masse) und
die Antriebseinheit (obere Masse) sind durch schwingungsdämpfende Gummielemente
(Schwingmetalle) verbunden.

Abb. 6.11 Vibrationsplatte-
Bauteile [12]

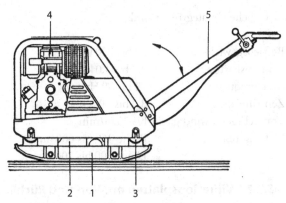

1 Grundplatte
2 Unwuchtsystem
3 Schwingmetalle
4 Antriebsmotor
5 Führungsdeichsel

Abb. 6.12 Vibrationsplatte
mit Vorlauf [68]

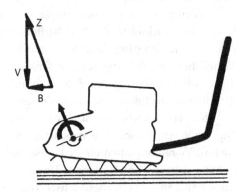

Z = Zentrifugalkraft
B = Bewegungskomponente vorwärts
V = Verdichtungskomponente

Unterschieden werden Vibrationsplatten mit Vorlauf und Vibrationsplatte mit Vor- und Rücklauf.

6.5.2.1 Vibrationsplatten mit Vorlauf

Die Vibrationsplatten mit Vorlauf (s. Abb. 6.12) haben nur einen Kreisschwinger, der an der vorderen Plattenhälfte schräg befestigt ist. Durch die schräge Befestigung teilt sich die Zentrifugalkraft in eine Verdichtungs- und eine Vorlaufkomponente auf. Die Verdichtungs- und die Vorlaufkomponente sind in der Regel konstant und können nicht verändert werden. Bei einigen Vibrationsplatten mit Vorlauf besteht jedoch die Möglichkeit, durch Umstellung der Unwucht mit einem Schiebemechanismus von außen die Zentrifugalkraft und damit auch die Vorlaufgeschwindigkeit auf etwa die Hälfte zu reduzieren. Antriebsmotoren sind meist Diesel-, seltener Benzinmotoren.

Übliche Gerätegrößen sind:

Betriebsgewicht:	70 bis 200 kg
Antriebsleistung:	2,0 bis 4,0 kW
Rüttelfrequenz:	70 bis 90 Hz
Zentrifugalkraft:	8,0 bis 30,0 kN
Vortriebsgeschwindigkeit:	bis 25 m/min
Plattengröße:	Breite 350 bis 600 mm
	Länge 500 bis 700 mm

6.5.2.2 Vibrationsplatten mit Vor- und Rücklauf

Vibrationsplatten mit Vor- und Rücklauf (s. Abb. 6.13) haben zwei gegenläufige Kreisschwinger in Plattenmitte angeordnet, die über Zahnräder synchronisiert sind. Durch eine meist hydraulische Verstelleinrichtung lässt sich das Erregersystems stufenlos nach vorne oder nach hinten neigen.

Aus den gerichteten Schwingungen der Neigung entsteht eine Bewegungskomponente vor- bzw. rückwärts. Bei Mittelstellung des Erregersystems steht die Vibrationsplatte still, und die Zentrifugalkraft wirkt nur in senkrechter Richtung (Standrüttelung). Der Vorteil dieser Einrichtung ist die stufenlose Verstellung der Vor- und Rückwärtsgeschwindigkeit ohne Änderung der Motordrehzahl. So lässt sich die Rüttelintensität weitgehend den Bodenverhältnissen anpassen. Vibrationsplatten mit Vor- und Rückwärtslauf werden erst ab einem Betriebsgewicht von ca. 200 kg hergestellt. Die Antriebe sind überwiegend Dieselmotoren, die über Keilriemen, Gelenkwellen oder hydraulisch auf das Erregersystem wirken. Vibrationsplatten dieser Größenordnung haben meist eine elektrische Starteinrichtung. Die Vor- und Rückwärts-Umschaltung erfolgt mechanisch oder hydraulisch über einen Hebel an der Führungsdeichsel. Von einigen Herstellern werden auch Fernsteuerungen über Kabel oder Infrarot angeboten. Gelenkt werden diese Geräte dann durch eine seitliche Verstellung der Unwuchten im Vibrationssystem, was zum Lenkeinschlag nach links oder rechts führt.

Übliche Gerätegrößen sind:

Betriebsgewicht:	200 bis 800 kg
Antriebsleistung:	4,0 bis 10,0 kW
Zentrifugalkraft:	40 bis 80 kN
Frequenz:	40 bis 90 Hz
Arbeitsgeschwindigkeit:	bis 25 m/min vor- und rückwärts
Größe der Grundplatte:	Breite 400 bis 800 mm
	Länge 700 bis 1000 mm

Eine Vibrationsplatte mit Vor- und Rücklauf im Einsatz zeigt Abb. 6.14 oben.

Abb. 6.13 Kräftekomponenten bei Vor- und Rückwärtslauf sowie Standrüttelung bei Vibrationsplatten

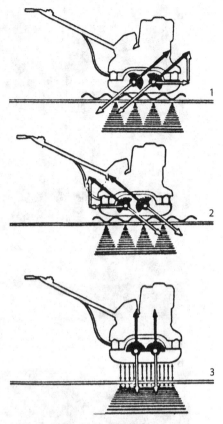

1 Vibrationsplatte im Vorwärtslauf
2 Vibrationsplatte im Rückwärtslauf
3 Standrüttelung

6.5.2.3 Anbau-Vibrationsplatten

Eine Vibrationsplatten-Einheit kann aus einer Kombination von zwei, drei oder vier Platten nebeneinander bis zu einer Arbeitsbreite von ca. 2,5 m bestehen (s. Abb. 6.14 unten).

Für großflächige Verdichtungsarbeiten sind Anbauplatten dann von Vorteil, wenn nichtbindige Böden z. B. Sande oder Böden mit hohem Rundkornanteil beim Verdichten zur Wiederauflockerung neigen. Während Walzenzüge mit ihren Bandagen bei großer Amplitude und niedriger Frequenz eine große Tiefenwirkung erreichen, arbeiten Vibrationsplatten mit kleiner Amplitude und größerer Frequenz. Unterstützt durch die große Auflagefläche der Platten, werden Wiederauflockerungen im bereits verdichteten oberen Bereich vermieden.

Die Unwuchten der Platten sind so angeordnet, dass die Kräfte nur vertikal wirken. Damit wird eine Verdichtungstiefe von bis zu 50 cm erreicht.

Die Anbaumöglichkeit von Vibrationsplatten-Einheiten besteht z. B. an Schleppern, Unimogs, Radladern und Walzenzügen. Voraussetzung ist, dass die Trägergeräte über ei-

Abb. 6.14 **a** Vibrationsplatte mit Vor- und Rücklauf im Einsatz [68], **b** Vibrationsplatten an einem Raupen-Kompaktlader [63]

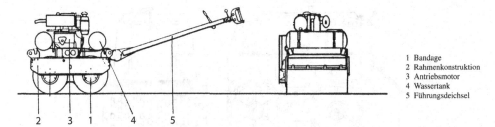

1 Bandage
2 Rahmenkonstruktion
3 Antriebsmotor
4 Wassertank
5 Führungsdeichsel

Abb. 6.15 Handgeführte Doppel-Vibrationswalze (Bauteile) [12]

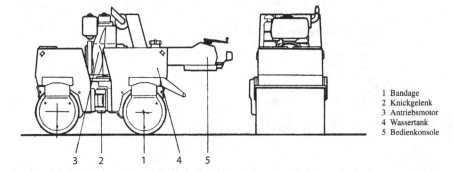

1 Bandage
2 Knickgelenk
3 Antriebsmotor
4 Wassertank
5 Bedienkonsole

Abb. 6.16 Knickgelenkte Doppel-Vibrationswalze (Bauteile) [12]

ne genügend große hydraulische Leistung zum Betrieb der Platten und einen Langsamgang verfügen.

6.5.3 Vibrationswalzen

Walzen werden überwiegend zum Verdichten großer Flächen eingesetzt. Entsprechend der verschiedenen Einsatzgebiete und der zu verdichtenden Bodenarten und Materialien wie Kies, Schotter, Sand- und Mischböden, Beton und Asphalt wurden die verschiedensten Walzenarten entwickelt.

6.5.3.1 Handgeführte Doppel-Vibrationswalzen
Doppel-Vibrationswalzen (s. Abb. 6.15) bestehen aus zwei gleich großen, dicht aneinander liegenden Bandagen, die über eine beidseitige Rahmenkonstruktion miteinander verbunden sind. Antriebsmotor und Getriebe sowie Wassertanks und Führungsdeichsel sitzen über den Bandagen und sind über schwingungsdämpfende Gummielemente (Schwingmetalle) mit der Rahmenkonstruktion verbunden.

Beide Bandagen werden meist über ein Zweistufen-Schalt- und Wendegetriebe und Ketten oder Zahnräder angetrieben. Über eine Fliehkraftkupplung und einen Zahnriemen erfolgt der Vibrationsantrieb in beiden Bandagen. Diese Vibrationserregung ist um 180°

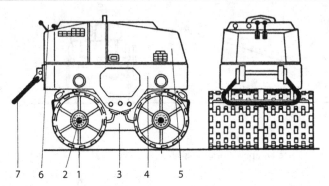

1 Bandage mit Noppen
2 Hydraulischer Fahrantrieb in jeder
   Bandage
3 Vibrationseinheit
4 Grundrahmen
5 Antriebsmotor
6 Steuerpult
7 Sicherheitshebel für Fahrschalter

Abb. 6.17 Grabenwalze mit Noppenbandagen [12]

phasenverschoben, so dass die eine Bandage gerade angehoben wird, wenn die andere auf dem Boden aufschlägt. Neuere Walzentypen haben heute hydraulische, also stufenlos regelbare Fahrantriebe. Weitere Vorteile bieten knickgelenkte Doppel-Vibrationswalzen mit hydraulischem Fahrantrieb und hydraulischem Vibrationsantrieb. Diese Geräte lassen sich ohne Kraftaufwand an der Führungsdeichsel lenken und erreichen eine hohe Beweglichkeit (s. Abb. 6.16).

Übliche Gerätegrößen sind:

Betriebsgewicht:	600 bis 1300 kg
Antriebsleistung:	4,0 bis 8,0 kW
Frequenz:	50 bis 60 Hz
Zentrifugalkraft:	8 bis 40 kN
Walzbreite:	550 bis bis 900 mm
Arbeitsgeschwindigkeit:	bis 5,0 km/h

6.5.3.2 Grabenwalzen

Grabenwalzen (s. Abb. 6.17) sind eine Weiterentwicklung der Doppel-Vibrationswalzen. Im Unterschied zu den Doppel-Vibrationswalzen besitzen Grabenwalzen Noppenbandagen, die auf den Boden in horizontaler Richtung knetend wirken. Damit lassen sich auch stark bindige Böden, bindige Mischböden oder Sandböden mit hohem Wassergehalt, die oft im Grabenbau vorkommen, wirksam verdichten. Die Bandagen sind in der Mitte geteilt, d. h., es sind vier Bandagen, von denen jede einzeln hydraulisch angetrieben wird. Durch die vier Einzelantriebe kann die Walze durch eine Geschwindigkeitserhöhung oder -verminderung auf einer Seite gelenkt werden. Die vier Bandagen sind leicht austauschbar, so

Abb. 6.18 Grabenwalze mit Infrarot-Fernsteuerung im Einsatz [55]

dass verschiedene Noppenprofile oder verschiedene Bandagenbreiten gewählt werden können. Der Vibrationsantrieb der Bandagen kann je nach Hersteller mechanisch oder hydraulisch ausgeführt sein. Grabenwalzen werden häufig mit Infrarot-Fernsteuerung betrieben.
Der Walzenfahrer ist damit nicht der Einsturzgefahr der Grabenböschung ausgesetzt und
durch entsprechende Entfernung vor Motorabgasen, Lärm und Vibration geschützt.

Übliche Gerätegrößen sind:

Betriebsgewicht:	400 bis 1300 kg
Antriebsleistung:	3,0 bis 13,0 kW
Frequenz:	30 bis 42 Hz
Zentrifugalkraft:	20 bis 60 kN

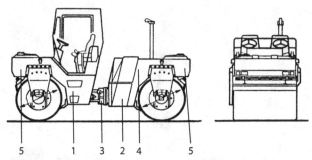

1 Vorderwagen
2 Hinterwagen
3 Pendel-Knicklenkung
4 Antriebsmotor
5 Wassertank

Abb. 6.19 Tandem-Vibrationswalze mit Pendel-Knicklenkung [12]

Walzbreite: 400 bis 1100 mm
Arbeitsgeschwindigkeit: bis 3,5 km/h

Eine Grabenwalze im Einsatz zeigt Abb. 6.18.

6.5.3.3 Tandem-Vibrationswalzen

Tandem-Vibrationswalzen (s. Abb. 6.19 und 6.20) besitzen zwei gleich große, hintereinander liegende Bandagen. Beide Bandagen haben einen hydrostatischen Fahrantrieb und eine hydraulische Vibrationseinrichtung. Der hydrostatische Fahrantrieb ermöglicht ruckfreies Anfahren und Abbremsen. Bei größeren Walzbreiten sind die Bandagen in der Mitte geteilt. In diesem Falle wird dann jede der 4 Bandagenteile separat angetrieben. Dadurch wird die

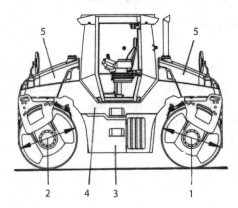

1 Starre Bandage mit Vibrationsantrieb
2 Pendelnde Bandage mit Vibrationsantrieb
3 Antriebsmotor
4 Grundrahmen
5 Wassertank

Abb. 6.20 Tandem-Vibrationswalze mit Allradlenkung [23]

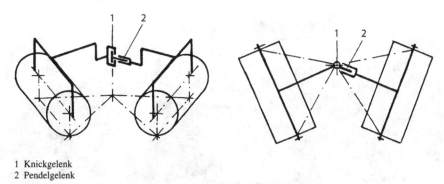

1 Knickgelenk
2 Pendelgelenk

Abb. 6.21 Schema einer Pendel-Knicklenkung bei einer Tandem-Vibrationswalze

Gefahr der Materialverschiebung in engen Kurven vermieden. Tandem-Vibrationswalzen werden in der Erd- und Asphaltverdichtung eingesetzt.

Übliche Gerätegrößen sind:

Betriebsgewicht: 1,0 bis 10,0 t
Antriebsleistung: 15 bis 70 kW
Frequenz: 30 bis 55 Hz
Walzbreite: 0,8 bis 2,1 m
Arbeitsgeschwindigkeit: bis 12,0 km/h

Bei Tandem-Vibrationswalzen gibt es zwei **Lenksysteme**:

- **Pendel-Knicklenkung** (s. Abb. 6.21): In Maschinenmitte ist ein Knickgelenk für einen Lenkeinschlag von ca. 30° nach beiden Seiten angeordnet. Die Knicklenkung wird hydraulisch betätigt. Querneigung zwischen den Bandagen wird durch ein Pendelgelenk nahe dem Knickgelenk mit ca. 10 bis 12° nach jeder Seite ausgeglichen.
- **Allradlenkung** (s. Abb. 6.22): Bei der Allradlenkung sind beide Bandagen unabhängig voneinander hydraulisch lenkbar. Durch versetztes Fahren der Bandagen wird eine bis zu 50 % größere Walzbreite erreicht (Hundegang) siehe dazu auch Abb. 6.23. Arbeiten

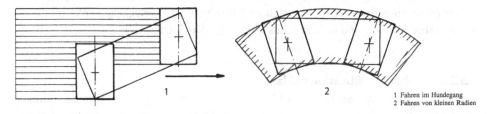

1 Fahren im Hundegang
2 Fahren von kleinen Radien

Abb. 6.22 Schema der Lenkmöglichkeiten bei Tandem-Vibrationswalzen mit Allradlenkung

Abb. 6.23 Tandem-Vibrationswalze im Hundegang bei der Verdichtung von Asphalt [23]

im Hundegang ermöglicht dichtes Heranfahren an Böschungen ohne Standsicherheits-
verlust. Bei entsprechendem Einschlag der beiden Bandagen ist die gleiche Beweglichkeit wie bei der Knicklenkung möglich. Bei Walzen mit Allradlenkung ist zum Ausgleich
von unterschiedlicher Querneigung eine Bandage pendelnd ausgeführt.

Vibrationssystem: Tandem-Vibrationswalzen ab ca. 6 t Betriebsgewicht besitzen meist
zwei motorunabhängige Frequenzen. Damit ist eine bessere Anpassung an unterschiedliche Bodenarten und verschiedene Schichtstärken möglich. Diese Frequenzregelung ist
meist manuell schaltbar. Die Werte werden dem Walzenfahrer am Steuerpult angezeigt.
Sonstige Ausstattung an Tandem-Vibrationswalzen:

- Für die Berieselung der Bandagen sind entsprechend große Wassertanks eingebaut.
- Die größeren Walzen besitzen bewegliche Fahrersitze und bewegliche Lenksäulen.
- Die Fahrerkabinen sind in ROPS-Ausführung (s. Abschn. 5.6.3.9).

6.5.3.4 Anhänge-Vibrationswalzen

Anhänge-Vibrationswalzen (s. Abb. 6.24) bestehen aus einem verwindungssteifen Rahmen
mit einer glatten Bandage oder Schaffuß-Bandage. Über eine Anhängdeichsel mit höhen-
verstellbarer Kupplung wird die Walze meist von einer Raupe gezogen. Auf dem hinteren

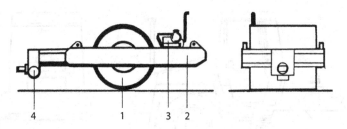

1 Bandage
2 Grundrahmen
3 Antriebsmotor für die Vibration
4 Anhängevorrichtung

Abb. 6.24 Anhänge-Vibrationswalze [12]

Rahmenteil ist ein Dieselmotor installiert, der über Keilriemen die Vibration der Bandage antreibt. Die vibrierende Masse der Bandage ist durch Schwingmetalle mit dem Rahmen verbunden. Durch eine Fernsteuerung kann die Vibration vom Zuggerät aus an- und abgeschaltet werden. Anhängewalzen eignen sich besonders für schwere Verdichtungsarbeiten. Durch niedrige Rüttelfrequenz und große Amplitude werden große Verdichtungstiefen erreicht. Bei sehr bindigen Böden und bei Mischböden mit hohem Wassergehalt werden Schaffuß-Bandagen eingesetzt. Die Noppen oder Schaffüße auf der Bandage wirken knetend auf die zu verdichtende Oberfläche ein und tragen in Verbindung mit der Vibration zur Entwässerung des Bodens und zur Verringerung der Poren bei. Nachteilig bei gezogenen Walzen ist, dass sich vor der Bandage häufig ein Materialstau bildet, der zur Verminderung der Walzintensität führt. Angetriebene Bandagen ziehen das Material nach hinten, so dass sich kaum ein Materialstau bildet.

Die übliche Gerätegröße ist:

Betriebsgewicht: 6 t
Antriebsleistung: 37 kW
Frequenz: 28 Hz
Zentrifugalkraft: 118 kN
Walzbreite: 1,7 m
Arbeitsgeschwindigkeit: 2 bis 4 km/h

6.5.3.5 Walzenzüge

Walzenzüge werden überwiegend für großflächige Verdichtungsarbeiten eingesetzt. Gleichzeitig eignen sie sich zum Verdichten großer Schütthöhen, je nach Bodenart bis 70 cm.

Ein Walzenzug (s. Abb. 6.25) besteht aus Vorderwagen (3) mit Vibrationsbandage (1) und einem Hinterwagen (4) als Zugeinheit, die durch eine Pendelknicklenkung miteinander verbunden sind. (siehe Abschn. 6.5.3.3, Abb. 6.21)

Der Fahrantrieb (6) ist ein Dieselmotor, der über einen hydrostatischen Antrieb und eine Achse mit Differentialsperre auf zwei großvolumige Antriebsräder (2) wirkt. Größere

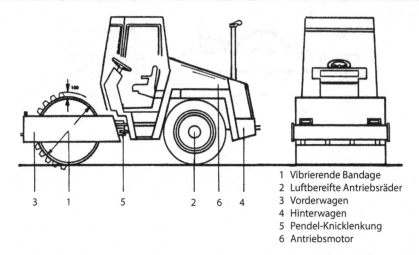

1 Vibrierende Bandage
2 Luftbereifte Antriebsräder
3 1   5   2 6 4   3 Vorderwagen
4 Hinterwagen
5 Pendel-Knicklenkung
6 Antriebsmotor

Abb. 6.25 Walzenzug

Walzenzüge können noch zusätzlich mit einer hydraulisch angetrieben Bandage ausgerüstet sein.

Der Vibrationsantrieb in der Bandage ist meist auf mehrere Frequenzen umschaltbar. Eine Zusatzausrüstung für eine flächendeckende Verdichtungskontrolle mit Dokumentation wie unter Abschn. 6.8 beschrieben ist möglich.

Die Fahrerkabine ist in ROPS-Ausführung (siehe Abschn. 5.6.3.9) und für eine gute Übersicht in Maschinenmitte angeordnet.

Übliche Maschinengrößen sind:

Betriebsgewicht: 4,5 bis 25 t
Antriebsleistung: 22 bis 158 kW
Frequenz: 28 bis 41 Hz
Zentrifugalkraft: 41 bis 515 kN
Walzbreite: 1,2 bis 2,5 m
Arbeitsgeschwindigkeit: bis 9 km/h

Die Vibrationsbandagen sind auswechselbar und können für eine optimale Verdichtung der Bodenart angepasst werden.

Angeboten werden:

Glattmantel-Bandagen überwiegend zum Verdichten von Mischböden und nichtbindigen Böden bis zu einer Schütthöhe von 70 cm.

Stampffuß-Bandagen (Abb. 6.26) auch Schaffuß-Bandagen genannt, zum Verdichten von bindigen Böden auch mit höherem Ton- oder Lehm- und Feuchteanteil. Durch die Stampffüße entsteht ein Kneteffekt und eine Vergrößerung der Walzoberfläche, was bei

Abb. 6.26 Walzenzug mit
Stampffuß-Bandage [23]

hoher Oberflächenfeuchte zur besseren Verdunstung führt und damit zu einer besseren
Verdichtung.

Felsbrech-Bandage (Abb. 6.27) sie ist mit austauschbaren Meißeln besetzt und eignet
sich zum Verdichten und Zerkleinern von Böden mit einem hohen Anteil von Felsgestein
bis zu einer Größe von 35 bis 40 cm. Walzen der Gewichtsklasse ca. 25 t sind für Felsbrech-
Bandagen geeignet.

Abb. 6.27 Walzenzug mit Felsbrech-Bandage [23]

6.6   Auswahl der Verdichtungsgeräte

6.6.1   Auswahl nach Schichtdicke und Bodenart

Tabelle 6.3 zeigt, für welche Schichtdicken die Vibrationsgeräte, abhängig von der Bodenart, geeignet sind.

6.6.2   Computer-Auswahl

Für die Auswahl von Verdichtungsgeräten werden von Walzenherstellern Computerprogramme angeboten, die unter Berücksichtigung der Verdichtungsaufgaben das günstigste Gerät ermitteln.

Folgende **Eingaben** sind notwendig:

- mittlere Breite, Länge und Höhe des zu verdichtenden Planums,
- Bodenart, Feinkornanteil kleiner 0,063 mm, Ungleichförmigkeitszahl für das Material, der tatsächliche Wassergehalt,
- gewünschter Verdichtungsgrad.

Tab. 6.3 Auswahl der Verdichtungsgeräte nach Schichtdicke und Bodenart [12]

Verdichtungsgeräte	Betriebsgewicht	Schichtdicken m			
		Bindige Böden	Nichtbindige Böden	Mischböden	Felsgestein
Vibrationsstampfer	60–100 kg	0,25	0,30	0,35	
Vibrationsplatten	bis 100 kg		0,20	0,20	
	100–200 kg	0,15	0,30	0,25	
	200–400 kg	0,20	0,40	0,30	
	700–800 kg		0,60	0,40	0,60
Handgeführte Doppel-Vibrationswalzen	bis 0,5 t		0,20	0,20	
	0,5–1,0 t	0,15	0,25	0,25	
	1,2–1,3 t	0,15	0,30	0,25	
Grabenwalzen	1,2–1,3 t	0,25	0,35	0,30	
Tandem-Vibrationswalzen	1,3–3,5 t	0,15	0,25	0,20	
	5,0–10,0 t	0,20	0,40	0,30	
Anhänge-Vibrationswalzen	6,0 t	0,25	0,60	0,45	0,80
Walzenzüge	4,5–5,5 t		0,30	0,25	
	5,6–6,6 t	0,20	0,40	0,30	
	9,0–11,0 t	0,30	0,50	0,40	0,80
	13,0–18,0 t	0,40	0,80	0,70	1,20

Die **Ausgabedaten** sind:

- bis zu drei Verdichtungsgeräte, die für die Aufgabe am besten geeignet sind,
- Amplituden-Empfehlung,
- Schütthöhen maximal und minimal,
- Fahrgeschwindigkeit,
- Anzahl der Schüttlagen,
- Anzahl der Bahnen pro Lage,
- Verdichtungsleistung,
- Verdichtungszeit.

6.7   Anwendungsbereiche für Verdichtungsgeräte

Vibrationsstampfer

Bodenarten: Geeignet für alle Bodenarten außer Felsgestein.
Einsatzgebiete: Kleine Flächen und enge Platzverhältnisse.
                In Ecken und an Rändern.
                Kleine Schächte.
                Graben Verdichtung.
                Verdichten von Hinterfüllungen.
                Verdichten von Randstreifen.
                Mit entsprechendem Rammaufsatz Rammen von Pfählen, Dielen und Trägern.

Vibrationsplatten

Bodenarten: Geeignet für nichtbindige Böden und Mischböden.
                Für bindige Böden nur bedingt geeignet, da sich die Grundplatte bei höherem Wassergehalt am Boden festsaugt.
                Schwere Vibrationsplatten mit 700 bis 800 kg Betriebsgewicht sind für Felsverdichtung geeignet.
Einsatzgebiete: Wege-, Landschafts- und Straßenbau.
                Rohrleitungs- und Kabelbau.
                Verdichten von kleineren Flächen.
                Verdichten von Hinterfüllungen.
                Asphaltverdichtung.
                Einrütteln von Verbundsteinpflaster.

Handgeführte Doppel-Vibrationswalzen

Bodenarten: Geeignet für nichtbindige Böden und Mischböden.
                Weniger geeignet für bindige Böden.
                Nicht geeignet für Felsgestein.
Einsatzgebiete: Wege-, Landschafts- und Straßenbau.
                Verdichten von großen Flächen.
                Asphaltverdichtung.

Grabenwalzen

Bodenarten: Geeignet für alle Bodenarten, auch für bindige, da die Walzen Noppenban-
                dagen besitzen.
                Nicht geeignet für Felsgestein.
Einsatzgebiete: Verdichten von Gräben und Flächen mit überwiegend bindigem Material.

Tandem-Vibrationswalzen

Bodenarten: Geeignet für alle Bodenarten außer Felsgestein, besonders jedoch für Kies-,
                Sand- und Mischböden.
Einsatzgebiete: Wege-, Landschafts- und Straßenbau.
                Verdichtung großer Flächen.
                Asphaltverdichtung.

Anhänge-Vibrationswalzen und Walzenzüge

Bodenarten: Geeignet für alle Bodenarten, auch Felsgestein.
                Bei stark bindigen Böden ist eine Schaffuß-Bandage erforderlich.
Einsatzgebiete: Wege-, Landschafts- und Straßenbau.
                Dammbau.
                Alle großflächigen Verdichtungsarbeiten, auch bei großen Schütthöhen.

6.8 Flächendeckende Verdichtungskontrolle bei Walzen

6.8.1 Allgemeines

Von allen Walzenherstellern werden Einrichtungen zur kontrollierten Verdichtungsmessung und Dokumentation angeboten. Das Ziel ist höhere Qualität, d. h. Gleichmäßigkeit
der Verdichtung und geringere Kosten durch Reduzierung der Walzübergänge auf das Not-
wendige. Bei Einbauleistungen von mehreren tausend m^3 pro Tag sind derartige Einrichtungen unumgänglich, da stichprobenartige Verdichtungsprüfungen nicht genügend Sicherheit für die Verdichtungsqualität bieten.

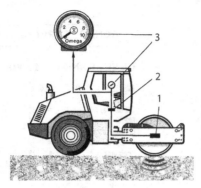

1 Beschleunigungsaufnehmer
2 Elektronikeinheit
3 Anzeigegerät

Abb. 6.28 Verdichtungsmesssystem in einem Walzenzug [12]

6.8.2 Verdichtungsmesssystem (s. Abb. 6.28)

Das Messsystem beruht auf der Wechselwirkung zwischen der Beschleunigung des vibrierenden Walzkörpers und der dynamischen Steifigkeit des Bodens. In Abhängigkeit vom jeweiligen Verdichtungsgrad absorbiert der Boden einen Teil der Energie, während der andere Teil als Reaktionskraft an den Walzkörper zurück geht. Die Größe der Reaktions-

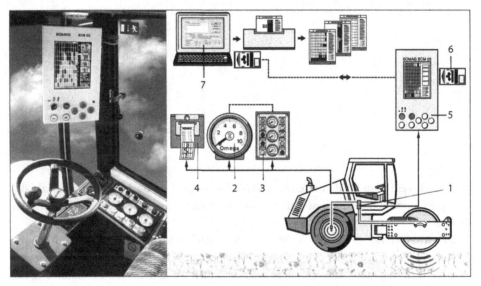

1	Elektronikeinheit	5	Displayanzeige
2	Anzeigegerät	6	Memory-Card
3	Bedieneinheit	7	Computer
4	Drucker		

Abb. 6.29 Verdichtungsmess- und Dokumentationssystem in einem Walzenzug [12]

Abb. 6.30 Ausdruck eines
Messprotokolls für einen Walz-
übergang, Bahnlänge 33 m [12]

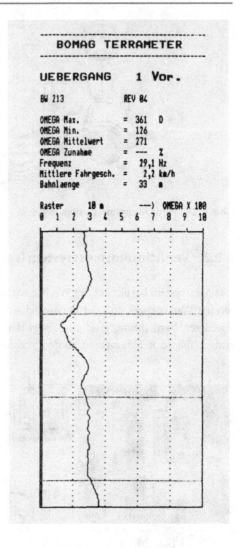

kraft ist also ein Maß für den erreichten Verdichtungsgrad im Boden. Mit der Anzahl der
Übergänge nimmt die Reaktionskraft zu und nähert sich der gewünschten Verdichtung des
Bodens.

Die einzelnen Komponenten des Messsystems bestehen aus Beschleunigungsaufnehmer
(1), einer Elektronikeinheit (2) und einem Anzeigegerät (3) im Fahrerhaus, das den jeweiligen Verdichtungsstand anzeigt. Diese einfache Einrichtung dient zur Unterstützung des
Walzenfahrers und zeigt tendenziell die Verdichtungszunahme an.

Abb. 6.31 Feldübersicht einer
verdichteten Fläche [12]

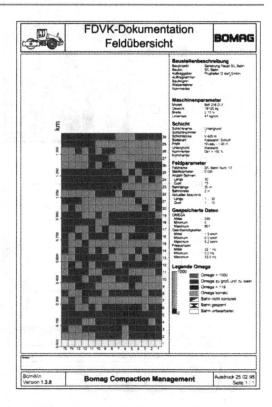

6.8.3   Verdichtungsmess- und Dokumentations-System (s. Abb. 6.29)

Die Reaktionskraft-Messwerte, wie unter Abschn. 6.8.2 beschrieben, werden in einer Elektronikeinheit (1) aufbereitet. Das übliche Anzeigegerät (2) wird durch eine Bedieneinheit (3) und einen Drucker (4) erweitert. Mit dieser Ausrüstung ist es möglich, während des Walzvorgangs Messprotokolle auszudrucken. Schlecht verdichtete Stellen sind sofort sichtbar und können nachverdichtet werden. Das Messprotokoll (Abb. 6.30) zeigt z. B. Verdichtungswerte zwischen 126 und 361 bei einer Bahnlänge von 33 m. Diese Verdichtungswerte sind dimensionslose Kennwerte für die dynamische Steifigkeit des Bodens, der sich je nach Bodenart auf die Verdichtungskennwerte herkömmlicher Prüfverfahren beziehen lässt.

Für eine flächendeckende Verdichtungskontrolle bei großflächigen Baumaßnahmen ist die Erweiterung durch eine Displayanzeige (5) im Fahrerhaus möglich. Dem Fahrer wird der Verdichtungsgrad der einzelnen Walzspuren verschiedenfarbig angezeigt, die dann bei Bedarf individuell nachverdichtet werden können. Die Verdichtungsdaten werden im Display mit integrierter Memory-Card (6) gespeichert und können auf einen Computer (7) übertragen werden. Abbildung 6.31 zeigt eine Feldübersicht einer verdichteten Fläche, die über ein Auswertungsprogramm dargestellt wird.

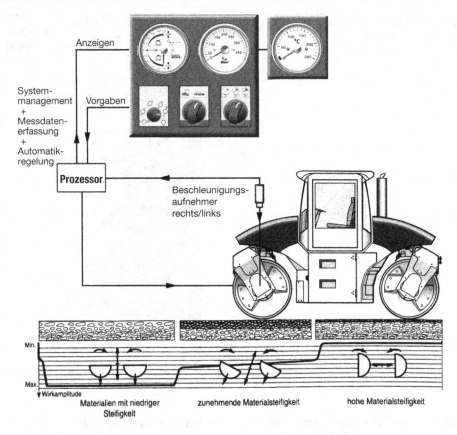

Abb. 6.32 Selbstregelndes Verdichtungssystem in einer Tandemwalze [12]

6.8.4 Flächendeckende Verdichtung mit GPS-Satellitenunterstützung

Die unter Abschn. 6.8.3 beschriebene Verdichtungsmessung mit Dokumentation kann durch eine satellitengestützte Positionierung der Walze erweitert werden. Anwendungsbereiche sind großflächige Projekte wie Eisenbahnbau, Flughafenbau, Deponiebau und Autobahnbau.

Mit dem GPS-System, wie unter Abschn. 5.14 beschrieben, wird das Verdichtungsgerät unverwechselbar mit minimal 10 cm Lagegenauigkeit positioniert. Die Verdichtungswerte werden den koordinatenbezogenen Positionsdaten der Walze zugeordnet und dokumentiert. Auf dem Display werden die Fahrspuren angezeigt. Dies dient dem Walzenfahrer zur besseren Orientierung bei großflächigen Baustellen und ermöglich auch Kurvenfahrten. Über eine entsprechende Software besteht eine Analyse- und Protokollierungsmöglichkeit.

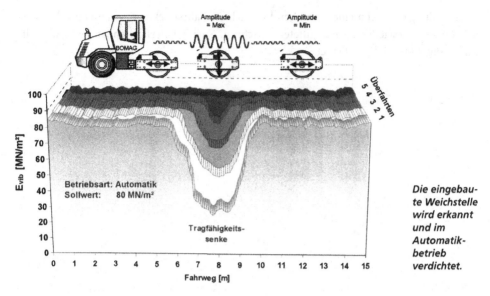

Abb. 6.33 Darstellung der Wirkamplitude im verdichteten und unverdichteten Bereich [12]

6.8.5   Selbstregelndes Verdichtungssystem

Die Grundlage für das selbstregelnde Verdichtungssystem ist die automatische Anpassung der Verdichtungsenergie an den vorherrschenden Verdichtungsbedarf.

Funktion (s. Abb. 6.32)

Die im Walzenkörper eingebauten rotierenden, gegenläufigen Unwuchten erzeugen gerichtete Schwingungen. Durch Verdrehung der Unwuchten bzw. durch Drehen der Erregereinheit kann die Wirkrichtung von vertikal auf horizontal stufenlos verstellt werden. Die Verstellung erfolgt hydraulisch und automatisch in Abhängigkeit von der Steifigkeit des zu verdichtenden Bodens. Eine bei Walzbeginn niedrige Steifigkeit des Bodens wird mit hoher Wirkamplitude in vertikaler Schwingrichtung beaufschlagt. Mit zunehmender Steifigkeit (Verdichtung) wird die Schwingrichtung gegen die Horizontale stufenlos verstellt, was zur Verringerung der Wirkamplidute führt.

Die Messwerte für die erforderliche Wirkamplitude stehen in direktem Zusammenhang mit dem Verformungsmodul des Erdreichs und den Reaktionskräften an der Bandage. Mit einem Sollwertschalter kann die gewünschte Verdichtung voreingestellt werden. Ein Maß für die Verdichtung kann in MN/m² dimensioniert sein. Die Werte der Reaktionskräfte werden von einem Beschleunigungsaufnehmer erfasst an einen Prozessor übergeben. Damit kann die Anpassung der Verdichtungsenergie an die wechselnden Einbauzustände in Bruchteilen von Sekunden erfolgen.

Abbildung 6.33 zeigt eine weitgehend verdichtete Fahrstrecke mit einem etwa 3 m aus-
gehobenen und wieder aufgeschütteten Abschnitt. Nach 5 Überfahrten ist die Weichstelle
im Automatikbetrieb verdichtet.

Geräte für den bituminösen Straßenbau

7.1 Allgemeines

Der bituminöse Straßenbau umfasst die folgenden Themen: Asphaltaufbereitung mit entsprechenden Mischanlagen, die Verarbeitung von Asphaltgranulat aus Alt-Asphaltschollen, den Asphalteinbau mit Schwarzdeckenfertigern und die Asphaltverdichtung. Wie mit Betonanlagen ist die Bundesrepublik Deutschland auch flächendeckend mit stationären Asphaltmischanlagen ausgestattet. Wie bei der Betonherstellung gelten auch für die Asphaltherstellung strenge Vorgaben, Normen und Gütekontrollen. Für die Aufstellung einer Asphaltmischanlage sind behördliche Genehmigungen nach dem Bundes-Immissionsschutzgesetz notwendig. Dabei gelten strenge Vorschriften für die Lagerung von Stoffen (Bitumen, Heizöl), die Reinhaltung der Luft (Abgase, Dämpfe), die Reinhaltung des Grundwassers, die Lärmentwicklung und die Behandlung der Reststoffe. Die von den Herstellern angebotenen Asphaltmischanlagen erfüllen diese Auflagen, wobei heute noch eine komplette Einhausung der Anlage gefordert wird. Die Verarbeitung von Asphaltgranulat, das sind zerkleinerte Schollen aus ausgebauten alten Straßenbelägen, ist deshalb sinnvoll, umweltschonend und wirtschaftlich, weil das Mineral und das anteilige Bitumen von ca. 3 bis 5 % wieder verwertet wird.

Die üblichen Asphalt-Mischgutarten, die hergestellt und verarbeitet werden, sind:

Asphalt-Tragschicht:	Körnung 0/16, 0/22, 0/32
	Bitumengehalt 3,3 bis 3,4 %
	Einbaudicke 10 bis 20 cm
Asphalt-Binderschicht:	Körnung 0/11, 0/16, 0/22
	Bitumengehalt 4,0 bis 6,0 %
	Einbaudicke 4 bis 10 cm
Asphaltbeton (Verschleiß):	Körnung 0/5, 0/8, 0/11, 0/16
	Bitumengehalt 5,0 bis 8,0 %
	Einbaudicke 3 bis 6 cm

H. König (Hrsg.), *Maschinen im Baubetrieb*, Leitfaden des Baubetriebs und der Bauwirtschaft, 219
DOI 10.1007/978-3-658-03289-0_7, © Springer Fachmedien Wiesbaden 2014

Gussasphalt, Splittmastix: Körnung 0/5, 0/11
                             Bitumengehalt 6,5 bis 8,0 %
                             Einbaudicke 2 bis 4 cm

7.2   Asphaltmischanlagen

Übliche Größen und Leistungen von Asphaltmischanlagen sind: 130, 160, 200, 250, 300, 350 und 400 t/h.

7.2.1   Definition der Leistung

Unterschieden wird zwischen der Mischer- und der Trockenleistung.

Mischerleistung ist die Leistung aus Mischerinhalt in t bei 80 Chargen pro h bei einem Schüttgewicht des Minerals von 1,6 t/m^3, einem Bindemittelgehalt von max. 7,5 % und einem Fülleranteil von max. 10 %.

Beispiel: Mischerinhalt 3,0 t
          Mischerspiele pro h = 80
          Mischerleistung = 3,0 t × 80 Spiele = 240 t/h

Trockengutleistung ist die Durchlaufleistung der Trockentrommel bei 4 % Oberflächenfeuchte des Minerals, einem Schüttgewicht von 1,6 t/m^3 und einer Temperaturerhöhung um 165 °C. Bei größerer Oberflächenfeuchte verringert sich die Trockengutleistung um ca. 10 % pro 1 % Feuchte.

7.2.2   Asphaltmischanlagen – Bauarten

7.2.2.1   Asphaltmischanlagen mit nebenstehendem Verladesilo

Bei Asphaltmischanlagen mit nebenstehendem Verladesilo (s. Abb. 7.1) handelt es sich um die ursprüngliche Konzeption der Mischanlagen. Diese Bauart hat eine verhältnismäßig geringe Bauhöhe und erfordert einen etwas größeren Platzbedarf.

7.2.2.2   Asphaltmischanlagen mit untergebautem Verladesilo

Diese Bauart (s. Abb. 7.2) hat eine größere Bauhöhe. Das Verladesilo kann mit beliebig vielen Kammern erweitert werden. Die Anlage wirkt kompakter und ist günstiger für eine Einhausung.

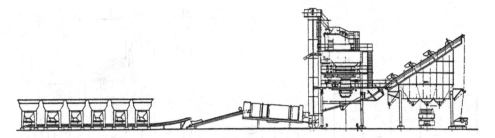

Abb. 7.1 Asphaltmischanlage mit nebenstehendem Verladesilo

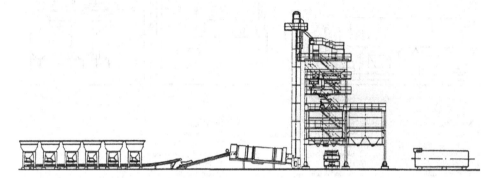

Abb. 7.2 Asphaltmischanlage mit untergebautem Verladesilo

7.2.3   Fließschema und Funktionsweise

Die verschiedenen Mineralien (1) (s. Abb. 7.3) sind durch Wände getrennt zu lagern. Die Beschickung der Vordoseure (2) aus den Mineralboxen erfolgt in der Regel durch einen Radlader. Über Dosierbänder (3) oder Dosierrinnen werden die Stoffe nach Rezeptur auf ein Sammelband (4) ausgetragen und über das Aufgabeband (5) zur Trockentrommel (6) transportiert. In der Trockentrommel werden die Mineralien mit einem Öl- oder Gasbrenner (7) aufgeheizt. Sie gelangen nach Durchlaufen der Trommel in den Heißelevator (8), der sie nach oben zum Vibrationssieb (9) fördert. Die in der Trockentrommel entstehenden Stäube und Gase werden von der Entstaubung (10) über einen Vor- und Feinfilter abgesaugt. Der Grobstaub des Vorfilters wird über eine Schnecke (11) in den Heißelevator und der Staub des Feinfilters über eine Schnecke und den Füllerelevator (12) in das Eigenfüllersilo (13) gefördert.

Die heißen Mineralien laufen über die Siebmaschine (9) und gelangen getrennt, je nach Anlage, in 4, 5 oder 6 Fraktionen in das Heißsilo (14). Über Dosierverschlüsse (15) werden die einzelnen Körnungen additiv nach Programm in der Gesteinswaage (16) verwogen und in die Mischmaschine (17) ausgetragen. Ebenfalls verwogen werden der Füller- und Bitumenanteil in der Füllerwaage (18) und Bitumenwaage (19). Das in der Mischmaschine aufbereitete Asphaltmischgut fällt in einen Verteilerwagen (20), der je nach Mischgutsorte

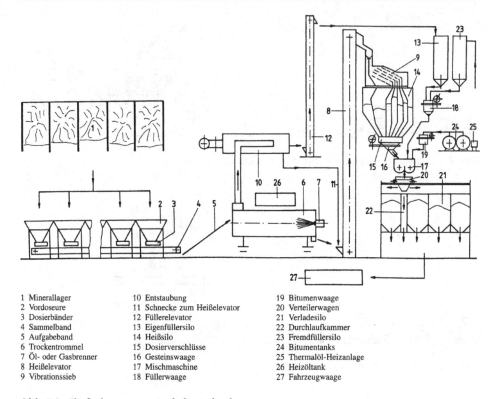

1 Minerallager	10 Entstaubung	19 Bitumenwaage
2 Vordoseure	11 Schnecke zum Heißelevator	20 Verteilerwagen
3 Dosierbänder	12 Füllerelevator	21 Verladesilo
4 Sammelband	13 Eigenfüllersilo	22 Durchlaufkammer
5 Aufgabeband	14 Heißsilo	23 Fremdfüllersilo
6 Trockentrommel	15 Dosierverschlüsse	24 Bitumentanks
7 Öl- oder Gasbrenner	16 Gesteinswaage	25 Thermalöl-Heizanlage
8 Heißelevator	17 Mischmaschine	26 Heizöltank
9 Vibrationssieb	18 Füllerwaage	27 Fahrzeugwaage

Abb. 7.3 Fließschema einer Asphaltmischanlage

die entsprechende Kammer im Verladesilo (21) beschickt. Das Verladesilo ist zum Abzug des Mischgutes mit LKWs unterfahrbar. Über eine Durchlaufkammer (22) können Fahrzeuge auch direkt aus der Mischmaschine beladen werden. Für die Zugabe und Lagerung von Fremdfüller (Steinmehl) ist ein eigenes Silo (23) vorhanden. Dieses kommt dann zum Einsatz, wenn der Eigenfüller, der aus der Entstaubung anfällt, nicht ausreicht. Das Bitumen wird in stehenden oder liegenden heizbaren Tanks (24) gelagert. Durch eine Thermalöl-Heizanlage (25) oder elektrisch erfolgt die Aufheizung. Sämtliche Bitumenleitungen bis hin zur Bitumenwaage sind doppelwandig, d. h. innen Bitumen und im Außenmantel Thermalöl. Damit ist die Förderung gesichert. Zum Betrieb des Brenners an der Trockentrommel steht Heizöl in einem Heizöltank (26) zur Verfügung.

7.2.4 Bauteile

7.2.4.1 Vordosierung der Mineralien

Die Vordosierung (s. Abb. 7.4) besteht aus Einzeldoseuren (1), die aneinander gereiht aufgestellt werden.

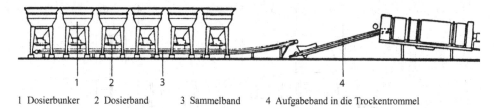

1 Dosierbunker   2 Dosierband   3 Sammelband   4 Aufgabeband in die Trockentrommel

Abb. 7.4 Vordosierung der Mineralien

Erforderliche Anzahl

der Doseure: 10 bis 15 Stück
Doseurinhalt: je 10 bis 15 m^3
Abzugsorgan: Dosierband (2), 500 oder 650 mm breit, oder Vibrationsrinnen
Leistung: stufenlos regelbar von 20 bis 160 t/h je Doseur
Sammelband (3): 500, 650 oder 800 mm Breite je nach Größe der Mischanlage; Länge nach
                 Anzahl der Doseure
Aufgabeband (4): Breite wie Sammelband; Länge 15 bis 18 m

7.2.4.2 Trockentrommel und Heißelevator

Übliche Trommelgrößen sind: Trommeldurchmesser 2,2 bis 2,8 m
                             Trommellänge 8,0 bis 9,0 m

Die Trockentrommel (s. Abb. 7.5) besitzt zwei Laufringe (1), die in vier Laufrollen (2) gelagert sind. Die Laufrollen können angetrieben sein und übertragen dann die Drehbewegung durch Reibung auf die Laufringe. Eine andere Möglichkeit ist der Trommelantrieb durch eine Laschenkette (3) und einen Getriebemotor. Durch die Neigung der Trommel um 4,5° durchläuft das Mineral, geführt durch Leitbleche, die Trommel in Richtung Brenner (4) und wird dann in den Heißelevator (7) ausgetragen. Als Brenner können Ölbrenner für leichtes Heizöl, Kombibrenner für leichtes Heizöl und Erdgas oder Kohlestaubbrenner verwendet werden. Der Trommelmantel (5) ist isoliert, um die Wärmeabstrahlung zu verringern. Der Heißelevator (7) ist der maximalen Trockenleistung der Trommel bei 80 % Becherfüllung angepasst. Als Förderelemente werden Stahlbecher und hochfeste Laschenketten verwendet.

7.2.4.3 Entstaubung – Eigenfüller – Fremdfüller

Die Entstaubung (s. Abb. 7.6) ist ausgelegt auf die Größe der Trockentrommel und deren Trockenleistung. Die üblichen Entstaubungsgrößen bewegen sich zwischen 30.000 und 120.000 Nm^3/h.

Die Entstaubungsanlage besteht aus einem Vorabscheider (2), einem Feinfilter (3) und einem Exhaustor (4) mit Kamin (5). Der Exhaustor saugt den Staub und die Abgase aus

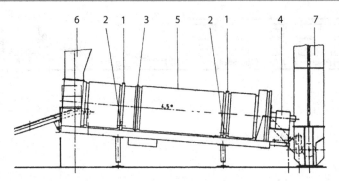

1 Laufring   4 Brenner
2 Laufrollen   5 Trommelisolierung
3 Zahnkranz bei Antrieb mit   6 Abgang zur Entstaubung
  Laschenkette   7 Heißelevator

Abb. 7.5 Trockentrommel und Heißelevator

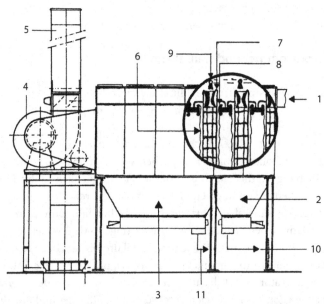

1 Lufteintritt aus der Trocken-   8 Spannvorrichtung für Schlauchtrommel   filter
2 Vorabscheider   9 Spülung für Schlauchfilter
3 Feinfilter   10 Austrageschnecke zum Heiß-
4 Exhaustor   elevator
5 Kamin   11 Austrageschnecke zum Eigen-
6 Schlauchfiltertuch   füllersilo
7 Rahmen für Filtertuch

Abb. 7.6 Entstaubung

der Trockentrommel (1). Im Vorabscheider werden die groben Staubteilchen ausgeschieden, die Abgastemperatur überwacht (max. 140 °C) und evtl. durch Falschluft reduziert. Der Feinfilter besteht aus Filtertüchern (6) aus synthetischen Fasern, die in entsprechender Anzahl in Form von Schläuchen angeordnet sind. Automatisch werden diese Schlauchfilter in Intervallen abgerüttelt und mit Luft gegengespült (9). Der Staub fällt in einen Sammelbehälter, der sich über Abzugsschnecken entleert. Der relativ grobe Staub des Vorabscheiders wird in den Heißelevator abgezogen (10) und gelangt über das Sieb in die Sandtasche des Heißmineralsilos. Der Staub des Feinfilters wird über eine Schnecke (11) und einen Füllerelevator in das Eigenfüllersilo transportiert. Dieser hier gewonnene Staub wird als Füller (Eigenfüller) verwendet. Der Rohgasstaubgehalt kann bis zu 250 g/m^3 Luft betragen. Nach der Filterung darf der Reststaubgehalt 20 mg/m^3 Luft nicht überschreiten.

In den meisten Fällen reicht der anfallende Eigenfüller nicht aus. Daher steht ein Fremdfüllersilo zur Verfügung, in das mit Silozügen angefahrener Füller eingeblasen wird. Übliche Silogrößen sind 30 bis 50 m^3. Die Füllerförderung von beiden Silos zur Füllerwaage erfolgt über Schnecken.

7.2.4.4 Mischturm

Abbildungen 7.7 und 7.11 zeigen einen Mischturm.

Das **Vibrationssieb** (1) zur Absiebung des Heißminerals kann für 4 bis 6 Kornfraktionen ausgelegt sein. Die Siebbespannung ist für 350 °C, in Sonderfällen bis 450 °C einsetzbar. Die Siebmaschine ist zur Verringerung der Wärmeabstrahlung isoliert.

Die Größe des **Heißmineralsilos** (2) kann sehr verschieden sein. Für Verkaufsanlagen mit viel Stoßbetrieb ist ein großer Heißsilovorrat von Vorteil, während bei relativ gleichmäßiger Mischgutabnahme ein kleineres Heißsilo ausreichend ist. Im Normalfall werden für mittlere Anlagen mit einer Leistung von ca. 160 t/h 60 bis 80 t Heißvorrat gewählt. Bei größeren Anlagen kann der Heißvorrat bis 150 t betragen. Je nach Anzahl der Kornfraktionen des Siebes ist das Heißsilo in mehrere Taschen aufgeteilt, so dass die abgesiebte Körnung getrennt gelagert und abgezogen werden kann. Zusätzlich ist im Silo eine Umgehung (7) (Bypass) vorgesehen. Durch Umstellung einer Wendeklappe (8) vor dem Sieb kann damit Material direkt in die Gesteinswaage und weiter in die Mischmaschine gelangen. Das Heißsilo besitzt eine starke Isolierung, um das Mineral auch noch bis zum nächsten Tag auf Verarbeitungstemperatur zu halten.

Übliche Größen einer **Gesteinswaage** (3) sind 1500 bis 4000 kg Wiegefähigkeit. Über Dosierverschlüsse an den Ausläufen der Heißsilotaschen wird die Asphaltmischung additiv nach Rezept in der Gesteinswaage verwogen und läuft dann in die Mischmaschine. Die Waage ist gekapselt, der Staub wird über die Entstaubung abgezogen.

Übliche Größen einer **Bitumenwaage** (4) sind 150 bis 400 kg Wiegefähigkeit. Das Bitumen wird meist verwogen, kann aber auch volumetrisch zugegeben werden. Die Bitumenwaage ist eingekapselt, isoliert und wird mit Thermalöl beheizt. Das verwogene Bitumen wird am Waageauslauf mit einer Pumpe in die Mischmaschine über eine Sprührampe verteilt eingespritzt. Die Bitumenzufuhr aus den Lagertanks zur Waage erfolgt über beheizte Leitungen und Pumpen.

Abb. 7.7 Mischturm mit untergebautem Verladesilo

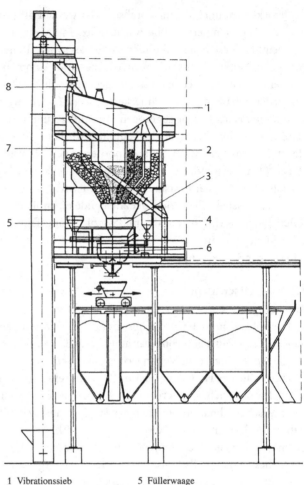

1 Vibrationssieb   5 Füllerwaage
2 Heißmineralsilo   6 Mischmaschine
3 Gesteinswaage   7 Siloumgehung (Bypass)
4 Bitumenwaage   8 Wendeklappe

Übliche Größen einer **Füllerwaage** (5) sind 300 bis 750 kg Wiegefähigkeit. Die Füllerwaage kann sowohl vom Eigenfüllersilo als auch vom Fremdfüllersilo beschickt werden. Der Austrag des Füllers nach dem Verwiegen in die Mischmaschine erfolgt über eine
Schnecke.

Übliche Größen von **Mischmaschinen** (6) sind Füllmengen von 1500 bis 4000 kg. Als
Mischer werden Zweiwellen-Zwangsmischer verwendet. Sie garantieren eine intensive
Durchmischung des Materials in kurzer Zeit. Die Entleerklappe ist pneumatisch betätigt.
Die Mischmaschine besitzt eine Abdeckung aus Stahlblech.

Abb. 7.8 Stehende Bitumen-Lagertanks mit Elektroheizung [2]

7.2.4.5 Bitumenlagerung und -erwärmung (s. Abb. 7.8)

Für die Bitumenlagerung werden bevorzugt elektrisch beheizte, stehende Tanks verwendet.

Übliche Tankgrößen: 20.000 bis 60.000 l

Die Tanks sind hochwertig wärmeisoliert. Die Wärmeverluste liegen bei ca. 3 Grad pro Tag, d. h. ein mit 180 Grad angeliefertes Bitumen braucht bis zu 5 Tage nicht beheizt zu werden, bis es die zur Verarbeitung noch mögliche Temperatur von 160 bis 165 Grad erreicht hat.

Die elektrische Beheizung erfolgt über Heizstäbe im Lagertankboden mit einer Gesamtleistung von ca. 10 kW unabhängig von der Tankgröße. Diese relativ geringe Heizleistung genügt bei Normalbetrieb. Bei längeren Standzeiten und stärkerer Abkühlung können zur schnelleren Aufheizung tauchsiederähnliche Heizregister mit ca. 25 kW zugeschaltet werden.

Die Rohrleitungen zur Bindemitteldosierung werden mit elektrischer Begleitheizung in Betrieb gehalten.

Die Befüllung der Tanks erfolgt im Gaspendelverfahren. Dabei wird das bei der Befüllung der Lagertanks entweichende Gas über eine Leitung in den Tankwagen zurückgedrückt und von diesem mitgenommen.

7.2.4.6 Verladesilo

Übliche Verladesilogrößen (s. Abb. 7.9) sind 50 bis 500 t Inhalt und 4 bis 8 Kammern. Das aus der Mischmaschine ausgetragene Asphaltmischgut fällt in einen Kübel (2), der bei nebenstehenden Verladesilos auf einer schrägen Bahn (1) durch eine Seilwinde (3)

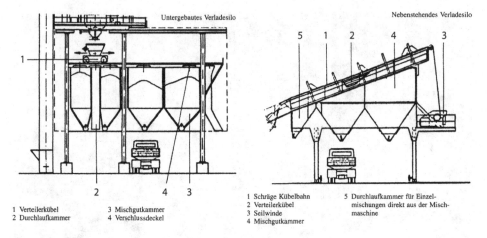

Abb. 7.9 Verladesilos

hochgezogen wird. Programmiert und automatisch werden die einzelnen Kammern angefahren, in die sich der Kübel entleert. Bei untergebauten Verladesilos fährt dieser Kübel
(1) waagrecht und ebenfalls automatisch die richtige Kammer (3) an und entleert. Bei beiden Siloarten ist eine Entnahme des Mischgutes direkt von der Mischmaschine über eine
Weiche (5) beim Schrägaufzug und über eine Durchlaufkammer (2) bei der waagrechten
Kübelbahn möglich. Die Verladesilos sind gut isoliert und können das Mischgut bis zum
nächsten Tag verarbeitbar lagern. Die Kammern sind oben geschlossen. Nur beim Befüllen öffnet sich der Verschlussdeckel (4) an der jeweiligen Kammer. Die Verladesilos sind
mit LKWs unterfahrbar, so dass ein direkter Materialabzug über pneumatische Schieber
möglich ist. Das Befüllen der Fahrzeuge erfolgt nach Augenschein. Anschließend wird der
LKW auf einer Fahrzeugwaage verwogen und das bekannte Fahrzeuggewicht abgezogen.
Somit steht die verladene Mischgutmenge exakt fest.

7.2.4.7 Steuerung von Asphaltmischanlagen

Die gesamte Asphaltmischanlage kann von einem Mann von einem Steuerpult aus bedient
werden (s. Abb. 7.10). Diese elektrischen Schaltanlagen befinden sich in einem meist kli-
matisierten Container von ca. 6 bis 8 m Länge. Eine Mikroprozessor-Steuerung steuert und
überwacht sämtliche Verfahrensabläufe und Funktionen der Anlage. Eine Vorwahl der Rezepte und der Menge ist möglich. Auf einem Monitor werden die Verfahrensabläufe, die
Temperaturen, die Füllstände der einzelnen Silos und Kammern sowie die Soll-Ist-Werte
der Einzelkomponentenverwiegung angezeigt. Chargenprotokolle und Rezepte sowie Sta-
tistiken können ausgedruckt werden.

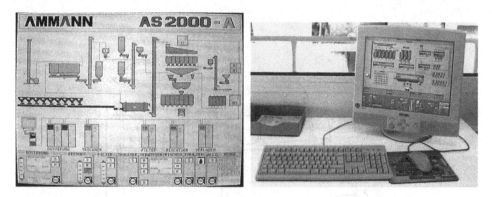

Abb. 7.10 Mikroprozessor-Steuerung [2]

Abb. 7.11 Asphalt-Mischturm mit untergebautem Verladesilo [2]

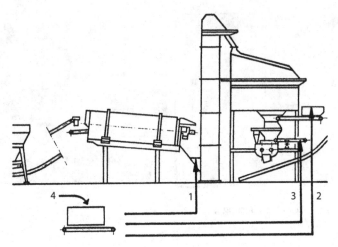

1 Zugabe in den Heißelevator, kontinuierlich
2 Zugabe über ein Band in die Gesteinswaage, gewichtsmäßig, in
   Chargen

3 Zugabe direkt in die Mischmaschine über eine separate Band-
   waage, in Chargen
4 Aufgabebunker mit Abzugsband
   oder Abzugsrinne

Abb. 7.12 Zugabe von kaltem Asphaltgranulat [2]

7.2.5 Verarbeitung von Asphaltgranulat

7.2.5.1 Kaltzugabe

Vom Anlagenkonzept her bestehen für die Zugabe von Asphaltgranulat die in Abb. 7.12 dargestellten Möglichkeiten.

Die Zugabe von Kalt-Asphaltgranulat ist meist nur für Asphalttragschichten erlaubt und sollte in keinem Fall 20 bis 25 % der Chargenmenge überschreiten. Bei der Kaltzugabe ist für das Ausgangsmineral eine höhere Temperatur erforderlich, da das Kaltgranulat beim Vermischen erhebliche Wärme aufnimmt. Eine Gefahr bei der Kaltzugabe besteht in einer plötzlichen Wasserdampfbildung bei Zugabe in die Mischmaschine durch das kalte und teilweise feuchte Asphaltgranulat. Um dies einzudämmen, ist eine wirksame Absaugung in der Mischmaschine erforderlich.

7.2.5.2 Warmzugabe

Für die Warmzugabe kommen separate Aufheiztrommeln (Paralleltrommeln) zur Anwendung (s. Abb. 7.13). Die Paralleltrommel ist meist hochgestellt und wird über einen Aufgabebunker und einen Elevator oder ein Förderband beschickt. Das Asphaltgranulat wird beim Durchlaufen der Trommel schonend und gleichmäßig durch einen Öl- oder Gasbrenner erhitzt. Das erwärmte Altmischgut wird in einen Pufferbehälter ausgetragen, anschließend verwogen und über eine Schnecke chargenweise in die Mischmaschine gefördert. Die Zugabe von warmem Altmischgut ist bei Tragschichten mit 50 bis 60 % der Chargenmenge zulässig, kann aber je nach Bundesland verschieden sein.

Abb. 7.13 Warmzugabe von Asphaltgranulat über eine Paralleltrommel

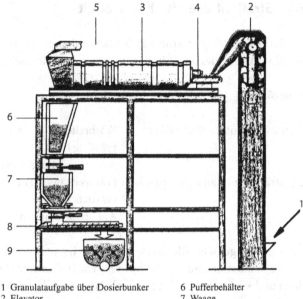

1 Granulataufgabe über Dosierbunker   6 Pufferbehälter
2 Elevator   7 Waage
3 Paralleltrommel   8 Förderschnecke
4 Öl- oder Gasbrenner   9 Mischmaschine
5 Abgase zur Entstaubung

7.3 Asphaltgranulat-Aufbereitung

Asphaltgranulat entsteht durch das Zerkleinern der Schollen von ausgebauten alten Asphaltbelägen. Die Korngröße des zerkleinerten Materials sollte 0/32 mm sein. Das am meisten verwendete Aufbereitungsverfahren ist das Zerkleinern mit einer Prallmühle. Zum Zerkleinern von Asphaltschollen wurden Prallmühlen mit einer besonderen Anordnung und Bestückung der Prallplatten und Schlagleisten entwickelt, die ein Endkorn mit möglichst geringem Feinanteil ermöglichen. Ziel beim Brechvorgang ist, die mit Bitumen verbundenen Mineralteile zu trennen, jedoch ein weiteres Zerkleinern der einzelnen Körner weitgehend zu vermeiden.

Die am meisten verwendeten Prallmühlen haben eine Einlauföffnung von 1200 bis 1400 mm, so dass auch Schollen mit großer Kantenlänge verarbeitet werden können. Die Materialaufgabe erfolgt wegen der großen Aufgabehöhe meist mit einem Hydraulikbagger. Das Vorhalten einer Brechanlage ist in den wenigsten Fällen wirtschaftlich. Die meisten Asphaltmischwerke mieten fahrbare Brechanlagen nach Bedarf an und brechen auf Vorrat.

7.4 Straßenfräsen für Kaltasphalt

Mit Kaltfräsen können grundsätzlich sowohl Asphalt- als auch Betondecken abgetragen
werden. Anfallendes Asphaltfräsgut wird in Asphaltmischanlagen wieder aufbereitet.

Baugrößen

Kleinfräsen mit Radlaufwerken: Fräsbreite bis 1,0 m
                                        Frästiefe bis 0,30 m
                                        Antriebsleistungen bis 190 kW
Großfräsen mit Raupenfahrwerken: Fräsbreite bis 2,2 m
                                        Frästiefe bis 0,35 m
                                        Antriebsleistungen bis 600 kW

Anwendungsgebiete Kleinfräsen werden hauptsächlich zum schichtweisen Abfräsen
von Asphaltbelägen im Straßenbau verwendet. Darunter fallen das Egalisieren von Spur-
rillen und Verformungen im Straßenbelag, sowie das Auffräsen von Frostschäden, Rissen
und Fugen. Ferner das Abtragen von schadhaften Brückenbelägen und das Abfräsen sa-
nierungsbedürftiger Industrieböden.

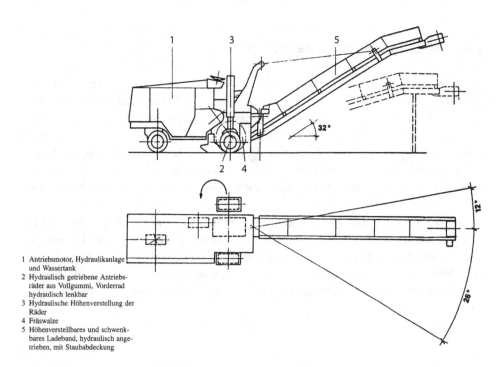

1 Antriebsmotor, Hydraulikanlage
  und Wassertank
2 Hydraulisch getriebene Antriebsräder aus Vollgummi, Vorderrad
  hydraulisch lenkbar
3 Hydraulische Höhenverstellung der
  Räder
4 Fräswalze
5 Höhenverstellbares und schwenk-
  bares Ladeband, hydraulisch angetrieben, mit Staubabdeckung

Abb. 7.14 Bauteile einer Asphaltfräse mit 0,5 m Fräsbreite [70]

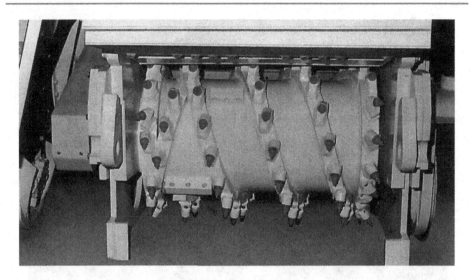

Abb. 7.15 Fräswalze mit den seitlichen Abstreifschildern [70]

Abb. 7.16 Übergabe des Fräsgutes auf das Ladeband [70]

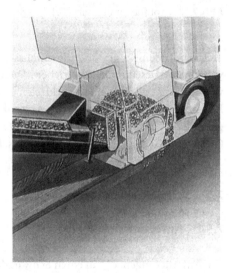

Großfräsen (s. Abb. 7.17) werden außer zum profilgenauen Abtragen von Straßenbelägen auch zum Abfräsen von Fels bei der Anlage von Straßen-, Bahn- und Tunneltrassen
verwendet.

Bauteile und Funktionsweise Abbildung 7.14 zeigt die Bauteile einer Kleinfräse mit Rad-
antrieb. Mit dem höhenverstellbaren und schwenkbaren Ladeband ist die direkte LKW-
Verladung des Fräsgutes möglich. Die Fahrantriebe von Fräsen sind hydraulisch und stufenlos regelbar. Großfräsen besitzen höhenverstellbare und lenkbare Raupenfahrwerke.

Abb. 7.17   Großfräse im Einsatz [70]

Die mit Meißeln bestückte Fräswalze (s. Abb. 7.15) wird meist direkt über Keilriemen von einem Dieselmotor angetrieben. Die Anordnung der Meißelhalter und die Förderwendeln ermöglichen einen ruckfreien Fräsvorgang und den Materialtransport auf das Ladeband (s. Abb. 7.16). Seitliche Abstreifschilder verhindern das Ausbrechen des Fräsgutes. Eine Leistungsregelung passt den Fräsvorschub der Motorleistung optimal an. Bei Großfräsen ist der Einbau einer elektronischen Frästiefenregelung möglich.

7.5   Schwarzdeckenfertiger

7.5.1   Anforderungen

Die Anforderungen, die an einen Schwarzdeckenfertiger gestellt werden, sind:

- leichte Bedienbarkeit,
- schnelle Verstellbarkeit der Arbeitsbreiten mit hydraulisch stufenlos ein- und ausfahrbaren Bohlen,
- hohe Verdichtungswirkung durch Vorverdichtungs- und Hochverdichtungsbohlen,
- große Ebenheit durch Höhenverstellsysteme und entsprechenden Abtastungen,
- Möglichkeit zum Einbau von Asphalt, hydraulisch gebundene Tragschichten (HGT), Walzbeton (RCC) und Mineralien.

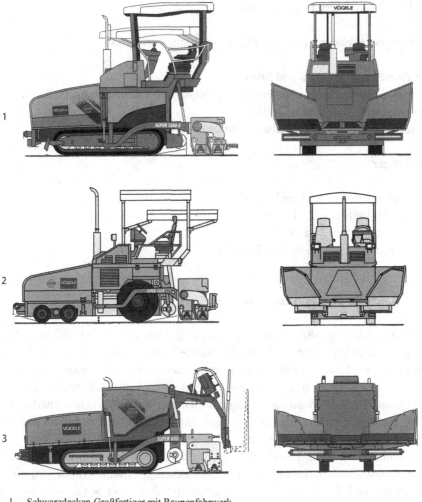

1   Schwarzdecken-Großfertiger mit Raupenfahrwerk
2   Schwarzdecken-Großfertiger mit Räderfahrwerk
3   Schwarzdecken-Kleinfertiger mit Raupenfahrwerk

Abb. 7.18   Bauarten von Schwarzdeckenfertigern [66]

7.5.2   Bauarten

Schwarzdeckenfertiger werden hergestellt mit Raupen- und Räderfahrwerken für Arbeitsbreiten von 1,1 bis 16,0 m.

Dabei werden unterschieden (s. Abb. 7.18):

Großfertiger Abbildung 7.25 zeigt einen Großfertiger im Einsatz.

Grundbreite: 2,5 und 3,0 m
Maximale Einbaubreite: bei Radfertigern 2,5 bis 8,0 m bei Raupenfertigern 2,5 bis 16,0 m
Antriebsleistung: 50 bis 160 kW
Einsatzgebiete: Straßenbau, Autobahnbau, Großflächenbau

Kleinfertiger

Grundbreite: 1,1 und 1,2 m
Maximale Einbaubreite: 2,5 bis 3,0 m
Antriebsleistung: ca. 30 kW
Einsatzgebiet: Geh- und Radwege

7.5.3   Bauteile und Funktionsweise

Das Mischgutfahrzeug fährt rückwärts an den Fertiger heran und kippt das Material in den Mischgutbehälter (2) (s. Abb. 7.19). Da die gesamte Ladung meist nicht im Behälter aufgenommen werden kann, wird der LKW über die Abdruckrollen (3) so lange vom Fertiger mitgeschoben, bis er entleert ist. Über zwei nebeneinander laufende Kratzerbänder (4) und einen Dosierschieber (5) wird das Mischgut nach hinten zu den Verteilerschnecken (6) gefördert. Die Verteilerschnecken transportieren das Mischgut nach Bedarf im Bereich der Einbaubohle (7) beidseitig nach außen.

Die Einbaubohle zieht das Mischgut auf die eingestellte Fahrbahndicke ab und verdichtet es. Die Ebenheit der Decke wird über beidseitige Nivellierzylinder (8) und eine Nivellierautomatik hergestellt. Die Einbaugeschwindigkeit eines Schwarzdeckenfertigers ist regelbar von 0 bis ca. 20 m/min. Die Transportgeschwindigkeit beträgt 0 bis 5,0 km/h bei Raupenfahrwerken und 0 bis 20 km/h bei Radfahrwerken.

7.5.3.1   Hydraulikantriebe beim Schwarzdeckenfertiger

Ein Dieselmotor treibt über ein Verteilergetriebe mehrere hydraulische Achsialkolbenpumpen an. Diese Energie steht dann Hydraulikmotoren für den Antrieb nachstehender Arbeitseinrichtungen zur Verfügung:

- Planetenfahrantrieb links und rechts
- Antrieb für Mischgut-Transportband
- Antrieb der Verteilerschnecken

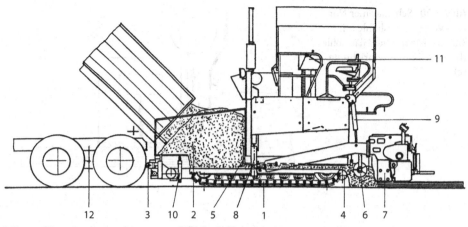

1 Raupenfahrwerk mit gummierten
   Bodenplatten
2 Mischgutbehälter
3 Abdruckrollen für LKW
4 Kratzerketten-Antrieb für den
   Mischguttransport nach hinten
5 Dosierschieber
6 Verteilerschnecken nach links und
   rechts

7 Einbaubohle
8 Nivellierzylinder
9 Hubzylinder für Einbaubohle
10 Kippzylinder für die Seitenwände
   des Mischgutbehälters
11 Steuerpult
12 LKW in Kippstellung

Abb. 7.19 Bauteile eines Schwarzdeckenfertigers [66]

Weitere Zahnradpumpen versorgen die Antriebe der:

- Stampfleisten an der Einbaubohle
- Vibrationsantrieb an der Einbaubohle
- Nivellierzylinder
- Kippzylinder für die Seitenwände des Mischgutbehälters
- Verstellzylinder der Ausziehbohle für verschiedene Arbeitsbreiten

Die Bedienung der Maschine erfolgt über ein Steuerpult, von dem aus alle Arbeitsein-richtungen elektronisch angesteuert werden.

7.5.3.2 Einbaubohle und Mischguttransport

Verdichtung Die Verdichtungswirkung der Bohle wird durch Vibratoren und Stampfer-leisten mit gleichgerichteten Schwingungen erreicht.

Normal-Verdichtungsbohle Bei den Normal-Verdichtungsbohlen unterscheiden sich die Konstruktionsmerkmale der einzelnen Hersteller kaum. Die Einbaubohle besteht aus ei-ner Glättbohle mit Vibrationseinrichtung und einer vorgelagerten Stampferleiste, die über einen Exzenter angetrieben wird (s. Abb. 7.20).

Abb. 7.20 Schema einer Normal-Verdichtungsbohle mit
Stampfleiste (**a**) und Glättbohle
(**b**) mit Vibrationseinrichtung
(**c**)

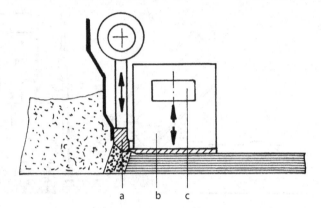

Hoch-Verdichtungsbohle Bei Hoch-Verdichtungsbohlen wird eine höhere Verdichtungsleistung durch zusätzliche Stampf- oder Pressleisten vor oder nach der Glättbohle
erreicht. Dies führt zu Einsparungen bei der Hauptverdichtung, da die nachfolgenden
Walzübergänge reduziert werden können. Übliche Konstruktionsmerkmale verschiedener
Hersteller s. Abb. 7.21.

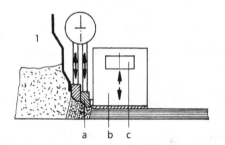

1 HV-Bohle mit 2 Stampfleisten (a) und Glättbohle (b) mit Vibrationseinrichtung (c) (System ABG)

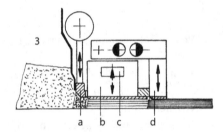

3 HV-Bohle mit 1 Stampfleiste (a), Glättbohle (b) mit Vibrationseinrichtung
(c) und Nachverdichterteil (d) (System Demag)

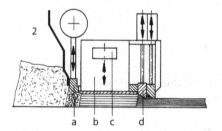

2 HV-Bohle mit 1 Stampfleiste (a), Glättbohle (b) mit Vibrationseinrichtung
(c) und 2 Preßleisten (d) (System Vögele)

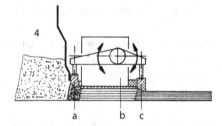

4 HV-Bohle mit pendelnden Stampfleisten (a) vor und nach der Glättbohle (b)
(System Dynapac)

Abb. 7.21 Schemen von Hoch-Verdichtungsbohlen verschiedener Hersteller

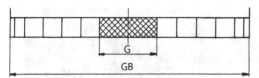

Abb. 7.22 Verbreiterung einer Einbaubohle durch Anbauteile [66]

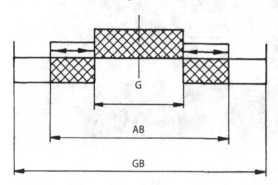 

G = Grundbreite 2,5 oder 3,0 m
AB = Ausziehbreite bis max. 5,0 oder 6,0 m
GB = Gesamtbreite bis 8,5 m je nach Fertigergröße

Abb. 7.23 Ausziehbohle mit Verbreiterungen durch Anbauteile [66]

Verbreiterung der Einbaubohle durch Anbauteile Bei Großfertigern haben Einbaubohlen eine Grundbreite von 2,5 oder 3,0 m. Ausgehend von dieser Grundbreite (meist Gerätebreite) können Bohlen abhängig von der Fertigergröße durch Anschrauben von Anbauteilen in Stücken von 1,0, 0,5 und 0,25 m auf 16,0 m verbreitert werden (s. Abb. 7.22). Diese Verbreiterung ist bei Normal- und Hoch-Verdichtungsbohlen möglich. **Ausziehbohlen** (s. Abb. 7.23) haben eine Grundbreite von 2,5 oder 3,0 m und lassen sich durch Hydraulikzylinder links und rechts meist auf 5,0 oder 6,0 m stufenlos verstellen. Der Vorteil dabei ist, dass bis zur doppelten Grundbreite keine Anbauteile notwendig sind. Noch größere Breiten können durch Anschrauben von Verbreiterungsteilen, je nach Fertigergröße bis 8,5 m, als Normal- und Hoch-Verdichtungsbohlen hergestellt werden.

Bohlenheizung Die Einbaubohlen einschließlich der Verbreiterungen müssen beheizt werden, um einen einwandfreien Deckenschluss zu erreichen. Dies ist besonders in der Startphase wichtig. Die Heizeinrichtungen sind je nach Hersteller verschieden und können Elektroheizstäbe oder Propangasbrenner mit entsprechenden Warmluftführungen in der Bohle sein.

Mischguttransport Die Abb. 7.24 zeigt die beiden Kratzerbänder und die Verteilerschnecken, die das Mischgut vom Aufgabebehälter in den Bereich der Verdichtungsbohle befördern und verteilen. Die Schnecken werden entsprechend der Einbaubreite verlängert.

Abb. 7.24 Mischguttransportbänder und Verteilerschnecken [66]

Abb. 7.25 Schwarzdeckenfertiger mit Ausziehbohle und Verbreiterungsteilen [46]

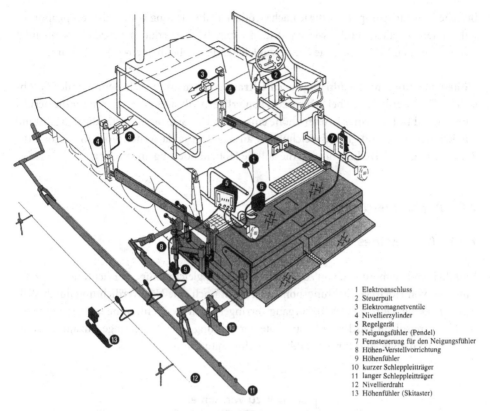

1 Elektroanschluss
2 Steuerpult
3 Elektromagnetventile
4 Nivellierzylinder
5 Regelgerät
6 Neigungsfühler (Pendel)
7 Fernsteuerung für den Neigungsfühler
8 Höhen-Verstellvorrichtung
9 Höhenfühler
10 kurzer Schleppleitträger
11 langer Schleppleitträger
12 Nivellierdraht
13 Höhenfühler (Skitaster)

Abb. 7.26   Nivelliereinrichtung für einen Schwarzdeckenfertiger [66]

7.5.4   Nivelliereinrichtung

Die meisten Schwarzdeckenfertiger sind mit einer Nivelliereinrichtung ausgerüstet (s. Abb. 7.26). Für die Ebenheit einer Fahrbahn sind auf beiden Seiten des Fertigers im Bereich der Bohle Höhenfühler (9) vorhanden, die unabhängig voneinander die gewünschte Höhe von einem ausnivellierten, gespannten Draht (12) oder über einen Schleppleitträger (10; 11) oder Skitaster (13) von einer vorhandenen Referenzhöhe abnehmen. Die Abtastung auf beiden Seiten wird wegen der Genauigkeit notwendig, wenn Fahrbahndecken über 6,0 m Breite eingebaut werden. Bei schmaleren Fahrbahnbreiten genügt eine einseitige Höhenabtastung und die Abtastung der Querneigung durch einen Neigungsfühler (Pendel) (6).

Die Ist-Werte des Höhen- und Neigungsfühlers werden ständig an ein Regelgerät (5) weitergeleitet und mit den eingestellten Soll-Werten verglichen. Jede Abweichung vom Soll-Wert führt zu einem Stellsignal auf das Elektromagnetventil (3), das den Nivellierzylinder (4) steuert. Durch die Verstellung des Nivellierzylinders wird der Anstellwinkel der Einbaubohle verändert, was zur Veränderung der Einbaudicke führt. Die Stellsignale bestehen aus Einzelimpulsen, die je nach Größe der Abweichung vom Soll-Wert proportional auf den Nivellierzylinder wirken, d. h., die Impulsfolge verlangsamt oder beschleunigt sich im gleichen Verhältnis, wie die auszugleichende Unebenheit zu- oder abnimmt.

Höhenabtastung mit berührungslosen Ultraschall-Sensoren Wie beim Grader (s. Abschn. 5.13.3) werden auch bei Schwarzdeckenfertigern Ultraschall-Sensoren für die berührungslose Abtastung einer Referenzhöhe eingesetzt. Der Sensor misst ständig den Abstand zur Referenzhöhe und gibt Abweichungen an das Regelgerät weiter. Von dort erfolgt die Ansteuerung der Nivellierzylinder, die auf die Höhenänderung ansprechen.

7.6 Asphaltverdichtung

7.6.1 Allgemeines

Entscheidend beim Einbau von Asphaltdecken ist die gleichmäßige Verdichtung. Trotz des Einsatzes von Hoch-Verdichtungsbohlen ist meist noch eine Nachverdichtung durch Walzen notwendig. Durch den Walzvorgang verringern sich die Hohlräume im Mischgut und die Lagerungsdichte wird erhöht. Eine gute Verdichtung, d. h. eine geringe Anzahl an Hohlräumen, ist maßgebend für die Haltbarkeit eines bituminösen Belages.

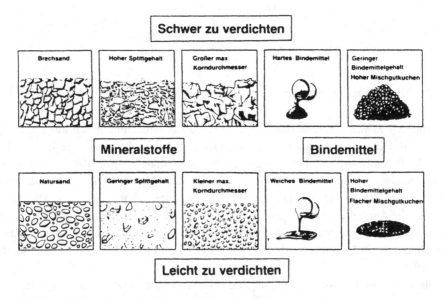

Abb. 7.27 Verdichtungseigenschaft von Asphalt [12]

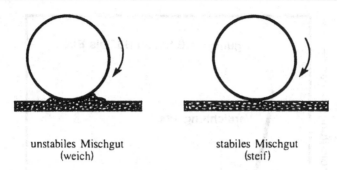

unstabiles Mischgut   stabiles Mischgut
(weich)   (steif)

Abb. 7.28 Walzverhalten bei unstabilem und stabilem Mischgut [12]

7.6.2 Verdichtungseigenschaften

Je nach Verkehrsbelastung werden Asphaltbeläge auf verschieden hohen Verformungswiderstand ausgerichtet. Für hohe Belastungen wird ein größerer Anteil an sperrigen (gebrochenen) Mineralien, Brechsanden und steiferes Bitumen verwendet, während bei Straßen mit geringerer Belastung weniger Splittanteile, Natursande und weicheres Bitumen vorherrschen (s. Abb. 7.27). Aus diesem Mineralaufbau ergibt sich das stabile Mischgut mit größerer Steife und hoher Standfestigkeit und das unstabile, weiche Mischgut mit geringerer Standfestigkeit. Beim Walzen neigt unstabiles Mischgut zu Aufwölbungen, was durch Veränderungen an der Füllermenge oder am Bitumen vermieden werden kann (s. Abb. 7.28).

Unstabiles Mischgut ist verdichtungswilliger und bedarf daher geringerer Verdichtungsenergie als stabiles Mischgut. Entscheidend für die Asphaltverdichtung ist auch die Mischguttemperatur. Temperaturen zwischen 100 und 140 °C haben sich für die Walzverdichtung als günstig erwiesen. Zwischen 80 und 100 °C sollte die Verdichtung abgeschlossen sein (s. Abb. 7.29).

7.6.3 Walzen für die Asphaltverdichtung

Entscheidend für die Auswahl der Walzen ist die Vorverdichtung des Asphaltbelages durch den Fertiger. Decken, die mit einer Hoch-Verdichtungsbohle hergestellt wurden, ermöglichen einen früheren Walzbeginn bei höherer Mischguttemperatur. Die Verdichtungswirkung wird dadurch begünstigt und die Endverdichtung mit weniger Walzübergängen erreicht. Ebenso neigt gut vorverdichtetes Mischgut weniger zu Materialverschiebungen und Aufwölbungen und begünstigt die Ebenflächigkeit der Fahrbahndecke.

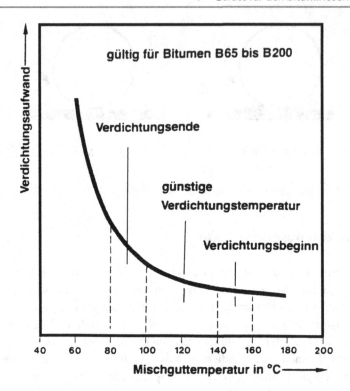

Abb. 7.29 Verdichtungsaufwand in Abhängigkeit von der Verdichtungstemperatur [12]

Abb. 7.30 Gummiradwalze
[12]

7.6.3.1 Gummiradwalzen

Das Hauptanwendungsgebiet der Gummiradwalze (s. Abb. 7.30) ist das Vorverdichten von Asphaltdecken, d. h., die ersten Walzübergänge nach dem Schwarzdeckenfertiger, speziell bei Normal-Verdichtungsbohlen, werden in der Regel mit Gummiradwalzen ausgeführt.

Abb. 7.31 Fahrwerk und Anordnung der Räder [12]

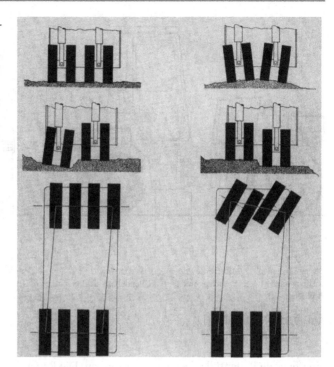

Übliche Baugrößen:

Betriebsgewicht:	8 t und 11 t
Maximales Betriebsgewicht durch Ballastierung:	20 t und 24 t
Antriebsleistung:	65 kW
Fahrgeschwindigkeit:	0 bis 20 km/h
Fahrantrieb:	Hydrodynamisch mit Lastschaltgetriebe, über ein Differential auf die Räder wirkend
Fahrwerk und Räderanordnung:	s. Abb. 7.31

Gummiradwalzen sind mit profillosen, glatten Reifen ausgerüstet. Eine gleichmäßige Gewichtsverteilung auf die Reifen wird dadurch erreicht, dass jedes Radpaar tauchend mit Druckausgleich angeordnet ist. Die vorderen, gelenkten Radpaare besitzen zusätzlich eine Pendeleinrichtung. Damit lassen sich Unebenheiten, die hauptsächlich beim Straßentransport der Walze auftreten, ausgleichen. Um Anklebungen an den Reifen zu vermeiden, werden die Laufflächen mit Propangas-Heizstrahlern beheizt und mit Bürstenabstreifern gereinigt.

Die **Verdichtungswirkung** bei Gummiradwalzen ist abhängig von der Radlast, dem Reifendruck und der Walzgeschwindigkeit. Der Reifendruck kann während der Fahrt über

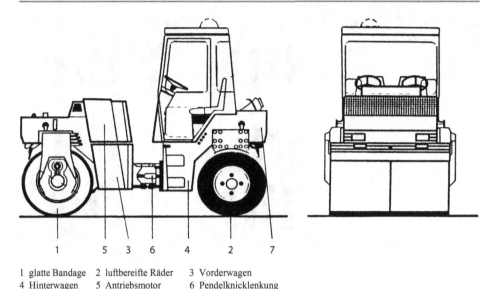

1   5   3   6   4   2   7

1 glatte Bandage   2 luftbereifte Räder   3 Vorderwagen
4 Hinterwagen   5 Antriebsmotor   6 Pendelknicklenkung
7 Wassertank

Abb. 7.32 Kombiwalze [12]

eine zentrale Reifenfüllanlage reguliert werden. Die Reifen flachen sich an der Aufstandsfläche etwas ab und bewirken bei niedrigem spezifischem Flächendruck ein Zusammenwirken von vertikalem Druck und Horizontalkräften unter der Aufstandsfläche. Dieser Effekt
führt zu einer Walk- und Knetwirkung und zwingt die einzelnen Körner zu einem dich-
teren Gefüge zusammen. Die Walzgeschwindigkeit liegt zwischen 3 und 4 km/h bei dicken
Schichten und zwischen 5 und 10 km/h bei dünneren Asphaltschichten.

7.6.3.2 Tandem-Vibrationswalzen
Für die Hauptverdichtung von Asphaltbelägen werden überwiegend Tandem-Vibrationswalzen verwendet. Sie sind baugleich mit den im Abschn. 6.5.3.3 beschriebenen Walzen
und können sowohl mit als auch ohne Vibration für die Asphaltverdichtung eingesetzt
werden. Die Verdichtungswirkung bei Asphalt beruht wie bei der Erdverdichtung auf der
Umlagerung der einzelnen Körner unter Einwirkung der Vibration.

7.6.3.3 Kombiwalzen
Kombiwalzen (s. Abb. 7.32) entsprechen im Grundaufbau den Tandem-Vibrationswalzen,
sind jedoch vorne mit einer Glattbandage mit Vibration und hinten meist mit vier profillosen Gummirädern ausgestattet. Die Verdichtungswirkung wird hauptsächlich durch die
Bandage erzielt, während die Gummiräder eine Knet- und Walkwirkung auf den Boden
oder Asphaltbelag ausüben (wie in Abschn. 7.6.3.1 für Gummiradwalzen beschrieben).

   Der Haupt-Anwendungsbereich der Kombiwalze ist die Asphaltverdichtung, nur in sel-
tenen Fällen die Bodenverdichtung.

Die Vibrationssysteme, Antriebe von Bandagen und Gummirädern sowie Lenkeinrichtungen entsprechen weitgehend den der Tandem-Vibrationswalzen (s. Abschn. 6.5.3.3). Übliche Gerätegrößen sind:

Betriebsgewicht:	2,5 bis 10,0 t
Antriebsleistung:	18 bis 70 kW
Frequenz:	35 bis 55 Hz
Zentrifugalkraft:	25 bis 160 kN
Walzbreite:	1,0 bis 1,8 m
Arbeitsgeschwindigkeit:	bis 12 km/h

7.6.4 Walztechnik

Um eine gleichmäßige Asphaltverdichtung zu erzielen, ist ein bestimmtes Walzschema und eine gleichmäßige Anzahl von Übergängen auf der gesamten Einbaustrecke einzuhalten. Ebenso wichtig ist das Können und die Erfahrung des Walzenfahrers.

7.6.4.1 Grundregeln für die Asphaltverdichtung mit Walzen

- Das Verdichten soll zum frühest möglichen Zeitpunkt beginnen, ohne jedoch die Ebenheit der Decke zu zerstören.
- Bei Tandem-Vibrationswalzen arbeitet die Antriebsbandage in Richtung Fertiger; sonst besteht die Gefahr von Aufschiebungen vor der nicht angetriebenen Bandage.
- Kombiwalzen arbeiten mit den Gummirädern auf der Seite in Richtung Fertiger.
- Um Anklebungen zu vermeiden, werden Bandagen und Reifen abgestreift und mit Wasser berieselt.
- Sanft beschleunigen und verzögern und beim Umschalten auf vor- und rückwärts ruckartige Bewegungen vermeiden.
- Nicht im Stand vibrieren. Vibration erst während der Fahrt einschalten und vor der Wendestelle rechtzeitig abschalten.
- Versetzen und Lenken der Walze möglichst nur auf dem verdichteten Belag.
- Nicht auf dem heißen Mischgut stehenbleiben.

7.6.4.2 Walzschemen

- Walzschema bei der Verdichtung hinter einem Fertiger bei einer Randeinfassung (s. Abb. 7.33): Die Bahnen sind entsprechend der Ziffernfolge zu walzen. Die Walzbahnen müssen sich mindestens 15 cm überlappen. Das Umsetzen auf die nächste Walzbahn muss immer auf der abgekühlten und tragfähigen Decke erfolgen.
- Walzschema bei der Verdichtung hinter einem Fertiger ohne eine Randeinfassung (s. Abb. 7.34): Die Bahnen sind entsprechend der Ziffernfolge zu walzen. Der Walzbeginn

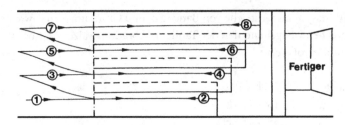

Abb. 7.33 Walzschema hinter einem Fertiger auf einer Straße mit Randeinfassung [12]

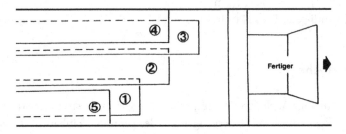

Abb. 7.34 Walzschema hinter einem Fertiger auf einer Straße ohne Randeinfassung [12]

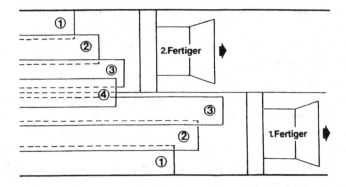

Abb. 7.35 Walzschema hinter 2 Fertigern auf einer Straße mit Randeinfassung [12]

ist etwa 30 bis 50 cm innerhalb des Randes, um ein Nach-außen-Drücken des Mischgutes zu vermeiden.

- Walzschema beim Verdichten hinter zwei gestaffelt fahrenden Fertigern (s. Abb. 7.35):
  Die Walzfolge ist entsprechend der Ziffern von außen nach innen. Im Bereich der Mit-
  telnaht wird ein 30 bis 50 cm breiter Streifen zum Schluss verdichtet.
- Walzschema bei Längsnähten heiß an kalt (s. Abb. 7.36): Die Bahnen sind entsprechend
  der Ziffernfolge zu walzen. Zu beachten ist, dass eine beidseitige Überdeckung von ca.
  20 cm bei der Bahn 3 vorhanden ist.

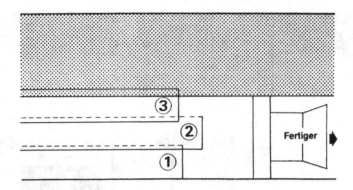

Abb. 7.36 Walzschema bei einer Längsnaht warm an kalt [12]

7.6.5 Selbstregelndes Verdichtungssystem bei der Asphaltverdichtung

7.6.5.1 Allgemeines

Anwendung findet das selbstregelnde Verdichtungssystem im Asphaltbau bei Tandem-Vibrationswalzen, wie unter Abschn. 6.5.3.3 beschrieben.

Die herkömmliche Asphaltverdichtung verlangt vom Walzenfahrer Können und viel Erfahrung. Mit dem Verdichtungssystem werden Fehler weitgehend vermieden, da der Fahrer außer dem Fahrvorgang nur noch eine logische Instrumentenüberwachung durchführt. Die Grundlage ist, wie schon unter Abschn. 6.8.5 für die Bodenverdichtung beschrieben, dass nicht mehr Energie in den Asphaltbelag eingeleitet wird, als zur Verdichtung notwendig ist. Damit werden Fehler, insbesondere bei schiebeempfindlichen dünnen Belägen vermieden.

7.6.5.2 Funktion (s. Abb. 7.37)

Das Verdichtungssystem misst und regelt automatisch die Verdichtungsarbeit der Walze. Eine Asphalt-Temperaturüberwachung und die Daten der Verdichtungszunahme, d. h. der Steifigkeitswerte aus dem Beschleunigungsaufnehmer (1) werden in einem Prozessor (2) aufbereitet und als Referenzwert (MN/m^2) für den Verdichtungszustand herangezogen. Dieser Referenzwert steht in unmittelbarem Zusammenhang mit der Marshalldichte. Der Walzenfahrer kann über einen Stufenschalter (3) verschiedene Verdichtungssollwerte vorgeben. Damit wird vermieden, dass mit dem Walzbeginn zu große Rüttelenergie in das Mischgut gelangt.

Dem Fahrer angezeigt werden die aktuelle Wirkamplitude (4), der aktuelle Steifigkeitswert (5) und die Oberflächentemperatur (6) des Asphaltbelages.

Eine satellitengestützte Dokumentationseinrichtung (7), wie unter Abschn. 6.8.4 beschrieben, kann die Kennwerte einer flächendeckenden Verdichtungskontrolle den Positionsdaten der Walze eindeutig zuordnen.

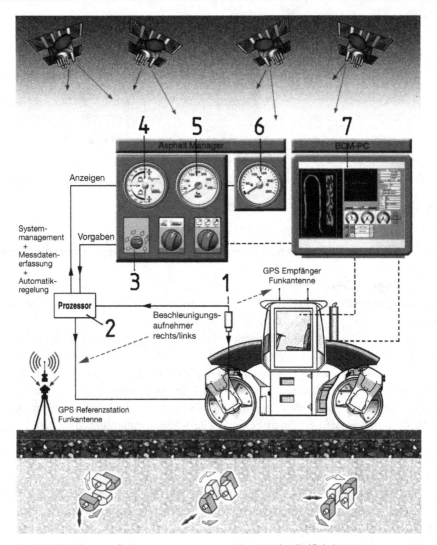

1   Beschleunigungsaufnehmer   5   Anzeige Steifigkeitswert
2   Prozessor   6   Temperaturanzeige Belag
3   Stufenschalter für Verdichtungssollwerte   7   Satelliten-Dokumentationseinrichtung
4   Anzeige der Wirkamplitude

Abb. 7.37 Selbstregelnde, flächendeckende Verdichtungssteuerung mit GPS-Kontrollsystem in einer Tandemwalze [12]

7.7 Geräte für die Fahrbahnerneuerung

7.7.1 Allgemeines

Für die Erneuerung von Asphaltstraßen wurden Verfahren entwickelt, in deren Vordergrund die Wiederverwendung der meist qualitativ hochwertigen Baustoffe des zu erneuernden Straßenkörpers steht (s. Abb. 7.38). Anwendung finden diese Recycling-Verfahren hauptsächlich bei Kreis-, Land- und Bundesstraßen. Der entscheidende Vorteil des Recycling-Verfahrens ist, dass die Fahrbahnerneuerung an Ort und Stelle in einem Arbeitsgang erfolgen kann, was zu kurzen Bauzeiten führt. Einsparungen an Zeit, Transporten, Energie und Rohstoffen von 20 bis 30 % sind möglich.

Unterschieden werden das **Heißrecycling-Verfahren** zur Erneuerung eines Asphaltbelages bis ca. 10 cm Dicke und das **Kaltrecycling-Verfahren**, bei dem nicht nur die Asphaltdecke, sondern auch der Straßenunterbau mit aufbereitet wird.

7.7.2 Heißrecycling-Verfahren mit Remix-Maschine (s. Abb. 7.39 und 7.40)

Leistungsdaten:

Einbaubreiten   3,0 bis 4,2 m
Belagdicken   bis ca. 10 cm
Einbauleistung bis 5000 m^2/Tag

Verfahrensablauf (siehe Abb. 7.39)
   Die Erneuerung geschieht in drei Arbeitszonen:

A Aufheizzone
R Recyclingzone
W Walzzone

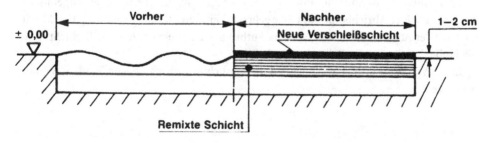

Abb. 7.38 Querschnitt einer Decke vor und nach der Sanierung [70]

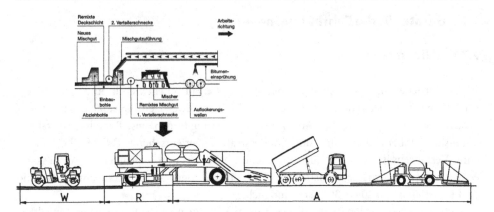

Abb. 7.39 Schema des Verfahrensablaufes mit Remix-Maschine

Abb. 7.40 Remixer im Einsatz [70]

In der Aufheizzone wird der Belag durch ein Aufheizgerät mit Flüssiggas-Infrarot-strahlern erwärmt. Die Heizmaschine arbeitet eigenständig mit geregeltem hydraulischem Fahrantrieb.

In der Recyclingzone wird der nun weiche Asphaltbelag mit rotierenden Auflockerungs-wellen gelöst und über eine Sprühanlage mit Bitumen angereichert. Nach dem Durchmi-schen in einem Zwangsmischer und Verteilen auf die Einbaubreite wird der aufgemischte Asphalt mit einer Abziehbohle auf Höhe gebracht. Eine zusätzliche Zuführung von Misch-gut nach der Abziehbohle ermöglicht das Aufbringen einer neuen Verschleißschicht. Über die Einbaubohle wird der Belag nun verdichtet.

In der Walzzone erfolgt abschließend die Verdichtung durch übliche Tandem-Vibrati-onswalzen.

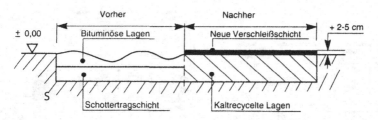

Abb. 7.41 Querschnitt einer Decke vor und nach der Sanierung im Kaltrecycling-Verfahren [70]

7.7.3 Kaltrecycling-Verfahren (s. Abb. 7.41)

Das Kaltrecycling-Verfahren kommt dann zur Anwendung, wenn nicht nur die Asphalt-decke, sondern auch die darunterliegende Tragschicht in ihrer Tragfähigkeit verbessert werden soll.

Leistungsdaten:

Einbaubreite   2,8 bis 4,2 m
Arbeitstiefe   bis 0,2 m bei Vorfräsen mit separater Kaltfräse bis 0,3 m
Mischleistung bis 400 t/h

Bei dem Verfahren wird die zu erneuernde Straße einschließlich der alten Fahrbahnde-cke bis zu 0,2 m Tiefe aufgefräst, mit Bindemittel oder Emulsionen in einem Zwangsmi-scher aufbereitet und an Ort und Stelle wieder eingebaut.

Folgende Varianten der Granulataufbereitung im Zwangsmischer sind möglich:

- Einmischen von vorgestreutem Zement und Wasser
- Zugabe einer vorgemischten Zement-Wasser-Suspension
- Zugabe einer Bitumenemulsion und Wasser
- Zugabe einer Bitumenemulsion und Zement-Wasser-Suspension
- Zugabe von Schaumbitumen und Wasser
- Zugabe von Schaumbitumen und Zement-Wasser-Suspension

Die Suspensionsaufbereitung erfolgt in einer fahrbaren Mischanlage mit einer max. Leistung von 1000 l/min. Wasser und Bitumen werden in eigenen Tankfahrzeugen bereit-gestellt.

Abbildung 7.42 zeigt den Kaltrecycler und die Suspensionsaufbereitung mit den wich-tigsten Bauteilen. Abbildung 7.44 zeigt den Kaltrecycler im Einsatz.

Verfahrensablauf (s.Abb. 7.43)

Der mit den gegenläufig rotierenden Fräswalzen zerkleinerte Straßenbelag gelangt durch die Vorwärtsbewegung des Recyclers in den Zwangsmischer und verlässt diesen nach Zugabe von Bindemitteln als homogenes Baustoffgemisch. Eine Verteilerschnecke

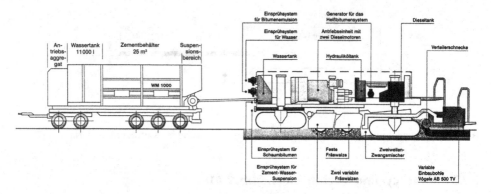

Abb. 7.42 Bauteile des Kaltrecyclers und der Suspensions-Mischmaschine [70]

Variante: Zement und Wasser mit dem Suspensionsmischer WM 1000 vormischen
und über den WR 4200 einsprühen

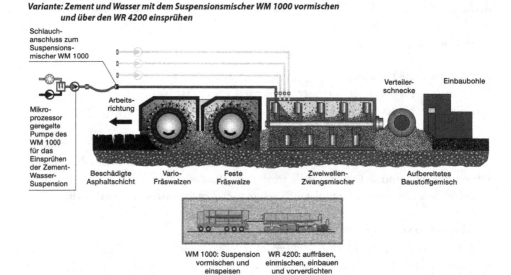

Abb. 7.43 Schema des Verfahrensablauf im Kaltrecycler [70]

baut das Gemisch lagegerecht ein, und die Einbaubohle verdichtet die neue Tragschicht. Eine elektronische Steuerung überwacht und regelt die Zugabe von Bindemitteln in Abhängigkeit von Vorschub und Arbeitstiefe. Bei bituminöser Aufbereitung wird die Decke abschließend mit einer Walze verdichtet. Bei Bedarf kann dann noch eine Verschleißschicht aufgebracht werden.

Abb. 7.44 Kaltrecycler, Suspensions-Mischanlage und Bitumentankwagen im Einsatz [70]

7.8   Geräte zur Bodenstabilisierung

7.8.1   Allgemeines

Bodenstabilisierung bedeutet die dauerhafte Verfestigung oder Verbesserung des Bodens. Dies wird durch Auffräsen und Einmischen von Bindemitteln unter Berücksichtigung der Bodenfeuchte erreicht. Eingemischt werden in der Regel Kalk oder Zement. Das Bindemittel wird mit einem Streugerät auf die Fahrstrecke vorgelegt oder über ein in der Stabilisierungsmaschine integriertes Silo mit Streueinrichtung staubfrei zugegeben. Es werden auch Bitumenemulsionen in den Boden eingemischt. In diesem Falle entsteht nach dem Verdichten mit einer Walze eine tragfähige Straße.

Anwendungsbereiche sind z. B. Verfestigung des Unterbaus von Straßen und Parkflächen sowie die Herstellung von Baustraßen bei nicht tragfähigen oder schwer zu verdichtenden Böden.

7.8.2   Stabilisierungsmaschinen

Zur Auswahl stehen:

Anbaufräse in Verbindung mit einem Schlepper als Träger- und Antriebsgerät (s. Abb. 7.45).

Abb. 7.45 Anbaufräse an Schlepper [70]

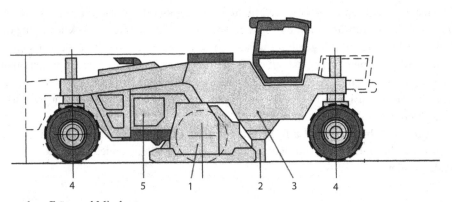

1   Fräs- und Mischrotor
2   Staubfreie Kalk- oder Zementzugabe
3   Bindemittelbehälter
4   Gelenkte, großvolumige Antriebsräder
5   Antriebsmotor

Abb. 7.46 Boden-Stabilisierungsmaschine [70]

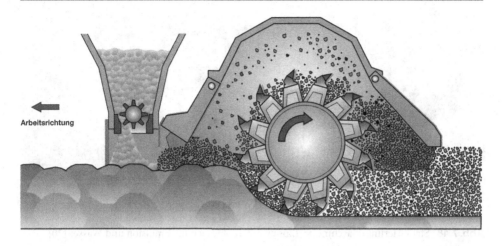

Nasser Boden   Integrierte Streu-   Variabler Mischraum   Krümeliges
                    einrichtung mit Silo   mit Fräs- und Mischrotor   Bodengemisch
                    und Zellenradwelle   mit reduziertem
                                                                               Wassergehalt

Abb. 7.47 Schematische Darstellung der staubfreien Stabilisierung mit Kalk oder Zement [70]

Leistungsdaten:

Arbeitsbreite 2,0 bis 2,5 m
Arbeitstiefe   bis 0,4 m

Anbaufräsen sind für die Bodenstabilisierung eine kostengünstige Lösung. Bezüglich Schleppergröße und Bodenaufbau sind jedoch Leistungsgrenzen gesetzt.

Stabilisierungsmaschine als eigenständiges Gerät mit Allrad- oder Knicklenkung. Zusatzeinrichtungen können sein ein Bindelmittelsilo mit Streueinrichtung oder eine integrierte Sprüheinrichtung für Bitumen- und Wasserzugabe.
Leistungsdaten:

Arbeitsbreite   bis 2,5 m
Arbeitstiefe   bis 0,5 m
Einbauleistung   bis 10.000 m²/Tag bei 0,2 m Frästiefe
                 bis 5000 m²/Tag bei 0,5 m Frästiefe
Motorleistungen bis 500 kW

Abbildung 7.46 zeigt die Stabilisierungsmaschine mit ihren großvolumigen, allradgetrieben Lufträdern. Mittig ist der Fräs- und Mischrotor angeordnet. Je nach Fahrtrichtung arbeitet dieser im Gleich- oder Gegenlauf. Der Rotor ist mit auswechselbaren Hartmetallmeißeln bestückt. Fahr-, Lenk- und Verstellfunktionen sind hydraulisch gesteuert, während der Rotorantrieb wegen der hohen Leistungsübertragung über Riemen mechanisch

Abb. 7.48   Stabilisierungsmaschine im Einsatz mit Tankwagen für Emulsion und Wasser [70]

angetrieben wird. Eine automatische Leistungsregelung passt den Vorschub an die Belastung des Antriebsmotors an.

Abbildung 7.47 zeigt, wie über eine Zellenradwelle das Bindemittel aus einem Silo kurz vor dem Rotor staubfrei dosiert wird. Der Bindemittelbehälter an der Maschine wird von einem Silowagen eingeblasen.

Abbildung 7.48 zeigt eine Stabilisierungsmaschine mit Tankwagen für Emulsion und Wasser. Die Tankwagen sind über Leitungen mit der Spritzrampe im Mischraum der Maschine verbunden. Prozessgesteuert wird Emulsion und Wasser in der erforderlichen Menge eingedüst. (siehe Abb. 7.49)

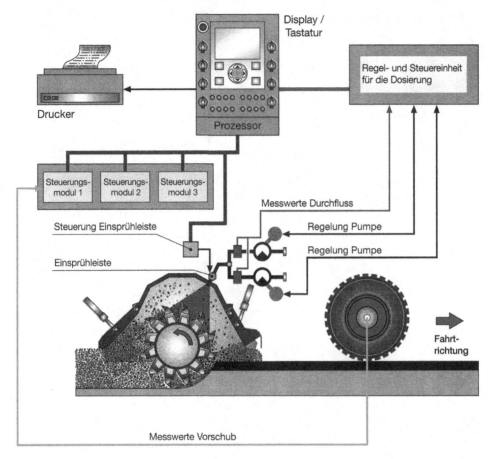

Abb. 7.49 Schematische Darstellung für gleichzeitiges Einspritzen von Bitumenemulsion und Wasser [70]

Geräte für den Betondeckenbau

8

8.1 Allgemeines

Die wesentlichen Baumaßnahmen im Betondeckenbau sind der Straßenbau, der Bau von Autobahnen, im Flughafenbau der Bau von Start- und Landebahnen, Rollbahnen und Abstellflächen und im Industriebau der Bau von Hallenböden, Abstell- und Lagerflächen sowie Fahrwege im Werksbereich. Der Vorteil von Betonflächen ist die hohe Belastbarkeit, besonders wichtig im Flughafenbau, wo Radlasten bis 50 t erreicht werden können, während bei Autobahnen die hohe Anzahl von Lastwechselspielen für große Belastungen sorgt. Entsprechend den auftretenden Radlasten und Lastwechselspielen können die Deckenstärken variiert werden. Bei Betondecken sind Deckenstärken von 15 bis 40 cm üblich, die in einlagiger oder zweilagiger Bauweise hergestellt werden können. Betondecken sind gegenüber Asphaltdecken bei Wärmeeinwirkung formstabiler. Mit Betondecken sind auch die oft geforderte längere Lebensdauer, die Griffigkeit und die Helligkeit besser zu erreichen. Die zweilagige Bauweise ist „frisch auf frisch" üblich, d. h., nach Einbau der Unterbetonschicht folgt unmittelbar danach der Einbau der Oberbetonschicht, so dass sich die beiden Schichten durch das Einwirken der Vibration gut verbinden. Die Vorteile der zweilagigen Bauweise sind:

- Es ist möglich, zwei verschiedene Betonsorten einzubauen, z. B. hochwertige Verschleißmaterialien oder einen besonderen Kornaufbau in der Oberschicht oder die Verwendung von normalen Betonzuschlägen oder Recyclingmaterial in der Unterschicht.
- Das Einrütteln von Dübeln in den Unterbeton hinterlässt kleine Öffnungen und Unebenheiten. Diese werden mit dem Oberbeton verfüllt und ausgeglichen.
- Mit dem Oberbeton kann durch den Kornaufbau eine bessere Ebenheit und Kantenstabilität erreicht werden.

H. König (Hrsg.), *Maschinen im Baubetrieb*, Leitfaden des Baubetriebs und der Bauwirtschaft, 261
DOI 10.1007/978-3-658-03289-0_8, © Springer Fachmedien Wiesbaden 2014

Die Dicke des Oberbetons kann nur einige Zentimeter betragen. Das Verhältnis Unterbeton zu Oberbeton wird nach Bedarf festgelegt. Übliche Arbeitsbreiten von Betondeckenfertigern sind 2,5 bis 16,0 m. Während früher Schalungsschienen als Randschalung verwendet wurden, dient heute fast ausschließlich eine Gleitschalung als seitliche Begrenzung der Betonfläche (Gleitschalungsfertiger).

8.2 Aufbau und Arbeitsweise von Betondeckenfertiger bei einlagigem Deckeneinbau

Aufbau (s. Abb. 8.1):

Bei eingeschwenkten Raupenfahrwerken beträgt die Transportbreite in der Regel 3,0 m. Damit ist der Transport mit einem Langfahrzeug möglich.

Der Betonfertiger besteht aus einem Grundrahmen (5) mit aufgebautem Antriebsmotor (6). Am Grundrahmen sind vier Schwenkarme (3) mit einer hydraulischen Höhenverstellung (Nivellierzylinder) (2) und den Raupenfahrwerken (11) befestigt. Um eine gangbare Breite zu erreichen, können die Raupenfahrwerke zum Transport auf der Straße oder der Baustelle um 90° geschwenkt werden. Damit ist ein selbstständiges Auffahren auf ein Transportfahrzeug in Längsrichtung möglich. Am Grundrahmen angebaut sind die Verteilerschnecke (12), ein Dosierschieber (13), die Vibrationseinrichtung (14), die Querschalung (15), die die Deckenstärke fixiert, die Querglättbohle (16) und der Längsglätter (8). Die Gleitschalung, die die Deckenbreite bestimmt, ist Bestandteil der Querschalung (15) und wird beidseitig über die Fertigerlänge hinaus mitgezogen.

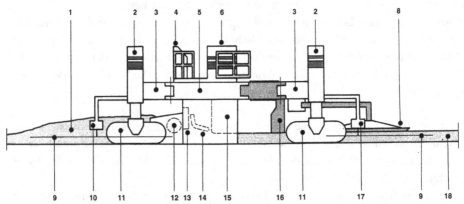

1 Angelieferter Beton   2 Höhenverstellung   3 Schwenkarm   4 Fahrstand   5 Grundrahmen   6 Antriebstation
8 Längsglätter   9 Spanndraht   10 Taster für Nivellierung und Lenkung vorne   11 Kettenlaufwerk
12 Verteilerschnecke   13 Vorderwand-Schild   14 Rüttelflaschen   15 Schlalung   16 Oszillierende
Oberglättbohle   17 Taster für Nivellierung und Lenkung hinten   18 Eingebaute Betondecke

Abb. 8.1 Betondeckenfertiger mit vier Raupenfahrwerken [70]

Abb. 8.2 Betondeckenfertiger im Einsatz (einlagiger Einbau) [70]

Arbeitsweise Der Beton wird mit LKWs, meist Sattelfahrzeuge mit Stahlmulden, an der Stelle (1) vor dem Betondeckenfertiger abgekippt. Mit einer höhenverstellbaren Verteiler-schaufel oder Verteilerschnecke (12) erfolgt die Verteilung auf die gesamte Arbeitsbreite. Ein nachfolgendes Abziehschild (13) streift den vorgelegten Beton auf die gewünschte Hö-he ab. Es folgt die Verdichtung (14) und die Querglättung (16) mit exakter Höhennivellie-rung. Ein Längsglätter (8) stellt den erforderlichen Deckenschluss her. Die Lenkung und Nivellierung (10 und 17) erfolgt über einen Spanndraht und Taster am Fahrwerk vorne und hinten. Es werden auch Laser-Höhensteuerungen verwendet, wie unter Abschn. 5.13.3 für Grader beschrieben.

Die Einbauleistung bei 15 m Arbeitsbreite kann 250 bis 300 m³/h Beton sein. Dafür sind Mischanlagen, wie unter Abschn. 3.2.5 beschrieben, erforderlich.

Betondeckenfertiger im Einsatz siehe Abb. 8.2.

8.3 Arbeitsweise bei zweilagigem Betondeckeneinbau

Arbeitsweise (s. Abb. 8.3):

Das Grundgerät mit 4 Raupenfahrwerken wird beim zweilagigen Deckeneinbau durch die Zusatzeinrichtungen Dübelsetzer (8), Abzieheinrichtungen (19; 21), Verteilerschnecke (20) und die vibrierende Querglättbohle (23) erweitert. Die Zuführung des Oberbetons läuft über einen Beschicker (2) mit Transportband (9) in den Bereich der Verteilerschne-cke (20). Der Einbau und die Verdichtung des Unterbetons erfolgt mit der in Abschn. 8.2. beschriebenen Arbeitseinrichtung am Grundgerät.

Betondeckenfertiger, zweilagiger Einbau im Einsatz siehe Abb. 8.4.

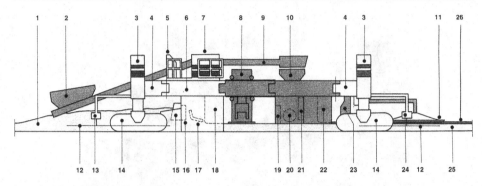

1 Angelieferter Beton	14 Kettenlaufwerk
2 Aufnahmetrichter für Oberbeton	15 Schwertverteiler
3 Höhenverstellung	16 Vorderwand-Schild
4 Schwenkarm	17 Rüttelflaschen
5 Fahrstand	18 Schalung für Unterbeton
6 Grundrahmen	19 Vorderwand
7 Antriebsstation	20 Verteilerschnecke
8 Dübelsetzer	21 Verstellbare Vorderwand
9 Förderband für Oberbeton	22 Schalung für Oberbeton
10 Übergabetrichter für Oberbeton	23 Oszillierende Querglättbohle
11 Längsglätter	24 Taster für Nivellierung und
12 Spanndraht	Lenkung hinten
13 Taster für Nivellierung und	25 Eingebauter Unterbeton
Lenkung vorne	26 Eingebauter Oberbeton

Abb. 8.3 Betondeckenfertiger mit vier Raupenfahrwerken mit Zusatzeinrichtung für zweilagigen Einbau [70]

Abb. 8.4 Betondeckenfertiger mit vier Raupenfahrwerken mit Zusatzeinrichtung für zweilagigen Einbau im Einsatz [70]

8.4 Herstellung von monolithischen Profilen mit dem Gleitschalungsfertiger

Klein-Betondeckenfertiger mit einer maximalen Arbeitsbreite von 2,5 bis 5,0 m können mit entsprechender Zusatzeinrichtung monolithische Profile herstellen. Es können dies

Abb. 8.5 Beispiele für monolithische Profile

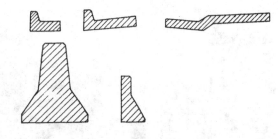

Wasserrinnen, Randsteine, Gleitwände bis 1,2 m Höhe und sonstige Profile sein, die kontinuierlich aufgefahren werden. Die Herstellung von Betonprofilen mit dem Gleitschalungsfertiger ist bei größeren Strecken und durch die Vielseitigkeit der Profilwahl der üblichen
Randstein-Setzmethode überlegen.

Beispiele für Profile zeigt Abb. 8.5.

Aufbau des Fertigers für monolithische Profile (s. Abb. 8.6):

Diese Geräte arbeiten meist nur mit 3 Raupenfahrwerken (1). Über Förderschnecken (2)
oder Förderbänder wird der Beton vom Liefermischer in einen Vorbehälter (3) übergeben.
Von dort wird er der gleitenden Profilschalung mit Vibrationseinrichtung (4) zugeführt
und tritt als verdichteter, geglätteter Strang aus. Die Profilschalung liegt oft außerhalb des
Fahrbereiches des Fertigers, weil monolithische Profile meist Straßen-Randprofile sind und
nur von einer Seite aus hergestellt werden können. Als Referenzhöhe und als Richtungs-
führung für die Abtastung kann ein Spanndraht dienen. Die Raupenfahrwerke sitzen in
höhenverstellbaren Zylindern, die von der Nivellierautomatik angesteuert werden.

Gleitschalungsfertiger im Einsatz s. Abb. 8.7.

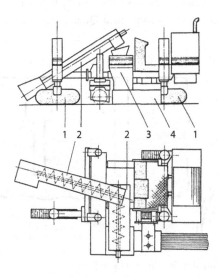

1 Raupenfahrwerk
2 Beton-Förderschnecken
3 Beton-Vorbehälter
4 Profilschalung mit Vibrationseinrichtung

Abb. 8.6 Aufbau eines Betonfertigers für monolithische Profile [70]

Abb. 8.7 Gleitschalungsfertiger für monolithische Profile im Einsatz [70]

8.5 Fugenschneiden im Betondeckenbau

Im Betondeckenbau ist die Anordnung von Längs- und Querfugen notwendig, um Beanspruchungen aus Temperaturunterschieden sowie Kriechen und Schwinden zu beherrschen. Die Fugen werden möglichst früh in den frischen, sich noch in Abbindung befindenden, aber schon begehbaren Beton geschnitten, um eine gezielte Rissbildung zu erreichen. Die Fugen werden im Nassschnitt mit Diamant-Kreissägeblättern geschnitten (s. Abb. 8.8). Die Kreissägeblätter sind an ihrer Schneidkante mit Diamantsplittern besetzt. Die Umfangsgeschwindigkeit an der Schneidkante soll 40 bis 60 m/s betragen. Übliche Sägeblattdurchmesser beim Frischbetonschneiden sind 300 bis 400 mm. Beim Bau von Straßen und Start- und Landebahnen ist das Schneiden von Längs- und Querfugen üblich. Während

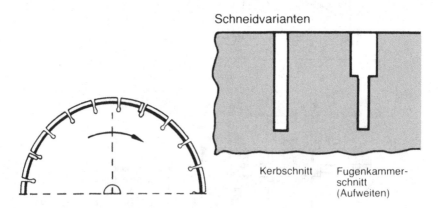

Abb. 8.8 Diamant-Kreissägeblatt und Schneidvarianten für Fugen [14]

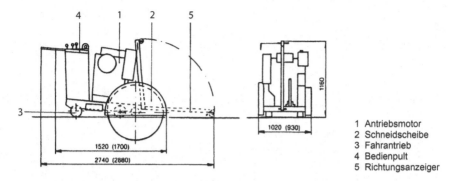

1 Antriebsmotor
2 Schneidscheibe
3 Fahrantrieb
4 Bedienpult
5 Richtungsanzeiger

Abb. 8.9 Fugenschneider [14]

Abb. 8.10 Fugenschneider im Einsatz [43]

Querfugen in einem einzigen Schnitt auf ca. 70 mm Tiefe geschnitten werden, wird bei Längsfugen bei einer Schnitttiefe von ca. 120 mm der Mehrfachschnitt mit zwei hintereinander liegenden Schneidscheiben mit unterschiedlichen Stärken angewendet.

Die am meisten verwendeten Fugenschneider (s. Abb. 8.9) sind Geräte mit einem Schneidscheibenantrieb, der von einem Dieselmotor über Keilriemen direkt erfolgt. Bei Großgeräten kommen hydraulische Antriebe zur Verwendung.

Über eine Hydraulikeinrichtung sind ein stufenloses, feinfühliges Fahren und eine stufenlose Höhenverstellung der Schneidscheibe möglich. Für den Nassschnitt ist eine Wasserpumpe mit Sprüheinrichtung am Gerät installiert. Als Orientierungshilfe für einen geraden Schnitt dient ein Richtungsanzeiger, der die vorgezeichnete Fuge abtastet.

Ein weiteres Einsatzgebiet von Fugenschneidern ist die Sanierung von Beton- und Asphaltdecken im Industrie- und Straßenbau. Dabei sind Schnitttiefen mit Großgeräten bis 500 mm möglich.

Fugenschneider im Einsatz s. Abb. 8.10.

Pumpen und Wasserhaltung

9

9.1 Allgemeines

Im Baubetrieb kommen fast nur noch Tauchmotorpumpen zum Einsatz. Diese Pumpenart ist in der Lage, neben reinem Wasser auch Schmutzwasser oder Schlämme zu fördern. Tauchmotorpumpen können ganz in das zu fördernde Wasser eingetaucht werden, da der Elektromotor vollkommen wasserdicht in der Pumpe eingebaut ist. Die Einsatzvielfalt reicht von der Wasserversorgung für Baustellen, der Beseitigung von unerwünschtem Oberflächenwasser in Baugruben, Umpumpen von Kanälen oder Bächen bis hin zur Grundwasserabsenkung. Der Vorteil der Tauchmotorpumpen ist, dass sie unempfindlich gegen Schmutz, Trockenlauf und Schlürfbetrieb in jeder Lage betriebssicher arbeiten können. Zur Grundausrüstung der Geräte gehören eine elektrische Betriebsüberwachung für die Laufrichtung, der thermische Motorschutz und die Überwachung bei Phasenausfall. Als Niveausteuergeräte kommen Schwimmerschalter oder Tauchelektroden zum Einsatz. Neben der Normalausführung bieten fast alle Hersteller schlanke Pumpenausführungen für Brunnen an. Durch Laufradwechsel können die gewünschten Fördermengen und Förderhöhen dem Bedarf angepasst werden.

9.2 Tauchmotorpumpen

Tauchmotorpumpen werden in nachstehenden Leistungen angeboten:

Motorleistung: 1,0 kW bis 90,0 kW
Fördermengen Q: bis 290 l/s
Förderhöhen: bis 380 m

Im Baubetrieb werden hauptsächlich zwei Arten von Tauchmotorpumpen verwendet: Schmutzwasserpumpen und Schlammpumpen.

H. König (Hrsg.), *Maschinen im Baubetrieb*, Leitfaden des Baubetriebs und der Bauwirtschaft, 269
DOI 10.1007/978-3-658-03289-0_9, © Springer Fachmedien Wiesbaden 2014

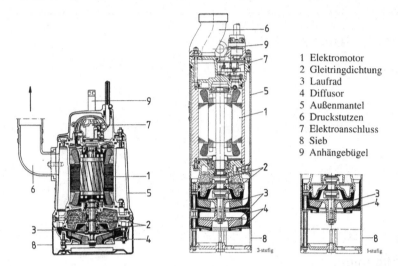

1 Elektromotor
2 Gleitringdichtung
3 Laufrad
4 Diffusor
5 Außenmantel
6 Druckstutzen
7 Elektroanschluss
8 Sieb
9 Anhängebügel

Abb. 9.1 Schmutzwasserpumpen, Normalausführung und schlanke Ausführung (1- und 2-stufig) [29]

9.2.1 Schmutzwasserpumpen

Schmutzwasserpumpen (s. Abb. 9.1) sind Tauchmotorpumpen, die für die Förderung von Schmutzwasser, auch mit einem Anteil an abrasiven Sanden und Feinmaterialien, geeignet sind. Einsatzbeispiel s. Abb. 9.7

Funktion und Beschreibung Alle Tauchmotorpumpen sind nach dem gleichen Grundprinzip aufgebaut. Sie bestehen aus einem senkrecht stehenden, gekapselten Elektromotor (1), einer im Ölbad laufenden Gleitringdichtung (2) und dem eigentlichen Pumpenteil mit Laufrad (3) und Leitring (4) mit sich erweiternden Kanälen, auch Diffusor genannt. Zwischen dem Motor (1) und dem Außenmantel (5) strömt die angesaugte Flüssigkeit zum Druckstutzen (6) und führt die entstehende Motorwärme ab. Am Kopf der Pumpe ist der elektrische Teil (7) meist mit der elektronischen Betriebsüberwachung wie Motorschutz, mit Phasenausfall-, Drehrichtungsüberwachung und Temperaturfühler untergebracht. Das Laufrad ist aus hochwertigem, legiertem Hartguss und unempfindlich gegen zu starken Abrieb. Der Diffusorteil ist mit Gummi beschichtet, um den Verschleiß zu verringern. Ein Sieb (8) im Ansaugbereich verhindert den Eintritt von Grobkorn. An einem Anhängebügel (9) kann die Pumpe transportiert und im Einsatz angehängt werden. Bei Pumpen der schlanken Ausführung ist der Druckstutzen nicht seitlich, sondern oben angeordnet.

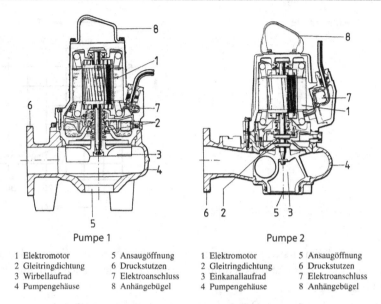

	Pumpe 1			Pumpe 2	
1 Elektromotor		5 Ansaugöffnung	1 Elektromotor		5 Ansaugöffnung
2 Gleitringdichtung		6 Druckstutzen	2 Gleitringdichtung		6 Druckstutzen
3 Wirbellaufrad		7 Elektroanschluss	3 Einkanallaufrad		7 Elektroanschluss
4 Pumpengehäuse		8 Anhängebügel	4 Pumpengehäuse		8 Anhängebügel

Abb. 9.2 Schlammpumpen, Pumpe 1 mit Wirbellaufrad, Pumpe 2 mit Einkanallaufrad [29]

9.2.2 Schlammpumpen

Schlammpumpen (s. Abb. 9.2) sind in der Lage, Flüssigkeiten mit einer Dichte bis zu 2,0 kg/dm^3 zu fördern. Darunter fallen auch stark verschmutzte, feststoffhaltige Flüssigkeiten mit Faseranteilen und Abwässer in Kanälen.

Der Aufbau dieser Pumpen entspricht der im Abschn. 9.2.1 beschriebenen Ausführung, jedoch mit unterschiedlicher Ausbildung der Laufräder und Pumpengehäuse. Abbildung 9.2: Pumpe 1 zeigt ein Wirbellaufrad und ein Pumpengehäuse mit großem freiem Durchgang. Damit wird die Verstopfungsgefahr erheblich vermindert. Diese Pumpenausführung ist geeignet für Abwässer, Schlamm, sandhaltige Wasser und andere stark verschmutzte Flüssigkeiten. Abbildung 9.2: Pumpe 2 zeigt ein Einkanallaufrad, das sich zur Förderung von faser- und feststoffhaltigen Abwässern und Schlamm eignet.

9.2.3 Pumpenkennlinie

Die Pumpenkennlinie (s. Abb. 9.3) ist Bestandteil der technischen Unterlagen einer jeden Pumpe und zeigt das Leistungsvermögen in Abhängigkeit von der Fördermenge Q (l/s oder l/min) und der Förderhöhe H in m. Die in Abb. 9.3 dargestellten Kennlinien gelten für eine Pumpe, die mit verschiedenen Laufrädern ausgerüstet werden kann.

Abb. 9.3 Pumpenkennlinie
[29]

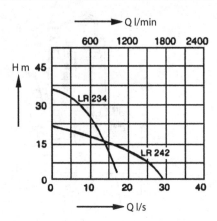

Laufrad LR 234 eignet sich für eine geringere Fördermenge und eine größere Förderhöhe. Das Laufrad LR 242 ist dagegen für eine größere Fördermenge und eine geringere
Förderhöhe ausgelegt.

Die wichtigsten technischen Daten einer Tauchmotor-Pumpe sind:

- Pumpenkennlinie, Fördermenge Q zu Förderhöhe H,
- Motor-Nennleistung kW,
- Stromaufnahme A,
- Durchmesser des Druckstutzens in Zoll oder mm,
- Gewicht in kg.

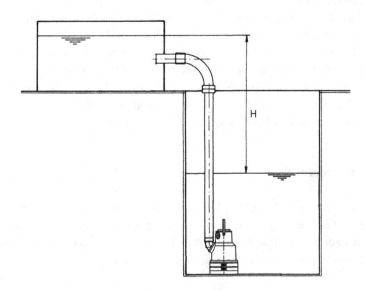

Abb. 9.4 Darstellung der Förderhöhe H (geodätische Förderhöhe)

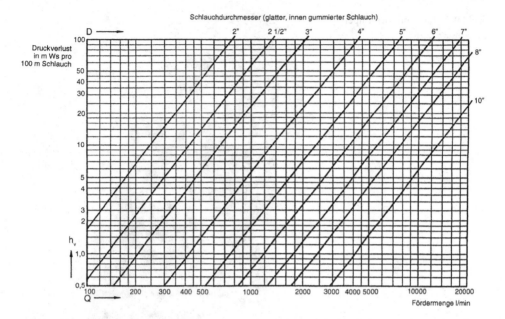

Abb. 9.5 Druckverluste bei glatten, innen gummierten Schläuchen für 100 m Länge [29]

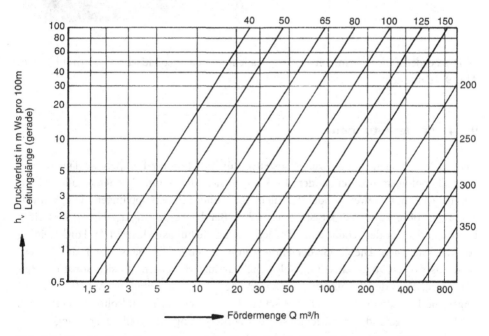

Abb. 9.6 Druckverluste für gerade, verzinkte Stahlrohre für 100 m Leitungslänge [29]

Abb. 9.7 Tauchmotorpumpen
im Einsatz [29]

Die Förderhöhe H beim Einsatz von Tauchpumpen (geodätische Förderhöhe) ist in Abb. 9.4 dargestellt.

9.2.4 Förderleitungen

Als Förderleitungen werden auf Baustellen für Tauchmotor-Pumpen Schläuche und Schnellkupplungsrohre verwendet. Es handelt sich dabei um Synthetik- oder Gummischläuche mit Gewebe- oder Spiraleinlagen und Schnellkupplungen. Die Schnellkupplungsrohre sind verzinkte Stahlblechrohre. Bei der Festlegung der Förderhöhe einer Pumpe sind außer der geodätischen Förderhöhe die Reibungsverluste in der Förderleitung zu berücksichtigen. Die Größe der Förderleitung an einer Pumpe ist durch den Druck-Anschlussstutzen vorgegeben und sollte nicht reduziert werden, da sich sonst die Reibungsverluste in den Leitungen unnötig erhöhen. Die Nomogramme Abb. 9.5 und 9.6 zeigen die Druckverluste h_v in m für Schläuche und verzinkte Stahlrohre, abhängig von der Fördermenge und dem Durchmesser der Förderleitung für jeweils 100 m Länge.

9.3 Grundwasserabsenkung

Eine Grundwasserabsenkung ist dann erforderlich, wenn die Gründungssohle eines Bauwerks unterhalb des Grundwasserspiegels liegt. Außerdem kann eine Absenkung notwendig werden, wenn durch besondere geohydraulische Verhältnisse Grund- und Bodenaufbrüche durch Grundwasser zu erwarten sind. Je nach Bodenart ist eine Entwässerung durch Schwerkraft oder Vakuum vorzuziehen. Eine Schwerkraftentwässerung ist dann möglich, wenn der Boden wasserdurchlässig und ein freies Fließen zum Filter oder zur Pumpe hin möglich ist. Dies ist bei Sanden und Kiesen und deren Mischung der Fall. Bei ton-, lehm- und schluffhaltigen Böden ist eine Entwässerung durch Schwerkraft meist nicht möglich, da die Haftwirkung des Wassers am überwiegenden Feinstkorn ein freies Fließen weitgehend verhindert. In diesem Falle wird mit der Vakuumentwässerung mit Spülfiltern eine Saugwirkung auf das Wasser ausgeübt, so dass der Fließvorgang unterstützt wird und in Gang kommt.

9.3.1 Absenkkurve und Boden-Durchlässigkeitsbeiwert

Durch Abpumpen oder Absaugen des Wassers aus einem Brunnen wird ein Absinken des Grundwasserspiegels in Form eines Trichters um den Brunnen erreicht (s. Abb. 9.8). Die Neigung dieses Trichters (Absenkkurve) kann steil oder flach sein. Der Verlauf dieser Absenkkurve wird durch den Durchlässigkeitsbeiwert (K) und die gewünschte Absenkung (S) bestimmt.

Der Radius des Absenkkegels (R) lässt sich berechnen nach Sichardt:

$R = 3000 \times S \times \sqrt{K}$ [m]
R = Radius des Absenkkegels [m]
S = Absenkhöhe [m]
K = Boden-Durchlässigkeitsbeiwert [m/s]

K-Werte für verschiedene Bodenarten (Richtwerte) in [m/s]:

Kies 4 bis 8 mm ohne größere Beimengungen: $3{,}5 \times 10^{2}$
Kies 2 bis 4 mm ohne größere Beimengungen: $2{,}5 \times 10^{-2}$
Grobkies mit Sand: $5{,}0 \times 10^{-3}$
Grobkies mit Mittelsand und Feinsand: $7{,}0 \times 10^{-3}$
Mittelsande: $1{,}5 \times 10^{-3}$
Feste Sande und tonige Sande: $1{,}0 \times 10^{-4}$
Schluff, fein bis grob: 10^{-7} bis 10^{-5}
Ton, Lehm: 10^{-10} bis 10^{-8}

Da sich der Verlauf der Absenkkurve und der Wasserandrang im Boden nur schwer berechnen lassen und von einigen Annahmen ausgegangen werden muss, ist bei einer

Abb. 9.8 Absenkkurve und Boden-Durchlässigkeitsbeiwerte

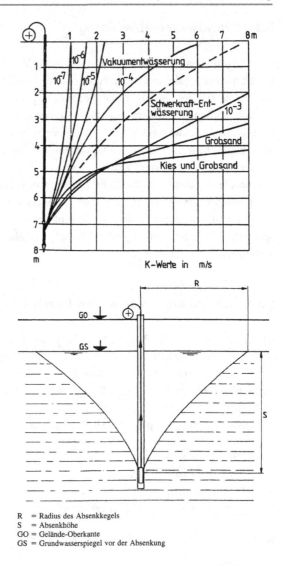

R = Radius des Absenkkegels
S = Absenkhöhe
GO = Gelände-Oberkante
GS = Grundwasserspiegel vor der Absenkung

größeren Wasserabsenkung die Erstellung eines Probebrunnens mit entsprechenden Messungen unumgänglich.

9.3.2   Absenkung mit Tiefbrunnen im Schwerkraftverfahren

Der Absenkvorgang mit Tiefbrunnen erfolgt durch Abpumpen des Wassers mit einer Tauchmotorpumpe. Die Pumpe befindet sich am Brunnenboden in einem Filterrohr, dem das Wasser durch Schwerkraft zufließt. Für die Absenkung z. B. einer Baugrube sind meh-

Abb. 9.9 Aufbau eines Tiefbrunnens

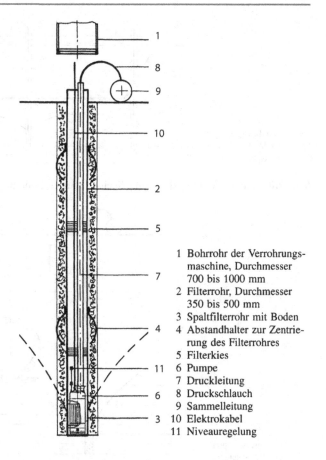

1 Bohrrohr der Verrohrungsmaschine, Durchmesser
  700 bis 1000 mm
2 Filterrohr, Durchmesser
  350 bis 500 mm
3 Spaltfilterrohr mit Boden
4 Abstandhalter zur Zentrie-
  rung des Filterrohres
5 Filterkies
6 Pumpe
7 Druckleitung
8 Druckschlauch
9 Sammelleitung
10 Elektrokabel
11 Niveauregelung

rere Brunnen am Baugrubenrand und (oder) innerhalb der Baugrube angeordnet. Die
Absenkung mit Tiefbrunnen wird hauptsächlich für Tiefen unterhalb des praktischen
Saugbereiches von ca. 6 m angewendet.

Aufbau eines Tiefbrunnens (s. Abb. 9.9): Durch das Einbringen eines Bohrrohres (1)
mit einer Verrohrungsmaschine (s. Abschn. 13.2.2) wird der Brunnen zunächst stabilisiert.
Nach erreichter Tiefe kann das Filterrohr (2) mit Abstandhaltern (4) zentrisch eingeführt
werden. Das Filterrohr ist ein Blechrohr mit einem aufgewalzten Rundgewinde, das aus
Längen von 3 bis 5 m zusammengeschraubt wird. Das Anfängerstück (3) des Filterrohres
bildet ein Rohrstück mit Filterschlitzen und einem Boden. Der Raum zwischen Bohrrohr
und Filterrohr wird mit Filterkies (5) aufgefüllt. Nun kann das Bohrrohr gezogen und die
Wasserpumpe (6) mit Druckleitung (7) eingebaut werden. Der Absenkbetrieb kann beginnen. Das geförderte Wasser wird in einer Sammelleitung (9) abgeleitet. Nach Beendigung
der Absenkung wird das Filterrohr wieder gezogen und steht für weitere Einsätze zur Verfügung.

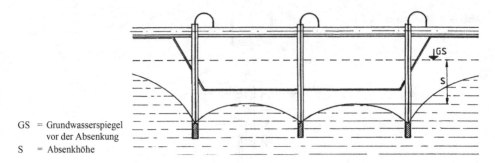

GS = Grundwasserspiegel
         vor der Absenkung
S   = Absenkhöhe

Abb. 9.10 Schema für eine Absenkung in einer Baugrube mit mehreren Tiefbrunnen

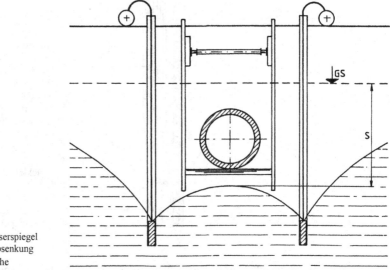

GS = Grundwasserspiegel
         vor der Absenkung
S   = Absenkhöhe

Abb. 9.11 Schema für die Absenkung bei einer Kanal-Baugrube mit Tiefbrunnen

Erläuterungen der Absenkung mit Tiefbrunnen an Hand von Beispielen Abbildung
9.10 zeigt schematisch, wie mit mehreren Brunnen in bestimmten Abständen durch Über-
lagerung der Absenktrichter eine flächige Absenkung in einer Baugrube erreicht werden
kann.

Abbildung 9.11 zeigt die Entwässerung einer Kanal-Baugrube mit Spundwandverbau
durch beidseitig angeordnete Tiefbrunnen.

Abbildung 9.12 zeigt eine Absenkmaßnahme gegen die Gefahr eines hydraulischen
Grundbruches mit Tiefbrunnen innerhalb einer wasserdichten Verbauwand-Umschlie-
ßung.

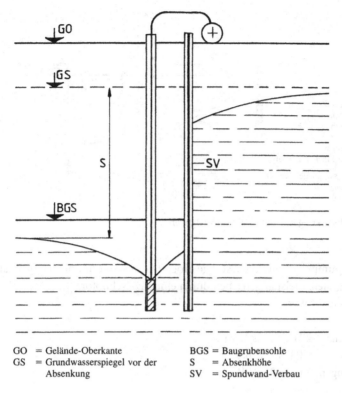

GO = Gelände-Oberkante BGS = Baugrubensohle
GS = Grundwasserspiegel vor der S = Absenkhöhe
     Absenkung SV = Spundwand-Verbau

Abb. 9.12 Schema einer Absenkmaßnahme mit Tiefbrunnen gegen hydraulischen Grundbruch

9.3.3 Absenkung mit dem Vakuumverfahren

Bei diesem Verfahren wird durch ein Aggregat ein Vakuum erzeugt (s. Abb. 9.13). Dabei wird das Wasser über Filter und Lanzen, die in den Boden eingespült werden, angesaugt und abgeleitet. Das Vakuumverfahren wird überwiegend im Kanalbau für Absenkhöhen von 4 bis 6 m angewendet. Es eignet sich sowohl für ton-, lehm- und schluffhaltige Böden, bei denen das Vakuum die Entwässerung unterstützt, als auch für Sand- und Kiesböden, bei denen das Wasser durch Schwerkraft dem Filter zufließt.

Verfahrensablauf Das Saugrohr mit Filter (1) wird mit einer Hochdruckpumpe (2) in das Erdreich eingespült. Ein starker Wasserstrahl tritt an der Filterspitze aus und lockert den Boden auf. Ein bis zwei Mann können dann das senkrecht stehende Rohr mit Filter während des Spülvorganges auf die gewünschte Tiefe in den Boden drücken. Der gleiche Filter (1) dient nach dem Einspülen und nach der Verbindung mit dem Saug-Spiralschlauch (3) und der Sammelleitung (4) als Saugfilter. Das Vakuumgerät (5) erzeugt einen Unterdruck im gesamten Filter- und Rohrsystem, damit steigt das Wasser nach oben und wird über eine Wasserpumpe im Vakuumgerät abgeführt.

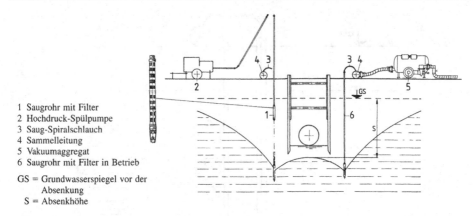

1 Saugrohr mit Filter
2 Hochdruck-Spülpumpe
3 Saug-Spiralschlauch
4 Sammelleitung
5 Vakuumaggregat
6 Saugrohr mit Filter in Betrieb

GS = Grundwasserspiegel vor der
        Absenkung
S = Absenkhöhe

Abb. 9.13 Absenkung mit dem Vakuumverfahren

Die **Spülpumpe** ist eine mehrstufige Hochdruck-Wasserpumpe, aufgebaut auf einem Einachsfahrgestell, meist angetrieben durch einen Dieselmotor.
Verwendete Größen:

Förderleistung: $27 \, m^3/h$ bis $65 \, m^3/h$
Förderdruck: 6,0 bis 17,0 bar
Motorleistungen: 5,0 bis 27,0 kW

Das **Vakuumaggregat** ist eine Kombination aus einer Luft- und einer Wasserpumpe, die in Verbindung mit einem Vakuumkessel arbeiten. Die Pumpenantriebe können durch Elektromotoren- oder einen Dieselmotor erfolgen. Das Vakuumaggregat ist auf einem Einachsfahrgestell fahrbar. Einsatzbeispiel zeigt Abb. 9.15.

Funktionsprinzip (s. Abb. 9.14):
Aus der Sammelleitung (1) wird ein Luft-Wasser-Gemisch angesaugt. Beim Eintritt in den Vakuumkessel (2) werden Luft und Wasser getrennt, da die Wasserteilchen nach unten fallen. Die Wasserpumpe (3) saugt jetzt aus dem Kesselunterteil ausschließlich Wasser an, während die Luftpumpe (4) an der Kesseloberseite nur Luft ansaugt und ein zusätzliches Vakuum erzeugt. Mit einem Schwimmerschalter (5) schaltet sich die Wasserpumpe je nach Wasseranfall automatisch ein und aus.
Verwendete Größen:

Förderleistung: 100 bis $500 \, m^3/h$
Antriebsleistung: 10 bis 30 kW

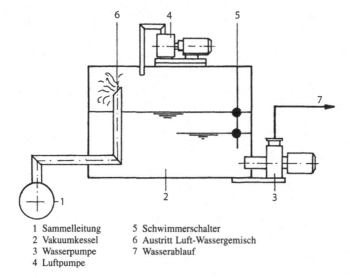

1 Sammelleitung   5 Schwimmerschalter
2 Vakuumkessel   6 Austritt Luft-Wassergemisch
3 Wasserpumpe   7 Wasserablauf
4 Luftpumpe

Abb. 9.14 Schema Funktionsprinzip eines Vakuumaggregates

Abb. 9.15 Vakuumaggregat im Einsatz [26]

Kompressoren, Druckluftwerkzeuge, mechanische Werkzeuge

10.1 Allgemeines

Die wesentlichen Verbraucher von Druckluft auf Baustellen sind:

- handgeführte Abbau-, Aufbruch- und Bohrhämmer für leichte bis schwere Einsätze
- Druckluftbohrgeräte zum Bohren von Erdankern- und Sprenglöchern
- Erdraketen und Rohrrammen
- Sandstrahlgeräte
- Betonspritzgeräte
- Druckluftvibratoren
- Zementförderanlagen
- Druckluftstützung im Tunnelbau

Die meist verwendete Kompressorart ist der fahrbare, schallgedämmte Schraubenkompressor auf einem Einachsfahrgestell bis zu einem Volumenstrom von 5,5 m³/min, einem Arbeitsdruck von 7 bar. Kompressoren für Baustellen mit großem Luftbedarf (bis 60 m³/min) werden in Kompaktbauweise im Container angeboten. Fahrbare Kompressoren sind überwiegend mit Dieselmotoren ausgerüstet, während bei stationären Anlagen der Elektroantrieb vorherrscht.

Zu den **mechanischen Werkzeugen** zählen handgeführte Maschinen für leichte bis mittlere Bohr-, Stemm- und Schneidarbeiten. Dies sind:

- Leichte Bohr- und Aufbruchhämmer
- Trennschneidmaschinen
- Wandsägen

H. König (Hrsg.), *Maschinen im Baubetrieb*, Leitfaden des Baubetriebs und der Bauwirtschaft, 283
DOI 10.1007/978-3-658-03289-0_10, © Springer Fachmedien Wiesbaden 2014

Abb. 10.1 Fahrbarer Schraubenkompressor im Einsatz [3]

Die üblichen Antriebsarten dieser Maschinen sind:

- Elektroantrieb (Netzanschluss)
- Druckluftantrieb
- Antrieb durch Benzinmotor
- Hydraulischer Antrieb
- Antrieb mit eingebautem Akku

10.2 Fahrbare Schraubenkompressoren (s. Abb. 10.1)

Die technischen Kenngrößen für einen Kompressor sind:

- **Volumenstrom** in [m^3/min] oder [l/s] verdichteter Frischluft (in der Praxis auch als Liefermenge oder Ansaugmenge bezeichnet)
- **Arbeitsdruck** in bar

Fahrbare Schraubenkompressoren werden in folgenden Größen hergestellt:

Volumenstrom: 1,5 bis 10,0 m^3/min auf Einachs-Fahrgestell
Volumenstrom: 12,0 bis 27,0 m^3/min auf Zweiachs-Fahrgestell
Druckstufen: 7 bar, 10 bar, 14 bar und 20 bar

Eine Schalldämmung bei fahrbaren Kompressoren wird durch das geschlossene und mit schallabsorbierenden Stoffen ausgekleidete Gehäuse erreicht. Um Kraftstoff zu sparen,

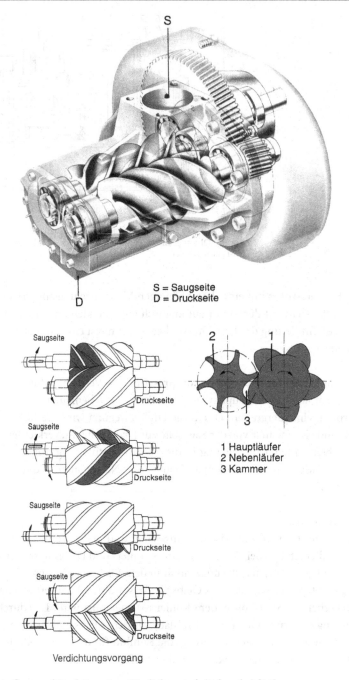

S = Saugseite
D = Druckseite

1 Hauptläufer
2 Nebenläufer
3 Kammer

Verdichtungsvorgang

Abb. 10.2 Aufbau und Funktion einer Verdichterstufe (Schraube) [11]

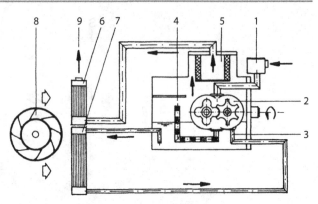

Abb. 10.3 Schema der Funktion eines Schraubenkompressors

1 Filter	6 Luftkühler
2 Verdichterstufe (Schraube)	7 Ölkühler
3 Öleinspritzung	8 Lüfter (Kühlluft)
4 Austritt Öl-Luftgemisch	9 Austritt der verdichteten Luft
5 Öl-Feinabscheider	

sind fast alle Kompressoren mit einer lastabhängigen Motorregelung ausgerüstet, d. h., bei geringerem Luftbedarf wird der Motor automatisch auf eine kleinere Drehzahl heruntergeregelt. Für die Schmierung der Druckluftwerkzeuge ist meist ein automatischer Öler am Kompressor angebaut.

Aufbau und Funktion eines Schraubenkompressors Die Verdichterstufe „Schraube" (s. Abb. 10.2) besteht aus einem Hauptläufer (1) und einem Nebenläufer (2), die mit ihrem Schraubenprofil ineinandergreifen. Durch die Drehbewegung wird die Kammer (3) zwischen Haupt- und Nebenläufer von der Saugseite zur Druckseite hin verkleinert und damit die Luft verdichtet. Eine Öleinspritzung in die Verdichterstufe sorgt für die Abdichtung zwischen den Wandungen und Flanken an Haupt- und Nebenläufer und die Schmierung der Verdichterstufe.

Funktion (s. Abb. 10.3):
Über einen Filter (1) wird die Frischluft angesaugt und in der Verdichterstufe (2), wie beschrieben, verdichtet. Das bei (3) eingespritzte Schmier- und Dichtungsöl vermischt sich mit der Luft und tritt bei (4) als Öl-Luftgemisch in dem Ölabscheider aus. Die schwereren Ölteilchen sammeln sich am Boden des Ölabscheiders, während die verdichtete Luft über den Öl-Feinabscheider (5) fast ölfrei dem Kühler (6) zugeführt wird. Das durch den Verdichtungsvorgang erwärmte Öl wird im Kreislauf aus dem Ölabscheider über den Kühler (7) ständig umgewälzt. Der Lüfter (8) erzeugt die Kühlluft für die beiden Kühlsysteme. An der Stelle (9) tritt die verdichtete, gekühlte und fast ölfreie Luft aus.

10.3 Druckluftanlagen für Baustellen mit hohem Luftbedarf

Baustellen mit hohem Luftbedarf können sein: U-Bahnbau, Tunnelbau, Staudammbau, Hafenbau, Verpress- und Injektionsarbeiten, pneumatische Förderanlagen für staubförmige Stoffe.

In diesen Fällen kommen stationäre Kompressoranlagen bis zu einem Volumenstrom von ca. 60 m³/min (Antriebsleistung 315 kW) zum Einsatz. Ein oder mehrere Kompressoren sind als Kompaktstation in einem Container 20′ anschlussfertig installiert. Angetrieben werden stationäre Kompressoranlagen überwiegend mit Elektromotoren.

10.4 Druckluftwerkzeuge

Die auf Baustellen hauptsächlich verwendeten Druckluftwerkzeuge sind handgeführte Abbau-, Aufbruch- und Bohrhämmer. Als Abbauhämmer werden Hämmer für leichten Abbruch und Stemmarbeiten (bis ca. 10 kg Gewicht) bezeichnet, während der Begriff Aufbruchhämmer für schwerer, vertikal eingesetzte Geräte verwendet wird. Durch die Entwicklung der Hydraulikhämmer in Verbindung mit Hydraulikbaggern ist jedoch der Einsatz von handgeführten Drucklufthämmern rückläufig, da selbst für kleine Abbrucharbeiten bei entsprechendem Arbeitsraum der Hydraulikhammer bevorzugt wird (siehe Abschn. 15.2).

10.4.1 Abbau- und Aufbruchhämmer

Die Abb. 10.4 zeigt die Bauteile eines Drucklufthammers. Kenngröße für Abbau- und Aufbruchhämmer ist das Gewicht.

Übliche **Hammergrößen** sind:

Gewicht: 3,5 bis 25,0 kg
Druckluftverbrauch: 0,35 bis 1,4 m³/min
Einsatzbereiche: Abbauhämmer bis 10,0 kg Gewicht für waagrechte und nach oben
                    gerichtete Brecharbeiten; Aufbruchhämmer über 10,0 kg für schwere,
                    nach unten gerichtete Brecharbeiten.

Einsteckwerkzeuge (Abb. 10.5):
Für alle Hammergrößen werden Flach- und Spitzmeißel angeboten. Spatenmeißel und Grabspaten sind nur für Aufbruchhämmer in Verwendung. Die Einsteck-Enden der Werkzeuge können rund, viereckig oder sechseckig sein und sind nach Hammerart und evtl. auch Hersteller verschieden.

Abb. 10.4 Bauteile eines
Drucklufthammers [53]

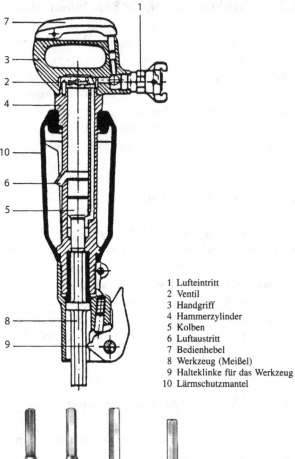

1 Lufteintritt
2 Ventil
3 Handgriff
4 Hammerzylinder
5 Kolben
6 Luftaustritt
7 Bedienhebel
8 Werkzeug (Meißel)
9 Halteklinke für das Werkzeug
10 Lärmschutzmantel

Abb. 10.5 Einsteckwerkzeuge
für Drucklufthämmer [53]

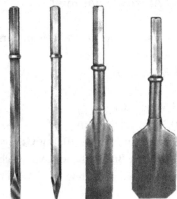

1 Flachmeißel
2 Spitzmeißel
3 Spatenmeißel
4 Spaten

10.4.2 Bohrhämmer

Der Bohrhammer (s. Abb. 10.6) ist im Grunde ein Aufbruchhammer, der zusätzlich mit einem Drehwerk für das Bohrwerkzeug ausgestattet ist. Die Kenngröße für Bohrhämmer ist das Gewicht.

Abb. 10.6 Bohrhammer [53]

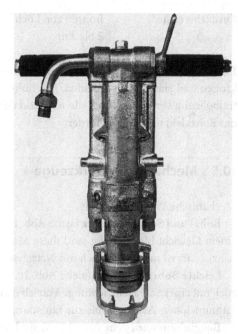

Abb. 10.7 Konusbohrstangen und Bohrkrone für Bohrhammer [53]

1 und 2 Konusbohrstangen ohne Bohrkrone
3 Konusbohrstange mit Kreuzbohrkrone

Übliche **Bohrhammergrößen** sind:

Gewicht: 10,0 bis 25,0 kg
Druckluftverbrauch: 1,4 bis 3,6 m³/min
Schlagzahl: 2000 bis 2500 pro min
Drehzahl des Drehwerks: ca. 200 Umdrehungen pro min
Bohrdurchmesser: 20 bis 50 mm

Einsatzbereiche: Bohren von Löchern in Beton oder Fels in maximalen Tiefen von
                          2 bis 3 m

Einsteckwerkzeuge (s. Abb. 10.7): Einsteckwerkzeuge sind Konusbohrstangen mit Bohrkronen und Hartmetallschneiden. Die Bohrstangen und Bohrkronen sind mit einer Zen-
tralbohrung versehen, durch die während des Bohrvorganges Spülluft geblasen wird, die
das Bohrklein nach außen fördert.

10.5   Mechanische Werkzeuge

Mechanische Werkzeuge sind:

Bohr- und Schlaghämmer (siehe Abb. 10.8) für leichte Bohr- und Stemmarbeiten. Mit
einem Gewicht bis ca. 10 kg sind diese Maschinen handlich und flexibel einsetzbar. Die
Antriebsart ist meist elektrisch mit Netzanschluss.

Leichte Bohrmaschinen (siehe Abb. 10.9) geeignet für leichte Bohrarbeiten, bei Beton
auch mit einer Schlageinrichtung. Antrieb meist Netzbetrieb oder Akkus, immer mehr mit
Lithium-Ionen-Akkus die bis zur Entladung eine gleichförmige hohe Leistung liefern.

Benzinhämmer (siehe Abb. 10.10) sind noch handliche Abbauhämmer mit eingebautem Benzinmotor. Damit ist das Gerät unabhängig von einem Netz- oder Druckluftanschluss.

Trennschneidmaschinen (siehe Abb. 10.11) werden zum Trennen und Zuschneiden
von Beton- und Asphaltteilen verwendet. Das Gewicht der Maschinen liegt bei ca. 10 kg
so dass noch eine gute Handhabung möglich ist. Als Trennscheiben werden vorwiegend
Diamantscheiben verwendet.

Abb. 10.8 Bohr- und Schlag-
hammer [68]

Abb. 10.9 Bohrmaschine mit
Lithium-Ionen-Akku

Abb. 10.10 Benzinhammer
[68]

Die Antriebe können sein: Elektromotor mit Netzanschluss, Benzinmotor oder hydraulischer Antrieb.

Diamant-Kettensägen (siehe Abb. 10.12) ergänzen das Angebot an Trennschneidmaschinen. Sie sind dann von Vorteil, wenn größere Schnitttiefen (bis ca. 40 cm) bei geringen
Platzverhältnissen erforderlich sind. Es lassen sich präzise Schnitte in Beton (auch armiert),
Mauerwerk und Naturstein ausführen. Notwendig ist eine Wasserspülung (ca. 4 l/min) für
die diamantbestückte Kette und das Schwert. Durch den hohen Kettenverschleiß gegenüber Diamantscheiben der Trennschneidmaschine betragen die Kosten das ca. 10-fache,
sodass sich ein Einsatz nur für spezielle Trennarbeiten rechnet.

Antriebe können sein: Elektromotoren, Benzinmotoren oder Hydraulischer Antrieb.

Abb. 10.11 Trennschneidmaschine mit Benzinmotor-
Antrieb [68]

Abb. 10.12 Diamant-Kettensäge [Stihl, Waiblingen]

Geräte für den Kanalbau, Rohrvortrieb und Rohrleitungsbau

11

11.1 Allgemeines

Im Kanal- und Grabenverbau werden weitgehend Verbausysteme angewendet. Es handelt sich dabei um Verbaueinheiten, die aus zwei senkrechten Stahlplatten und Abstandsstreben eine Einheit bilden. Die Stabilität der Platten und deren Erhöhungen erlauben eine Anwendung bis ca. 6 m Tiefe. Es ist darauf zu achten, dass nur vom Fachausschuss Tiefbau bauartgeprüfte Verbaueinheiten verwendet werden dürfen. Zu erkennen sind diese an einer Prüfplakette am Gerät oder am Vorliegen einer Prüfbescheinigung. Beim Einsatz muss auf der Baustelle eine Verwendungsanleitung vorliegen, aus der die Belastbarkeit der Verbaueinheiten ersichtlich ist. Bei Tiefen größer 6 m können der Gleitschienenverbau oder der Dielen-Kammerplattenverbau mit den entsprechenden Spundwandprofilen angewendet werden. Für geräuscharmes und erschütterungsfreies Verbauen steht der hydraulische Pressverbau zur Verfügung (s. Abschn. 11.2.4). Dabei werden in Rahmen geführte Einzelbohlen oder Plattenelemente im Zuge des Aushubes hydraulisch in den Boden gepresst.

Versorgungs- und Entsorgungsleitungen unter Straßen, Bahnkörpern, Bauwerken und unzugänglichen Bereichen werden mit hydraulischen Rohrvortriebs- oder Pressverfahren durchgeführt. Dazu zählen Erdraketen, Rohrrammen, Horizontalbohrgeräte sowie Rohrschiebe- und Rohrpresseinrichtungen. Für den unterirdischen Vortrieb von Rohrleitungen im nicht begehbaren Bereich (kleiner 1,2 bis 1,5 m) werden Micro-Vortriebsmaschinen verwendet. Sie arbeiten ferngesteuert und können Längen von 400 m bis 1200 m je nach Verfahren zielgenau auffahren.

11.2 Grabenverbaueinheiten

Grabenverbaueinheiten können im Einstell- oder Absenkverfahren eingebaut werden. Beim Einstellverfahren wird der Graben auf volle Tiefe und entsprechende Breite ausgehoben und die Verbaueinheit hineingestellt. Voraussetzung ist, dass der Boden vorüberge-

H. König (Hrsg.), *Maschinen im Baubetrieb*, Leitfaden des Baubetriebs und der Bauwirtschaft, 293
DOI 10.1007/978-3-658-03289-0_11, © Springer Fachmedien Wiesbaden 2014

Abb. 11.1 Randgestützte
Verbaueinheiten, leichte und
Normalausführung [33]

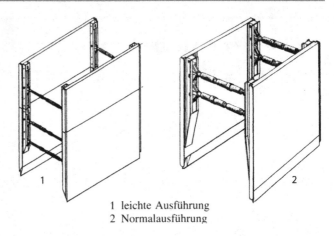

1 leichte Ausführung
2 Normalausführung

hend, d. h. während des gesamten Aushubes standfest bleibt. Beim Absenkverfahren, d. h. bei unstabilen Bodenverhältnissen, werden die Verbaueinheiten im Zuge des Aushubes wechselweise vom Bagger in den Boden gedrückt. Es ist darauf zu achten, dass der Plattenabstand unten etwas größer als oben ist, um beim Absenken ein Verkeilen zu vermeiden. Die gewünschten Breiten der Verbauwände werden durch Verlängerung oder Verkürzung der Spindelelemente hergestellt.

11.2.1 Randgestützte Verbaueinheiten

Randgestützte Verbaueinheiten (s. Abb. 11.1) werden als komplettes Element verwendet, transportiert und lose aneinander ohne Verbindung eingebaut. Durch Erhöhungen können Verbaueinheiten der Grabentiefe bis über 5,0 m angepasst werden (s. Abb. 11.2).

Randgestützte Verbaueinheiten werden in zwei Ausführungen hergestellt:

Leichte Ausführung:

Plattenlängen:	bis 3,5 m
Plattenhöhe:	2,0 m
Erhöhungen:	0,5 bis 1,0 m
Arbeitsbreiten:	0,6 bis 3,5 m
Max. Erddruck:	18 bis 22 kN/m^2
Max. Tiefe:	bis 3,0 m

Normale Ausführung:

Plattenlängen:	bis 4,0 m
Plattenhöhen:	2,6 m
Erhöhungen:	1,3 bis 1,5 m

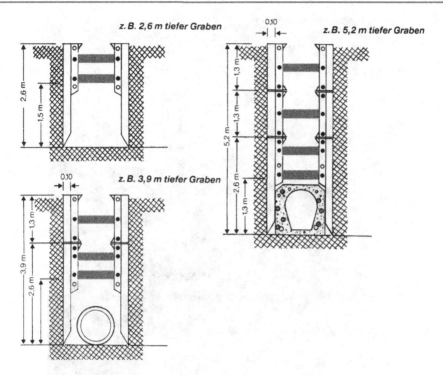

Abb. 11.2 Randgestützte Verbaueinheiten, Vergrößerung der Grabentiefe durch Erhöhungen [33]

Arbeitsbreiten: 1,2 bis 4,5 m
Max. Erddruck: 40 bis 55 kN/m^2
Max. Tiefe: bis 6,0 m

11.2.2 Gleitende Verbaueinheiten

Bei gleitenden Verbaueinheiten sind die Stahlplatten durch Gleitschienen kraftschlüssig miteinander verbunden. Sie kommen hauptsächlich dann zur Anwendung, wenn mit auslaufendem Boden zu rechnen ist. Probleme entstehen bei gleitenden Verbaueinheiten, wenn bei der Baumaßnahme viele Rohr- und Kabelquerungen vorkommen. Unterschieden werden der Einfach-Gleitschienenverbau bis zu einer Tiefe von ca. 3,7 m und der Doppel-Gleitschienenverbau bis zu einer maximalen Tiefe von ca. 7,5 m.

Einfach-Gleitschienenverbau (s. Abb. 11.3, 11.4 und 11.5):

Länge der Verbauplatten: 2,0 bis 5,0 m
Höhe der Verbauplatten: 2,4 m
Erhöhungen: 1,3 m

Abb. 11.3   Einsatzbeispiele für randgestützte Verbaueinheiten [33]

Abb. 11.4 Einfach-Gleitschienenverbau [33]

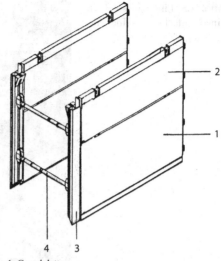

1 Grundplatte
2 Erhöhung
3 Einfach-Gleitschiene
4 verstellbar Druck- und Zugspindel

Gleitschienenlängen: 3,0 bis 3,5 m
Arbeitsbreiten: 1,2 bis 4,5 m
Max. Erddruck: 24 bis 65 kN/m^2
Max. Tiefe: bis 3,7 m

11.2.3 Dielen-Kammerplattenverbau

Der Dielen-Kammerplattenverbau kommt hauptsächlich bei Bauvorhaben zur Anwendung, bei denen viele Rohr- und Kabelquerungen zu erwarten sind. Die Grundeinheit besteht aus 2 Kammerplatten und 4 Streben (s. Abb. 11.6). Die Kammerplatten besitzen Führungsprofile, in die Kanaldielen gestellt und eingerammt oder durch den Bagger im Zuge des Aushubes eingedrückt werden können. Durch Aussetzen einer Diele können Querungen in jeder beliebigen Lage ausgespart werden.

Ausführung der Kammerplattenelemente:

Kammerplattenlänge: bis 4,0 m
Kammerplattenhöhe: 1,0 m
Arbeitsbreite: 1,0 bis 4,0 m
Max. Tiefe: bis 6,0 m
Verwendet Dielen: Kanaldielen ohne Schloss mit einem zulässigen Auflagerdruck bis
                    54 kN/m

Abb. 11.5 Einsatzbeispiel für einen Einfach-Gleitschienen-verbau [33]

Abb. 11.6 Dielen-Kammer-plattenverbau [33]

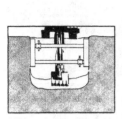

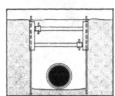

1 Einsetzen des Kammerelementes in den Voraushub und gegen die Grabenwand spindeln

2 Einstellen der Kanaldielen in die Kammern und Eindrücken mit dem Bagger im Zuge des Aushubes oder mit Vibrationsramme auf Tiefe rammen

3 Rohreinbau nach erreichter Tiefe, im oberen Bereich stützten sich die Dielen gegen die Kammerplatte ab, im unteren Bereich sind die Dielen genügend weit in das Erdreich eingebunden

4 Ziehen der Dielen, Verfüllen und Verdichten erfolgt lagenweise bis zur Unterkante der Kammerverbauplatte, die dann für die Restverfüllung herausgenommen wird

Abb. 11.7 Arbeitsfolge beim Einsatz des Dielen-Kammerplattenverbaues [33]

Die Arbeitsfolge beim Einsatz des Dielen-Kammerplattenverbaues zeigt Abb. 11.7.

11.2.4 Hydraulischer Pressverbau

Abmessungen möglicher Verbaugruben:

Länge des Arbeitsraumes: 5,5 bis 7,0 m
Breite des Arbeitsraumes: 1,0 bis 5,0 m
Verbautiefe: 4,5 bis 9,0 m

Der hydraulische Pressverbau ist eine Weiterentwicklung des Dielen-Kammerplattenverbaues. Dabei werden die Dielen nicht mehr vom Bagger eingedrückt oder eingerammt, sondern hydraulisch auf beiden Seiten unabhängig voneinander in den Boden gepresst. Die Verbaumaschine ist ein kompaktes Gerät mit fahrbarem Grundrahmen, Führungsrahmen für gelochte Kanaldielen oder spezielle gelochte Plattenelemente, beidseitig höhenverstellbaren Pressbalken und den Eckschienen. Das Gerät kann auf die gewünschte Grabenbreite eingestellt werden. Der Pressvorgang erfolgt schrittweise im Zuge des Aushubes durch den Pressbalken und Stecken von Bolzen entsprechend der Lochung der Dielen oder der Plattenelemente. Ebenso werden die Dielen beim Rückbau wieder hydraulisch gezogen. Das ganze Gerät ist auf Rollen fahrbar und kann dem Baufortschritt entsprechend verzogen werden. Der Arbeitsbereich der Verbaumaschine beschränkt sich auf eine Länge von 10 bis 15 m. Durch zügigen Baufortschritt (Wanderbaustelle) sind nur kurzfristige Sperrungen notwendig, was sich besonders bei Baustellen im Stadtgebiet positiv auswirkt.

Die Arbeitsfolge beim Einsatz eines hydraulischen Pressverbau-Gerätes zeigen Abb. 11.8 und 11.9.

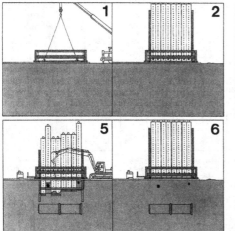
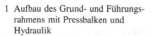
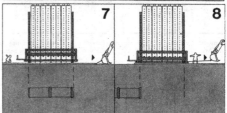

1 Aufbau des Grund- und Führungs-
  rahmens mit Pressbalken und
  Hydraulik
2 Einbau der Dielen und Eckschienen
3 Einpressen der Dielen und Aushub

4 Rohre verlegen
5 Rückbau, Verfüllen und Verdichten
6 Rückbau beendet
7 Umsetzen in die neue Arbeitsposition
8 Situation nach dem Umsetzen

Abb. 11.8   Arbeitsfolge beim Einsatz eines hydraulischen Pressverbau-Gerätes [33]

Abb. 11.9   Einsatzbeispiel für einen hydraulischen Pressverbau [33]

11.3 Hydraulischer Rohrvortrieb

Mit dem hydraulischen Rohrvortrieb-Verfahren können Gebäude, Straßen, Bahnkörper und andere Bauwerke mit Rohrleitungen unterfahren werden, ohne die an der Oberfläche befindlichen Objekte zu gefährden, den Verkehr zu behindern oder die Anwohner zu stören. Ausgehend von einem Startschacht werden meist Stahlbetonrohre, in Längen von ca. 3,0 m aneinandergereiht, mit Hydraulikzylindern bis zum Zielschacht gepresst. Die Rohrdurchmesser können 1,2 bis 4,0 m sein. Die Länge der Pressstrecke kann bis zu 1,5 km betragen. Der hydraulische Rohrvortrieb ist bei fast allen Bodenarten möglich.

Verfahrensbeschreibung (s. Abb. 11.10): Im Startschacht (1) Abb. 11.11 befindet sich die Pressstation, bestehend aus den Hydraulikpressen (2) mit einer Druckkraft von bis zu 3000 kN pro Zylinder, die sich am Widerlager (3) abstützen, und der Hydraulikstation. In einem Gleitrahmen (4) werden das Rohr (5) und der biegsteife Druckring (6) geführt. Über dem Startschacht wird zweckmäßigerweise ein Portalkran (7) angeordnet, der die Rohre einheben und das Aushubmaterial nach oben befördern kann. Dem Anfängerrohr (8) ist ein Schneidschuh (9) mit Richtzylindern (10) vorgelagert. Mit den Richtzylindern können Abweichungen korrigiert und gezielt Kurven gefahren werden. Je nach Rohrdurchmesser, Presslänge und Bodenart erfolgt das Lösen und Laden des Erdreichs von Hand oder mit einer Fräs- und Ladeeinrichtung (11). Das Material wird mit einem selbstfah-

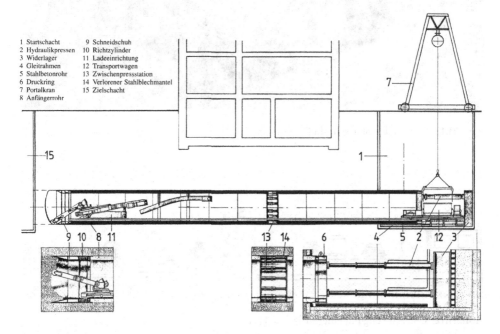

1 Startschacht	9 Schneidschuh
2 Hydraulikpressen	10 Richtzylinder
3 Widerlager	11 Ladeeinrichtung
4 Gleitrahmen	12 Transportwagen
5 Stahlbetonrohr	13 Zwischenpressstation
6 Druckring	14 Verlorener Stahlblechmantel
7 Portalkran	15 Zielschacht
8 Anfängerrohr	

Abb. 11.10 Schema Hydraulischer Rohrvortrieb [1]

Abb. 11.11 Blick in den Startschacht [1]

Abb. 11.12 Unterfahrung mit einer Erdrakete [19]

renden oder durch eine Winde gezogenen Transportwagen (12) durch die Röhre zurück in den Startschacht befördert. Für längere Pressstrecken werden Zwischenpressstationen (13) eingebaut. Nach Erreichen der höchsten Vorschubkraft ist dann ein abschnittweises Vorpressen möglich. Diese Zwischenstationen können am Ende ausgebaut und die Rohrstränge aneinander geschoben werden. Ein verlorener Stahlblechmantel (14) übernimmt dabei die Führung der Rohre. Um die Reibung zwischen dem Erdreich und dem Rohraußenmantel zu verringern, wird an mehreren Stellen der Rohrstränge durch Löcher Bentonit eingepresst.

11.4 Erdraketen und Rohrrammen

Zur Verlegung von unterirdischen Versorgungs- und Entsorgungsleitungen bis zu einer Länge von ca. 100 m werden Erdraketen (s. Abb. 11.12) und Rohrrammen (s. Abb. 11.15) verwendet. Voraussetzung sind die erforderlichen Platz Verhältnisse für einen Start- und Zielschacht. Das Hauptanwendungsgebiet für diese Verfahren ist das Unterfahren von Straßen, Bahnkörpern und sonstigen Bauwerken sowie Hausanschlüsse für Wasser und Abwasser und der Kabelbau. Diese Rammverfahren sind für alle Bodenarten geeignet, mit Ausnahme von Fels- und Moorböden.

Das Schlaggerät ist im Prinzip ein Drucklufthammer, der aus einem Rohrgehäuse, einem Schlagkolben und einer Steuereinheit mit Druckluftanschluss besteht (s. Abb. 11.13). Die Besonderheit der Geräte ist, dass über die Steuereinheit auf eine Vorwärts- und Rückwärts-Schlagbewegung umgeschaltet werden kann. Mit der Rückwärtsbewegung lassen sich Raketen wieder zurückholen, die in zu hartem Erdreich festsitzen.

Unterschieden werden zwei Rammverfahren, die Erdrakete und die Rohrramme.

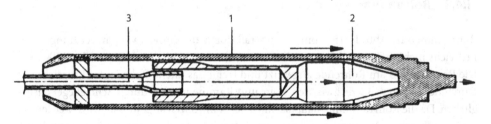

1 Rohrgehäuse
2 Schlagkolben
3 Steuereinheit

Abb. 11.13 Bauteile einer Erdrakete und Rohrramme [64]

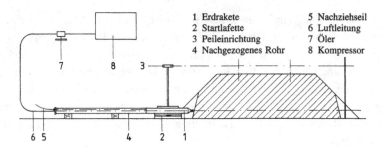

1 Erdrakete   5 Nachziehseil
2 Startlafette   6 Luftleitung
3 Peileinrichtung   7 Öler
4 Nachgezogenes Rohr   8 Kompressor

Abb. 11.14 Schema des Einsatzes einer Erdrakete

11.4.1 Erdrakete

Durch die Schlagwirkung der Rakete (s. Abb. 11.14) wird das Erdreich verdrängt und das am Geräteende befestigte Versorgungsrohr oder Kabel gleich mit eingezogen. Angewendet wird dieses Verfahren bis zu einem Durchmesser von max. 200 mm; es ist abhängig von der Bodenart und Bodenlagerung, soweit die Verdrängung möglich ist. Die genaue Richtung wird mit einer Peileinrichtung über die Startlafette fixiert.

Erdraketen werden angeboten:

Durchmesser: 45 bis 180 mm
Schlagzahl: je nach Durchmesser 280 bis 500 pro min
Luftverbrauch: 0,45 bis 4,5 m³/min
Gewichte: 8,0 bis 290 kg

11.4.2 Rohrramme

Rohrrammen (s. Abb. 11.15) kommen überall dort zum Einsatz, wo ein Verdrängen des Erdreichs nicht mehr möglich ist, d. h. für Rohrdurchmesser ab ca. 150 mm bis 1500 mm. Die Ramme wird am Rohrende angesetzt und treibt das offene Rohr in das Erdreich. Die Durchmesserunterschiede zwischen Rohr und Ramme werden durch Schlagkegel ausgeglichen. Da die Rohrrammung hauptsächlich bei Stahlrohren angewendet wird, werden bei längeren Strecken Rohrstücke aneinander geschweißt und eingerammt. Das am Ende des Rammvorganges mit Erde gefüllte Rohr kann, je nach Durchmesser, ausgeblasen, ausgespült oder mit einem Gerät ausgeräumt werden.

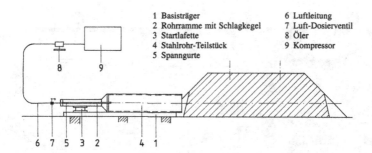

1 Basisträger	6 Luftleitung
2 Rohrramme mit Schlagkegel	7 Luft-Dosierventil
3 Startlafette	8 Öler
4 Stahlrohr-Teilstück	9 Kompressor
5 Spanngurte	

Abb. 11.15 Schema des Einsatzes einer Rohrramme

Rohrrammen werden angeboten:

Durchmesser: 95 bis 500 mm
Schlagzahl: je nach Durchmesser 180 bis 500 pro min
Luftverbrauch: 1,3 bis 35,0 m^3/min
Gewichte: 70 bis 3500 kg

11.5   Micro-Vortriebsmaschinen und Rohrschiebeeinrichtungen

Allgemeines Der Haupteinsatzbereich für Micro-Vortriebsmaschinen in Verbindung mit Rohrschiebeeinrichtungen ist die grubenlose Verlegung von Wasser-, Abwasser- und Versorgungsleitung für die Unterfahrung von Flüssen, Verkehrswegen und unzugänginen Bereichen. Die Rohrverlegung nach diesem Verfahren liegt im nicht begehbaren Bereich bei Rohrdurchmessern von 0,5 bis 1,5 m.

Micro-Vortriebsmaschinen können im trockenen Erdreich und im Grundwasserbereich arbeiten, wobei in beiden Fällen meist die hydraulische Materialförderung angewendet wird. Je nach Bodenart dienen als Födermittel nur Wasser oder bei weniger bindigen Böden die Bentonit-Supensionen (s. Abschn. 13.3.3.3).

Die Anbauwerkzeuge am rotierenden Schneidrad der Micro-Vortriebsmaschine richten sich nach der Bodenart und der Gesteinsfestigkeit, die bis 250 MN/m^2 betragen kann. Vortriebsrohre können aus Stahl, Stahlbeton, Ton oder Kunststoff sein.

11.5.1   Funktion der Micro-Vortriebsmaschine

Die Micro-Vortriebsmaschine (s. Abb. 11.16) besteht aus einem rotierenden Schneidrad (1) mit Hartmetallwerkzeugen (2), das von einem hydraulischen Drehantrieb (6) angetrieben wird. Durch das rotierende Schneidrad und den axialen Druck durch den Pressenrahmen im Startschacht auf die Rohre wird das Erdreich gelöst und gelangt in einen konischen Brecherraum (3), in dem größere Steine zerkleinert werden.

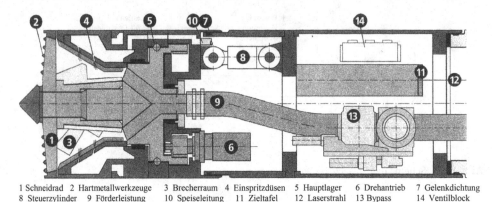

1 Schneidrad 2 Hartmetallwerkzeuge   3 Brecherraum 4 Einspritzdüsen   5 Hauptlager   6 Drehantrieb   7 Gelenkdichtung
8 Steuerzylinder 9 Förderleistung   10 Speiseleitung   11 Zieltafel   12 Laserstrahl   13 Bypass   14 Ventilblock

Abb. 11.16 Bauteile einer Micro-Vortriebsmaschine [25]

Unter Zugabe von Wasser oder Suspension über die Speiseleitung (10) und die Einspritzdüsen (4) erfolgt die Aufmischung zu einem pumpfähigen Fördergut, das über die Förderleitung (9) in ein Absetzbecken gepumpt wird. Die Vortriebsmaschine ist durch das bewegliche Kopfstück über mehrere Hydraulikzylinder (8) am Umfang steuerbar. Die Richtungskontrolle erfolgt meist über den Laserstrahl (12).

Der Schneidkopf kann je nach Bodenart mit Schneidzähnen bei Mischböden oder weichem Gestein oder mit Schneidrollen für Hart- und Felsgestein ausgerüstet sein.

11.5.2 Darstellung des Rohrvortriebs mit Start- und Zielschacht

Die Vortriebslänge bei diesem Verfahren liegt bei 400 bis 500 m.

Der Rohrvortrieb (s. Abb. 11.17) erfolgt vom Startschacht zum Zielschacht. Von einem im Startschacht installierten, hydraulisch betätigten Pressenrahmen aus wird zunächst die Vortriebsmaschine mit Schneidkopf gestartet. Die nun folgenden Vortriebsrohre werden über einen Elektrozug in den Startschacht abgelassen, auf dem Pressenrahmen abgelegt und verpresst. Über eine Speisepumpe wird gereinigtes Wasser in einer Vorlaufleitung bis zum Scheidkopfbereich der Vortriebsmaschine geführt und mit dem gelösten Erdreich vermischt. Über eine Förderleitung wird dieses Gemisch mit Hilfe einer Förderpumpe im Startschacht in einen Absetzbehälter gepumpt, in dem sich die Feststoffe absetzen. Gesteuert wird der gesamte Verfahrensablauf von einem Betriebscontainer aus, der über dem Startschacht angeordnet ist. In diesem Betriebscontainer ist auch das hydraulische Antriebsaggregat für den Schneidkopfantrieb und den Pressenrahmen untergebracht. Mit dem Pressfortschritt müssen nach jedem Rohrschuss die Ver- und Entsorgungsleitungen zur Vortriebsmaschine verlängert werden. Über einen Laserstrahl wird die Zielrichtung der Vortriebsmaschine kontrolliert und an einem Bildschirm am Steuerpult angezeigt.

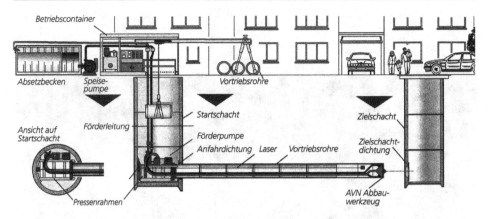

Abb. 11.17 Schematische Darstellung des Einsatzes einer Micro-Vortriebsmaschine [25]

11.5.3   Darstellung des Rohrvortriebs mit Rohrpresse

Bei diesem Verfahren können Rohrleitungen in Längen bis zu 1200 m in einem Arbeitsschritt verpresst werden (s. Abb. 11.18). Besonders geeignet zum Verpressen sind Stahlrohre von 0,8 bis 1,5 m Durchmesser.

Das zu verlegende Pressrohr (1) wird oberirdisch hinter der Startgrube komplett oder in Abschnitten verschweißt und auf Rollenböcken (2) gelagert. In der Startgrube ist die Rohrpresse (3) mit einer Schubkraft von bis zu 750 t verankert. Zur Aufnahme der Schubkraft ist ein entsprechendes Widerlager, meist aus Spundwänden (4) erforderlich. Die Rohrpresse (3) besteht aus einem Pressrahmen mit 2 Hydraulikzylindern und einer Rohrklemmvorrichtung (5), die Hublängen von bis zu 5,0 m ermöglicht.

In der schrägen Startgrube wird der Leitungsanfang entsprechend dem Rohrdurchmesser fest mit der Micro-Vortriebsmaschine (6) verschweißt. Mit der Rohrpresse (3) wird dann der ganze Rohrstrang in den Boden gepresst. Die zum Betrieb der Micro-Vortriebsmaschine erforderlichen Rohrleitungen für das aufgemischte Fördergut (Vor- und Rücklauf) und Rohre für die Hydraulik-Funktionen werden im Pressrohr nach außen geführt. Außerhalb des Pressrohres werden dann Schläuche verwendet, die bis zur Aufbereitungsanlage für das Fördergut und die Hydraulikstation verlegt werden. (Aufbereitungsanlage siehe Abschn. 13.3.3.3). Die Montage dieser Versorgungsleitungen im Rohr erfolgt mit dem Aufbau des Pressrohres. Die Versorgungsstationen sind auf halber Pressrohrlänge angeordnet, so dass bis zum Pressende keine Längenänderung der Leitungen notwendig ist.

Mit einer Messeinrichtung kann die Micro-Vortriebsmaschine über die Lenkzylinder horizontal und auch vertikal gelenkt werden.

1 Pressrohr
2 Rollenböcke
3 Rohrpresse
4 Spundwand
5 Klemmvorrichtung
6 Micro-Vortriebsmaschine

Abb. 11.18 Rohrvortrieb mit Rohrpresse [25]

11.6   Horizontalbohrgeräte

11.6.1   Allgemeines

Die gesteuerten Horizontalbohrgeräte werden zur grabenlosen Unterquerung von Bauwerken, Straßen, Flüssen und sonstigen schwer zugänglichen Trassen im Rohrleitungs- und
Kabelbau verwendet (s. Abb. 11.19).

Es werden Bohrlängen bis 300 m und Aufweitbohrungen bis 600 mm erreicht. Bohrungen sind bei Bodenklassen zwischen 1 und 5 möglich, wobei eine gewissenhafte Bodenuntersuchung oder ein Bodengutachten von Vorteil ist. Das Horizontalbohren ist ein Boden-
verdrängungsverfahren, sodass bezüglich Rohrdurchmesser und Bodenklassen Grenzen
gesetzt sind. Die Bohrung kann von horizontal bis zu einer Neigung von 18 Grad nach
unten angesetzt werden. Mit einem gesteuerten Bohrkopf ist das Durchfahren von Radien
möglich. Die kleinsten möglichen Radien sind je nach Bohrgestänge-Durchmesser 30 bis
75 m.

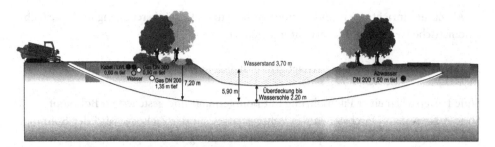

Abb. 11.19 Beispiel für eine Rohrverlegung unter einem Fluss [64]

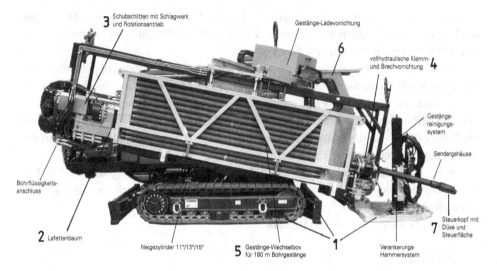

Abb. 11.20 Bauteile eines Horizontalbohrgerätes [64]

11.6.2   Aufbau und Funktion des Horizontalbohrgerätes

Aufbau (s. Abb. 11.20)

1 Geländegängiges Raupenfahrwerk mit Abstützschild und Ankerplatte
2 Bohrlafette in der Neigung verstellbar, mit hydraulischer Schub- und Zugeinrichtung
3 Schlitten mit hydraulischem Drehantrieb und Schlagwerk, beweglich auf Lafette geführt
4 Klemm- und Brecheinrichtung zum Verbinden und Trennen der Bohrstangen
5 Gestängemagazin und Bedieneinrichtung bei größeren Geräten
6 Wettergeschützter Steuerstand bei größeren Geräten
7 Bohrgestänge mit Bohrkopf

Als Zusatzeinrichtungen sind Bentonitaufbereitung, Gestängereinigung und eine halbautomatische Gestänge-Ladevorrichtung möglich.

Funktion Die Rohrverlegung erfolgt grundsätzlich in zwei Stufen.

Stufe 1: Herstellen einer Pilotbohrung mit Bohrgestänge und gesteuertem Bohrkopf

Stufe 2: Nach dem Durchstoßen des Bohrgestänges auf der Zielseite, wird der Bohrkopf durch einen Aufweitkopf ersetzt. Durch Rückzug des Bohrgestänges wird die Bohrung aufgeweitet. d. h., das Erdreich weiter verdrängt.

Wird mit der ersten Aufweitung der erforderliche Rohrdurchmesser erreicht, so kann das Versorgungsrohr gleich mit eingezogen werden. Bei größeren Rohrdurchmessern ist eine Aufweitung in mehreren Schritten notwendig.

Das Bohrgestänge besteht aus bis zu 3 m langen, mit Grobgewinde kuppelbaren, dickwandigen Stahlrohren. Sie werden über eine Gestängeladevorrichtung aus dem Magazin entnommen, auf die Lafette gelegt und durch eine hydraulische Klemm- und Brechvorrichtung verbunden. So entsteht mit dem Bohrfortschritt aus den einzelnen Bohrrohren das Bohrgestänge. An der ersten Bohrstange sitzt der Bohrkopf, der je nach Bodenart mit Hartmetalleinsätzen bestückt sein kann.

An der Bohrlafette geführt, wird das Bohrgestänge in den Boden gedrückt. Zur Unterstützung der Vorschubkraft tragen bei ein hydraulischer Drehantrieb, eine hydraulische Schlageinrichtung und eine Spülung.

Technische Daten, je nach Gerätegröße:

Vorschubkraft	bis 200 (kN)
Drehzahl des Bohrgestänges	150 bis 200 (U/min)
Drehmoment	1000 bis 10.000 (Nm)
Schlagzahl	bis 1000 Schläge/min

Über eine Spüleinrichtung, bestehend aus Bentonitaufbereitung (siehe Abschn. 13.3.3.3) und Pumpaggregat, wird mit Düsen am Bohrkopf Bentonit mit einem Druck von 50 bis 100 bar eingespritzt. Dies dient zur besseren Auflockerung und Verdrängung des Boden, verringert die Reibung und stabilisiert das Bohrloch.

Ortung und Steuerung der Bohrung Die Kontrolle des Bohrverlaufs ist mit einem Ortungsgerät (s. Abb. 11.21) möglich. Mit Hilfe eines Detektionssystems lassen sich Position, Neigung und Verrollung des Bohrkopfes verfolgen. Im Gestänge der Bohrkopfhalterung befindet sich ein Sender, der die Bohrdaten an ein Empfangsgerät zur manuellen Erfassung übermittelt. Diese Daten stehen auch dem Geräteführer zur Einleitung von Korrekturen zur Verfügung.

Zur Richtungskorrektur befindet sich am Bohrkopf eine abgeschrägte Steuerfläche mit Düsen und eine einseitige Anschrägung (s. Abb. 11.22). Die Richtungsänderung wird durch die Unterbrechung der Drehbewegung eingeleitet. Die nun wirkende Vorschubkraft und

Abb. 11.21 Ortungsgerät [64]

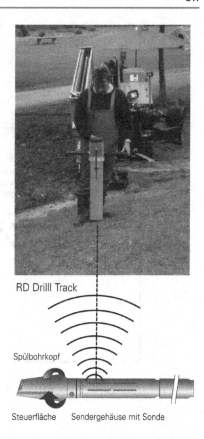

die Energie des Schlagwerks drücken den Bohrkopf über die einseitig Anschrägung in die gewünschte Richtung.

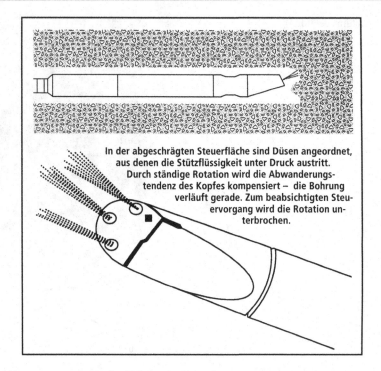

In der abgeschrägten Steuerfläche sind Düsen angeordnet, aus denen die Stützflüssigkeit unter Druck austritt. Durch ständige Rotation wird die Abwanderungstendenz des Kopfes kompensiert – die Bohrung verläuft gerade. Zum beabsichtigten Steuervorgang wird die Rotation unterbrochen.

Abb. 11.22   Steuerungsprinzip des Bohrkopfes

Abb. 11.23 Handgeführte Kleinfräse [65]

11.7 Grabenfräsen

11.7.1 Allgemeines

Das Haupteinsatzgebiet für Grabenfräsen ist der Kabelbau und der Rohrleitungsbau mit dem Schwerpunkt Versorgungsleitungen und Drainagen. Vorteilhaft und wirtschaftlich ist der Einsatz von Fräsen für lange Verlegestrecken, die ohne nennenswerte Störeinflüsse sind, z. B. durch Querleitungen. Da das Fräsgut durch Schnecken oder ein Förderband seitlich ausgetragen wird, müssen dafür die Platzverhältnisse gegeben sein. Der Vorteil des seitlichen Austrags ist die problemlose Rückfüllung, da das Material unmittelbar am Grabenrand zur Verfügung steht. Durch die Auswahl der Fräsbreite und die Festlegung der Länge des Fräsbalkens für die Tiefe ist ein optimaler Querschnitt zu erzielen, d. h., es fällt kaum Mehraushub an. Die Fräswände sind in den meisten Fällen glatt und formstabil. Die Grabenfräse ist in ihrer Aushubgeschwindigkeit dem üblichen Hydraulikbagger und Baggerlader meist überlegen. Fräsbar sind Bodenklassen 1 bis 4. Eine Bodenuntersuchung der Frässtrecke ist dringend ratsam. Für die richtige Auswahl eines Gerätes sind Grabenbreite und Grabentiefe zu berücksichtigen, die in einer gewissen Abhängigkeit zur Motorleistung und dem Maschinengewicht stehen.

11.7.2 Gerätetypen und Baugrößen

	Motorleistung	Frästiefe	Fräsbreite	
Handgeführte Kleinfräsen	8 bis 15 kW	bis 1,2 m	bis 0,25 m	(s. Abb. 11.23)
Mobile Grabenfräsen, Luftbereifung und Allradlenkung	30 bis 80 kW	bis 1,8 m	bis 0,45 m	(s. Abb. 11.24)
Grabenfräsen mit Raupenfahrwerk	90 bis 300 kW	bis 4,0 m	bis 1,0 m	(s. Abb. 11.25)

11.7.3 Technische Ausrüstung

Entsprechend der gewünschten Grabentiefe wird die Fräsbalkenlänge ausgelegt. Die Grabkette wird durch messerbestückte Verbreitungselemente der erforderlichen Grabenbreite angepasst. Für hartgelagerte Böden werden auch Verbreiterungsteile mit Hartmetallmeißeln verwendet. Das Fräsgut wird bei kleineren Geräten durch Schnecken, in der Regel aber durch ein Querförderband ausgetragen. Die Arbeitsbewegungen und der Fahrantrieb erfolgen hydraulisch über ein stufenlos regelbares Steuerungs- und Überwachungssystem. Die meisten Geräte verfügen über eine Vorschubregelung, die die Fräsgeschwindigkeit den Bodenverhältnissen automatisch anpasst.

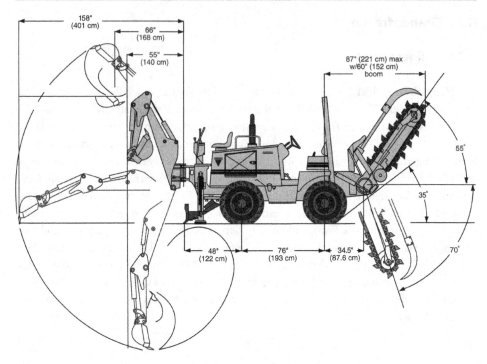

Abb. 11.24 Mobile Grabenfräse [65]

Für mobile Grabenfräsen werden verschiedene Zusatzeinrichtungen angeboten. Dies können sein:

- Anbaubagger mit Tieflöffel an der Frontseite
- Planierschild an der Frontseite zum Rückfüllen des Materials
- Vibrationspflug an Stelle des Fräsbalkens. Damit können mit einem vibrierenden schmalen Schwert Schlitze bis 0,9 m Tiefe in den Boden gezogen werden. Das an einem Kabelrollenträger an der Frontseite mitgeführte Kabel wird über das Gerät nach hinten geleitet und mit dem Pflügevorgang hinter dem Schwert verlegt.

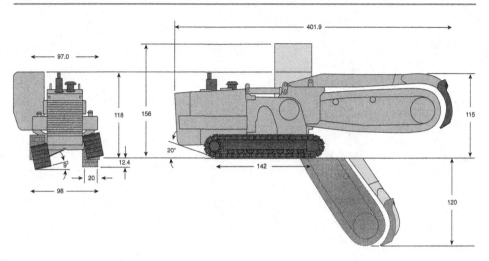

Abb. 11.25 Grabenfräse mit Raupenfahrwerk [65]

Ramm- und Ziehgeräte

12

12.1 Allgemeines

Das Rammen und Ziehen von Spundbohlen, Trägerprofilen und Rohren wird zur Absicherung von Erdkörpern, von Gräben und Baugrubenwänden gegen Einsturz angewendet. Die zum Rammen und Ziehen üblichen Geräte sind Kombinationen aus dem eigentlichen Ramm- oder Ziehgerät in Verbindung mit einem Trägergerät. Die Trägergeräte können dabei Seil- oder Hydraulikbagger sein, die mit oder ohne Führungsmäkler, je nach den Erfordernissen der Rammarbeiten, ausgerüstet sind. Die noch verwendeten Ramm- und Ziehgeräte können in vier Gruppen eingeteilt werden:

- **Langsamlaufende Rammen:** Freifall- und Explosionsrammen (Dieselrammen) sowie Hydraulikrammen mit bis zu 100 Schlägen/min.
- **Schnellaufende Rammen:** Schnellschlaghämmer, die mit Druckluft oder Dampfdruck mit 120 bis 180 Schlägen/min betrieben werden.
- **Vibrationsrammen:** Rammgeräte, die über rotierende Unwuchten gerichtete Schwingungen erzeugen, die auf das Rammgut übertragen werden. Der Drehzahlbereich dieser Geräte liegt zwischen 1000 und 3000 Umdrehungen pro min.
- **Spundwandpressen:** Beim Spundwandpressen werden durch statischen Druck einzelne Bohlen ohne Erschütterung in den Boden gepresst.

Die Entwicklung der Vibrationsrammtechnik und das Spundwandpressen haben dazu geführt, dass mit diesen Systemen die größte Leistung und die größte Anwendungsbreite abgedeckt werden kann. Einen weiteren Vorteil bietet die verhältnismäßig geringe Geräuschentwicklung der Vibrationsramme gegenüber schlagenden Geräten. Auch die stufenlose Drehzahlverstellung wirkt sich positiv auf den Lärmpegel aus. Daher werden nachfolgend nur die Vibrationsrammeinrichtungen und das Spundwandpressen ausführlich beschrieben.

H. König (Hrsg.), *Maschinen im Baubetrieb*, Leitfaden des Baubetriebs und der Bauwirtschaft, 317
DOI 10.1007/978-3-658-03289-0_12, © Springer Fachmedien Wiesbaden 2014

	Profiltyp	Maße			Eigenlast		Widerstandsmoment	Zul. Biegemoment je m-Wand für Lastfall 1		
		Breite b	Höhe h	Rückend. t	kg/m	kg/qm	WX	StSp37	StSp 45/ StKE 300	StSpS
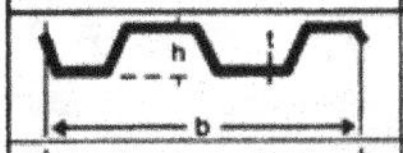	Kanaldielen KD IIIS KD VI	375	40	8,50	23,3	82,13	80 240	13,0 28,7	16,0 18,1	19,0 58,0
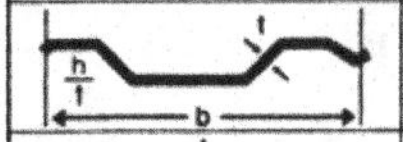	HKD 400/S KD 750/8	400 750	50 92	6,00 8,00	22,1 55,3	55,25 74,30	102 260	18,3 36,4	20,4 41,8	24,5 55,1
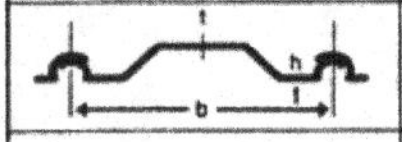	HKD 800	800	100	8,00	59,0	73,00	273	43	55	66
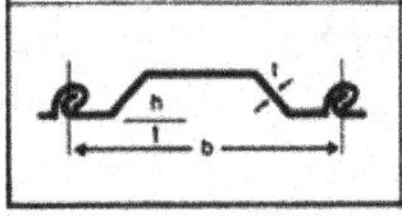	Leichtprofile HL2 HL2/7 LP76/7 LP88/8	600 600 700 700	130 131 150 151	8,00 7,00 7,00 8,00	37,8 45,0 53,3 61,6	63,00 75,00 76,00 88,00	338 388 478 552	54,0 62,0 66,9 77,3	67,6 77,6 77,0 88,9	81,1 93,1 101,0 116,9

Abb. 12.1 Beispiel für leichte Profile (Auszug aus Spundwand-Lieferprogramm) [73]

Abb. 12.2 Darstellung der U- und Z-Profile mit dazugehöriger Schlossform [34]

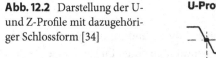

U-Profile   Z-Profile

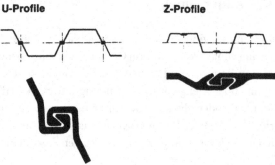

	Profiltyp	Maße			Eigenlast		Widerstandsmoment	Zul. Biegemoment je m-Wand für Lastfall 1		
		Breite b	Höhe h	Rückend. t	kg/m	kg/qm	WX	StSp37	StSp 45/ StKE 300	StSpS
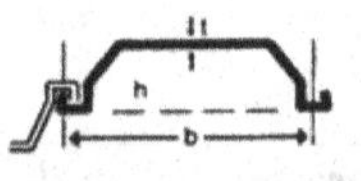	warmgewalzte Spundwandprofile Larssen 601 Larssen 602 Larssen 603 Larssen 606	600 600 600 600	310 310 310 420	7,50 8,20 9,70 12,50	48,3 53,4 64,8 83,5	77,0 89,0 108,0 139,0	745 830 1200 2020	119 133 192 323	134 149 218 364	179 199 288 485
	Larssen 20 Larssen 21 Larssen 22 Larssen 24	500 500 500 500	220 220 340 420	7,00 8,20 10,00 15,60	39,5 47,5 61,0 87,5	79,0 95,0 122,0 175,0	600 700 1250 2500	96 112 200 400	108 126 225 450	144 168 300 600

Abb. 12.3 Beispiel für schwere U-Profile (Auszug aus Spundwand-Lieferprogramm) [73]

12.2 Spundwandprofile

Gleichzeitig mit den Vibrationsrammgeräten wurden die Spundwandprofile und deren Bemessung für eine wirtschaftliche Bauweise weiterentwickelt. So werden heute weitgehend Doppelbohlen mit 1,2 m Breite (früher 1,0 m) verwendet. Je nach Rammtiefe, erforderlichem Widerstandsmoment und Anwendungsbereich werden leichte Profile (kalt gewalzt) und schwere Profile (warm gewalzt) in verschiedenen Stahlqualitäten angeboten.

12.2.1 Leichte Profile

Hauptanwendungsgebiet für leichte Profile (s. Abb. 12.1) ist der Kanalbau und das Spunden von Schächten bei max. Längen von ca. 12 m.

12.2.2 Schwere Profile

Diese Profile werden bis 30 m Länge angeboten. Unterschieden wird bei schweren Profilen zwischen U- und Z-Profilen mit den dazugehörigen Schlossformen (s. Abb. 12.2 und 12.3).

12.3 Widerstandskräfte am Rammgut

Bei der Vibrationsrammung wirken die in Abb. 12.4 dargestellten Widerstandskräfte auf das Rammgut ein. Die bei der Rammung eingeleitete Vibration versetzt das Rammgut in Schwingungen und bewirkt, dass sich die Reibung zum umgebenden Boden hin verringert. Ebenso verringert sich die Reibung von Korn zu Korn im anliegenden Boden, was zur Reduzierung der Widerstandskräfte führt und zum leichteren Einsinken der Bohle beiträgt. Das Prinzip der Vibrationsrammung beruht im Grunde auf der Reduzierung der Widerstandskräfte, die in Abb. 12.4 dargestellt sind. **Für die Vibrationsrammung sind am besten geeignet:**

- mitteldicht gelagerte, nasse Grob- und Mittelkiesböden,
- Böden aus Grob- und Mittelsanden,
- schluffartige Böden,
- Mischböden und bindige Böden bei höherem Wassergehalt.

Die Anwendungsmöglichkeiten der Vibrationsrammung lassen sich durch Rammhilfen auch auf hartgelagerte und schwer rammbare Böden ausdehnen. **Rammhilfen können sein:**

- Wasserspülung am Fuß des Rammgutes: Ein Spüllanze in Form eines Rohres von ca. 25 mm Durchmesser wird an jede Bohle im Bohlental angeschweißt. Der über dieses

Abb. 12.4 Widerstandskräfte
am Rammgut

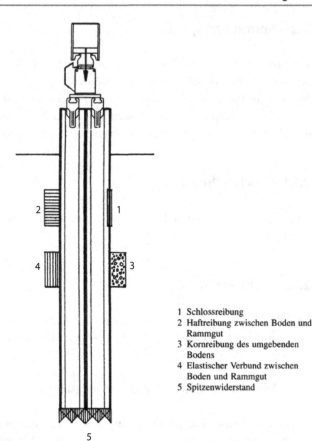

1 Schlossreibung
2 Haftreibung zwischen Boden und
  Rammgut
3 Kornreibung des umgebenden
  Bodens
4 Elastischer Verbund zwischen
  Boden und Rammgut
5 Spitzenwiderstand

Rohr eingeleitete Wasserstrahl (ca. 10 bis 20 bar) lockert dann während des Rammvorganges den Boden auf und verringert den Eindringwiderstand.

- Lockerungsbohrungen: Dichtgelagerte Böden können entlang der Rammachse mit einer Endlosbohrschnecke (s. Abschn. 13.2.3) in gewissen Abständen angebohrt werden,
  ohne viel Material nach oben zu fördern. Dadurch wird der Boden aufgelockert und das
  Eindringen des Rammgutes erleichtert.

12.4 Rammtechnik

Spundwände exakt und senkrecht zu rammen, hängt weitgehend von der Geschicklichkeit
und Erfahrung der Ramm-Mannschaft ab. Außerdem ist die richtige Geräteauswahl von
Bedeutung.

Die in Abb. 12.5 dargestellten Kräfte aus Rammschlag, Schlossreibung, Mantelreibung und Fußwiderstand zeigen eindeutig eine Außermittigkeit, die zum Ausweichen der
Spundwand in Pfeilrichtung führt, wenn der Rammschlag in der Mitte der Doppelboh-

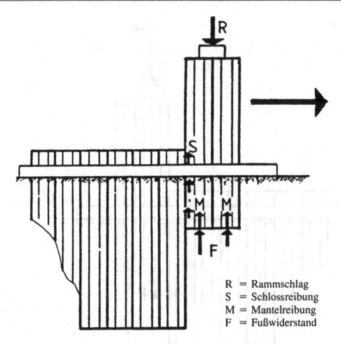

Abb. 12.5 Ausweichen der Doppelbohle in Pfeilrichtung, da Kraft (S) nicht im Gleichgewicht [34]

le angesetzt wird. Dem kann beim Vibrationsrammen entgegengewirkt werden, indem die Klemmzange nicht in Bohlenmitte, sondern immer so weit wie möglich zur schon gerammten Nachbarbohle hin angesetzt wird, wie in Abb. 12.6 dargestellt. Eine weitere Möglichkeit zeigt Abb. 12.7. Der Rammvorgang kann in Stufen vorgenommen werden. Die Doppelbohlen werden zuerst auf eine Tiefe gerammt, bis ein leichtes Abweichen aus der Senkrechten feststellbar ist. Dann werden sie in einer zweiten oder in mehreren Stufen auf ihre endgültige Tiefe gerammt. Die Doppelbohle kann dann in der Mitte gefasst werden, da die Schlossreibungskräfte im Gleichgewicht sind.

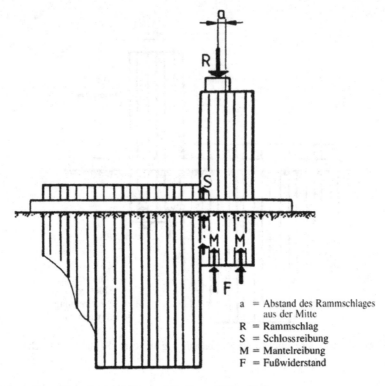

a = Abstand des Rammschlages
    aus der Mitte
R = Rammschlag
S = Schlossreibung
M = Mantelreibung
F = Fußwiderstand

Abb. 12.6 Außermittiger Rammschlag auf die Doppelbohle [34]

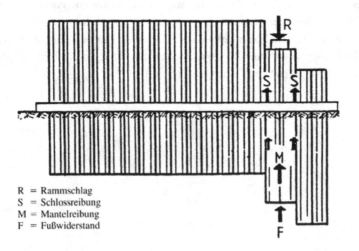

R = Rammschlag
S = Schlossreibung
M = Mantelreibung
F = Fußwiderstand

Abb. 12.7 Rammvorgang in Stufen [34]

12.5 Vibrationsrammen

12.5.1 Bauteile und Funktionsweise

Eine Vibrationsramme (s. Abb. 12.8) besteht aus drei Hauptteilen: der Erregerzelle mit den Antriebsmotoren (1), der hydraulischen Spannzange (2) und der Schwingungsdämpfung (3). In der Erregerzelle befinden sich gegenläufige Unwuchten, die über Zahnräder gekoppelt synchron laufen. Die entstehenden Fliehkräfte F_R teilen sich in Horizontalkräfte F_H und Vertikalkräfte F_V auf. Dabei heben sich die Horizontalkräfte immer auf, und die Vertikalkräfte werden wirksam. Es entstehen gerichtete Schwingungen, die über die hydraulische Spannzange auf das Rammgut übertragen werden. Angetrieben werden die Unwuchten über Hydraulik- oder Elektromotoren. Die hydraulischen Antriebe haben den Vorteil der stufenlosen Regelbarkeit; dadurch ist eine optimale Anpassung an die verschiedenartigen Bodenarten möglich. Eine oder mehrere Spannzangen stellen über Klemmbacken und Hydraulikzylinder eine feste Verbindung zwischen dem Vibrator und dem Rammgut her. Die Schwingungsdämpfung besteht aus Gummielementen (Schwingmetallen), die die Vibration von der Aufhängung am Trägergerät fernhalten.

12.5.2 Kenngrößen

Nachstehende Daten sind für die Leistung einer Vibrationsramme maßgebend:

Antriebsleistung P [kW]
Die erforderliche Antriebsleistung bestimmt die Größe des Antriebsmotors, der zur Erzeugung der Fliehkraft und Überwindung der Widerstandskräfte zwischen Boden und Rammgut notwendig ist.

Drehzahl n [1/min]
Die Drehzahl des Unwuchtsystems entspricht den Schwingungen, die auf das Rammgut einwirken und an den umgebenden Boden übertragen werden. Die Bewegungsintensität des Rammsystems kann durch die Drehzahländerung beeinflusst werden.

Statisches Moment M [Nm]
Das statische Moment ist bestimmt durch das Gewicht der Unwucht und beeinflusst die Schwingweite und damit die Rammintensität (s. Abb. 12.9).

$$\text{Statisches Moment } M = G \times r \text{ [Nm]}$$

G = Gewicht der Unwucht [N]
r = Abstand des Schwerpunktes der Unwucht dem Dreh-Mittelpunkt [m]

1 Erregerzelle
2 Hydraulische Spannzange
3 Schwingungsdämpfung

F_R = Fliehkraft
F_V = Vertikalkraft
F_H = Horizontalkraft

W/Z = Wechsel/Zeiteinheit
S   = Schwingweite
s   = Amplitude

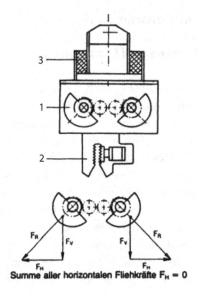

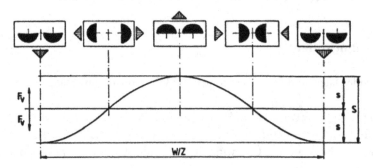

Abb. 12.8 Bauteile und Funktionsweise einer Vibrationsramme [34]

Fliehkraft F [kN]

Die Größe der Fliehkraft ist maßgebend für die Überwindung der Haftreibung zwischen Rammgut und Boden und wirkt als Stoßkraft zur Überwindung des Spitzenwiderstandes.

$$\text{Fliehkraft } F = M \times \omega^2 \ [kN]$$

M = G × r = Statisches Moment
ω = $\frac{\pi \times n}{30}$ [1/min]
n = Drehzahl [l/min]

Schwingweite S [m]

Die Schwingweite S (s. Abb. 12.8) ist ein Maß für den Weg oder Hub, den das Rammsystem erzeugt. Ein großer Hub und eine große Fliehkraft (Stoßkraft) sind ein Maß für einen

Abb. 12.9 Darstellung des Gewichts der Unwucht (G) mit dem Abstand des Schwerpunktes (r)

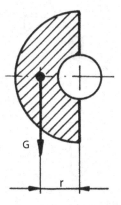

guten Rammvortrieb. Besonders bei bindigen Böden ist eine ausreichend große Schwingweite zur Überwindung der Haftreibung zwischen Rammgut und Boden erforderlich.

$$\text{Schwingweite } S = 2 \times s = \frac{2 \times M}{G_{Dyn}} \ [m]$$

s   = Amplitude = $1/2 \times S$
M   = Statisches Moment [kgm]
G_{Dyn} = Gewicht des Vibrators + Gewicht des Rammgutes [kg]

Aus den Kenngrößen ist ersichtlich, dass sie sich gegenseitig beeinflussen. So sind bei der Auswahl des Rammgerätes, abhängig vom Rammgut und der Bodenart, die entsprechenden Einflussfaktoren wie Drehzahl, statisches Moment und Schwingweite zu berücksichtigen. Das statische Moment einer Vibrationsramme kann z. B. durch die Auswechselung von Unwuchtgewichten in Stufen den Bodenverhältnissen angepasst werden. Gleichzeitig wird dann bei gleicher Drehzahl eine Änderung der Schwingweite erreicht. Die neueren Vibrationsrammen ermöglichen eine stufenlose Veränderung des statischen Momentes während des Betriebes durch gegenseitiges Verdrehen der Unwuchtgewichte. Damit wird eine stufenlose ideale Anpassung an die Erfordernisse des Rammvorganges erreicht (s. Abschn. 12.5.3.5).

12.5.3   Vibrationsrammen und Trägergeräte

12.5.3.1   Leichte Vibrationsrammen

Als leichte Vibrationsrammen werden in der Regel Geräte eingestuft, deren hydraulischer Antrieb über die Bordhydraulik des Trägergerätes erfolgt.

Daten der gebräuchlichen leichten Vibrationsrammen:

Fliehkraft: 200 bis 700 kN
Statisches Moment: 25 bis 100 Nm

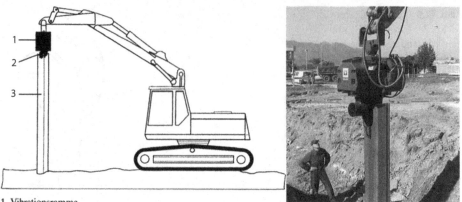

1 Vibrationsramme
2 Hydraulische Klemmzange
3 Rammgut

Abb. 12.10   Hydraulikbagger mit leichter Vibrationsramme freireitend [73] [35]

1 Vibrationsramme
2 Hydraulische Klemmzange
3 Teleskopmäkler
4 Teleskopierzylinder
5 Mäkler-Schwenkeinrichtung

Abb. 12.11   Hydraulikbagger mit teleskopierbarem Mäkler und leichter Vibrationsramme [73] [35]

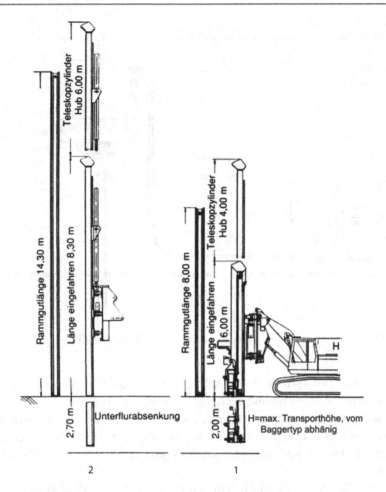

1 Teleskopmäkler, kürzeste Ausführung
2 Teleskopmäkler, längste Ausführung

Abb. 12.12 Teleskopmäkler für leichte Vibrationsrammen am Hydraulikbagger [73]

Schwingweiten:	20 bis 40 mm
Drehzahlen max.:	2500 bis 3000 Umdrehungen pro min
Gewichte:	bis ca. 2500 kg
Hydraulische Leistung am Vibrator:	bis 150 kW

12.5.3.2 Trägergeräte für leichte Vibrationsrammen

Als Trägergeräte für leichte Vibrationsrammen werden überwiegend Hydraulikbagger verwendet, da dort die vorhandene Bordhydraulik zum Betrieb der Ramme zur Verfügung steht. Das Rammgerät kann am Ausleger freireitend (s. Abb. 12.10) oder an einem telesko-

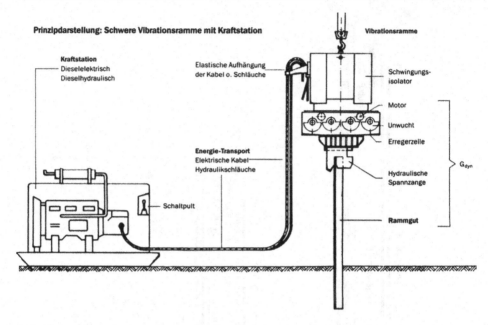

Abb. 12.13 Schema für eine schwere Vibrationsramme mit Kraftstation [35]

pierbaren Mäkler betrieben werden (s. Abb. 12.11). Ein Mäkler ist ein vertikaler Mast am
Bagger, an dem das Rammgut und das Rammgerät geführt werden.

Hydraulisch betätigte Teleskopmäkler für leichte Vibrationsrammen werden für Ramm-
gutlängen von 6 bis 15 m angeboten. Mit einer hydraulischen Mäkler-Neigungs- und Jus-
tiereinrichtung können Schrägrammungen durchgeführt und Bodenunebenheiten ausgeglichen werden.

Ein Hydraulikzylinder am Mäkler ermöglicht das Aufbringen einer Vorspannkraft auf
die Ramme und trägt zur Erhöhung der Rammleistung bei. Der Teleskopmäkler kann für
den Transport eingefahren und um 90° geschwenkt werden. Beim Einsatz dieser Ramm-
einrichtung entstehen keine nennenswerten Rüstzeiten. Je nach Mäklerlänge sind verschiedene Bagger-Gewichtsklassen notwendig. Sie bewegen sich von 15 t Grundgewicht bei 6 m
Nutzlänge bis 30 t Grundgewicht bei 15 m Nutzlänge (s. Abb. 12.12).

12.5.3.3   Schwere Vibrationsrammen

Als schwere Vibrationsrammen (s. Abb. 12.13) werden Geräte eingestuft, die eine eigene
Antriebskraftstation besitzen. Dabei kann diese Kraftstation auf dem Heck des Trägergerätes aufgebaut sein und als Gegengewicht wirken. Je nach Größe der Vibrationsramme kann
die Erregerzelle mit bis zu vier Unwuchtpaaren bestückt sein.

Daten gebräuchlicher schwerer Vibrationsrammen:

Fliehkraft: 750 bis 4000 kN
Statisches Moment: 120 bis 2000 Nm

Abb. 12.14 Seilbagger mit Mäkler und schwerer Vibrationsramme [35]

Tab. 12.1 Eigenfrequenz verschiedener Bodenarten

Bodenart	[Hz]	$[\text{min}^{-1}]$
Moorböden	10–13	600–780
Mittelsand	15–18	900–1080
Lehmiger Sand	21–23	1260–1380
Lehm feucht	19–20	1140–1200
Lehm trocken	20–22	1200–1320
Sand fest	26–28	1560–1680
Schluffsand	19–20	1140–1200
Löß trocken	23–24	1380–1440

Schwingweiten: 15 bis 40 mm
Drehzahlen max.:   bis 3000 Umdrehungen pro min
Gewichte: bis 16.000 kg
Hydraulische Leistung am Vibrator: bis 550 kW

12.5.3.4 Trägergeräte für schwere Vibrationsrammen

Als Trägergeräte für schwere Vibrationsrammen werden überwiegend Seilbagger mit Mäklereinrichtung (s. Abb. 12.14) verwendet. Um den Rammfortschritt zu unterstützen, wirken als senkrechte Kraft außer dem Gewicht der Ramme und des Rammgutes noch eine zusätzliche Zugkraft nach unten, die mit einer eigenen Seilwindeneinrichtung über den Mäkler eingeleitet wird.

12.5.3.5 Hochfrequenz-Vibratoren mit variablem statischem Moment

Die Vibrationsrammen wurden ursprünglich auf eine Drehzahl von 1500 Umdrehungen pro min (25 Hz) ausgelegt, da der Umlagerungsprozess und damit der beste Rammfortschritt im Resonanzbereich des Bodens stattfindet (s. Tab. 12.1).

Problematisch ist jedoch, dass gerade im Resonanzbereich des Bodens die größte Schwingungsausbreitung auf benachbarte Bauwerke entsteht und zu erheblichen Schäden führen kann. Dieser Nachteil wurde durch die Entwicklung der Hochfrequenz-Vibratoren aufgehoben, die bei einer Drehzahl von 2200 bis 3000 Umdrehungen pro min (38 bis 50 Hz) arbeiten. Da der Vibrator bei der Drehzahl 0 Umdrehungen pro min beginnt und kontinuierlich auf die gewünschte Drehzahl gebracht wird, durchwandert er beim An- und Auslauf kurzfristig den Eigenfrequenzbereich des Bodens (kritischer Bereich) und kann damit nachteilig auf Bauwerke einwirken (s. Abb. 12.15).

Neu entwickelt wurden nun Hochfrequenz-Vibratoren mit variablem statischen Moment. Dabei werden die Unwuchtpaare in der Erregerzelle vor dem Anlauf um 180° gegeneinander phasenverschoben, so dass sich die Exzenterkräfte aufheben. Nach dem Start und dem Erreichen der gewünschten Drehzahl erfolgt eine Phasenverschiebung der Unwuchtpaare in umgekehrter Richtung, was zur Vibration des Gerätes führt. Die Unwuchten könne also während des Betriebes verstellt und damit mit dem effektivsten statischen Mo-

Abb. 12.15 1 Kritische
An- und Auslaufphase bei
herkömmlichen Vibrations-
rammen, 2 Hochfrequenz-
Vibrationsrammen mit variablem statischen Moment [35]

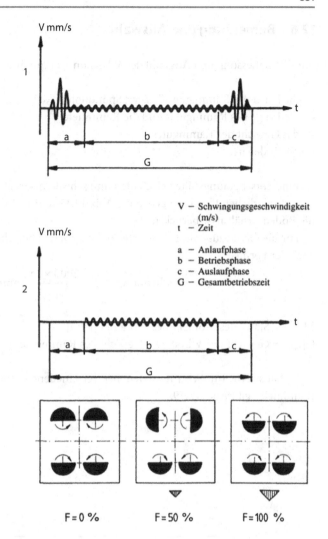

V mm/s

1

a   b   c

G

V – Schwingungsgeschwindigkeit
    (m/s)
t – Zeit

a – Anlaufphase
b – Betriebsphase
c – Auslaufphase
G – Gesamtbetriebszeit

V mm/s

2

a   b   c

G

Abb. 12.16 Prinzip der Unwuchtverstellung [35]. F = 0 %
in Anlaufstellung, stufenlos
verstellbar bis F = 100 % für
volle Wuchtkraft

F = 0 %   F = 50 %   F = 100 %

ment für den Rammfortgang betrieben werden, das evtl. nur bei 50 bis 70 % des gesamten statischen Momentes liegt. Beim Auslaufen des Vibrators erfolgt die Unwuchtverstellung wie in der Startphase, so dass sich auch hier die Erregerkräfte aufheben (s. Abb. 12.16).

Mit dem Hochfrequenz-Vibrator mit variablem statischen Moment während des Betriebes ist eine optimale Anpassung an die Bodenart im Hinblick auf Frequenz und Schwingweite möglich. Die kritischen An- und Auslauffrequenzen können vermieden werden. Es muss nur die Energie in das Rammgut eingeleitet werden, die für einen zügigen Rammfortschritt erforderlich ist.

12.6   Bemessung und Auswahl

Für die Bemessung und Auswahl der Vibrationsramme sind maßgebend:

- die Form des Rammgutes (Träger, Spundbohle, Rohr),
- die Länge des Rammgutes und die Rammtiefe,
- das Gewicht des Rammgutes,
- die Bodenart.

Eine Entscheidungshilfe bei leichten und schweren Vibrationsrammen für die Auswahl der erforderlichen Fliehkraft geben die Abb. 12.17 und 12.18, die auch die Rammtiefe und die Bodenverhältnisse berücksichtigen.

Für die Geräteauswahl ist auch die Schwingweite überschlägig zu ermitteln, und zwar nach der Formel:

$$\text{Schwingweite } S = \frac{2000 \times M}{G_{Dyn}} \ [mm]$$

M   = Statisches Moment des Vibrators [kgm]
G_{Dyn} = Gewicht des Vibrators + Gewicht des Rammgutes [kg]

Anhaltswerte für Schwingweiten bei verschiedenen Bodenarten, abhängig von der Rammtiefer gibt Abb. 12.19.

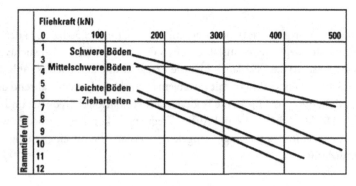

Abb. 12.17 Auswahl der leichten Vibrationsrammen in Abhängigkeit von der Rammtiefe und Bodenart [35]

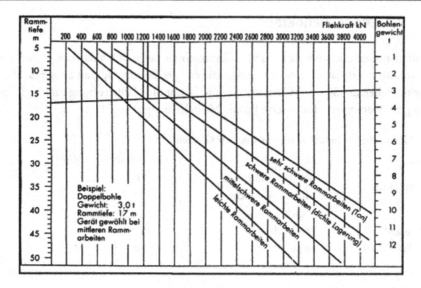

Abb. 12.18 Auswahl der schweren Vibrationsrammen in Abhängigkeit von der Rammtiefe und Bodenart [35]

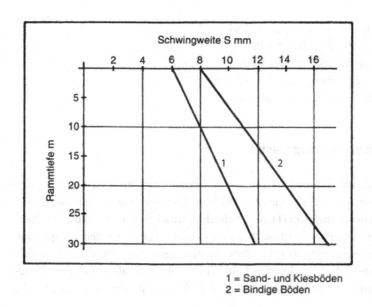

1 = Sand- und Kiesböden
2 = Bindige Böden

Abb. 12.19 Schwingweiten in Abhängigkeit von Rammtiefe und Bodenart [35]

12.7 Vibrations-Ziehgeräte

Vibrationsrammen können sowohl zum Rammen als auch zum Ziehen verwendet werden. Voraussetzung ist, dass am Lasthaken die entsprechende Zugkraft aufgebracht wird. Da beim Ziehen der Spitzenwiderstand entfällt, ist nur die Mantelreibung und die Schlossreibung zu überwinden. Richtwerte für die Mantelreibung s. Tab. 12.2.

Tab. 12.2 Richtwerte für die Mantelreibung beim Ziehen

Boden		Mantelreibung [kN/m^2]
Sand und Kies	locker – mittel	10–16
	dicht – sehr dicht	15–28
bindige und schluffige Böden	weich	3–8
	plastisch	6–12
	hart	12–20
	sehr hart	> 20

Als Zuggerät kann ein Seilbagger oder Kran, mit oder ohne Mäklerführung dienen. Die erforderliche Zugkraft des Gerätes kann überschlägig nach folgender Formel ermittelt werden:

$$P_{zug} = (GV + GR) \times 9{,}81 + \frac{R_M \times F}{10} \; [kN]$$

P_{zug} = Zugkraft am Kranhaken [kN]
G_V = Gewicht des Vibrators [kN]
G_R = Gewicht des Rammgutes [kN]
R_M = Mantelreibung nach Tab. 12.2 [kN/m^2]
F = Mantelfläche des Rammgutes [m^2]

12.8 Spundwandpressen

Mit dem Pressverfahren lassen sich Spundwände lärm- und erschütterungsfrei in den Boden pressen. Angewendet wird das Pressverfahren in Wohngebieten, bei der Sicherung von instabilen Böschungen, bei Leitungsschächten und Kanälen und in unmittelbarer Nähe von Bauwerken. Das Pressen ist nur bei geschlossenen Verbauwänden aus Spundwandprofilen möglich, da im Gegensatz zum Vibrieren nur ein statischer Druck auf eine Bohle ausgeübt wird, während die benachbarten Bohlen die Reaktionskraft aufnehmen. Dieses Verfahren kann in umgekehrter Richtung auch zum Ziehen der Bohlen verwendet werden.

Abb. 12.20 Schema einer freireitenden Spundwandpresse

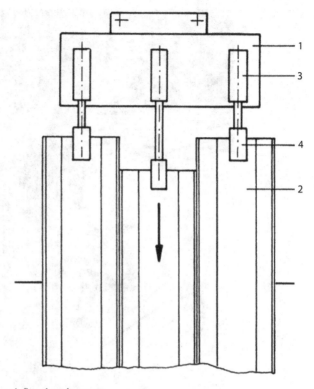

1 Spundwandpresse
2 Spundbohlen
3 Druckzylinder
4 Spannvorrichtung

Freireitendes Pressen Leistungsdaten:

Einpresskraft pro Zylinder: 600 kN
Ziehkraft pro Zylinder: 380 kN
Hub für Pressen und Ziehen: 450 mm

Funktion (s. Abb. 12.20):

Die Spundwandpresse (1) wird auf meist drei in einem Führungsrahmen aufgestellte Spundbohlen (2) gesetzt und jeder Druckzylinder über eine hydraulische Spannvorrichtung (4) mit einer Bohle verbunden. Das Einpressen erfolgt nun über die Druckzylinder (3), die die Bohlen in Schritten abwechselnd in den Boden drücken.

Die Spundwandpresse kann auch, an einem Mäkler geführt, in Verbindung mit einem Hydraulikbagger als Trägergerät eingesetzt werden (s. Abb. 12.21).

Abb. 12.21 Spundwandpresse mit Mäklerführung am Hydraulikbagger [72]

Bohr- und Schlitzwandgeräte

13.1 Allgemeines

Um Lasten von Bauwerken in tiefer liegende, tragfähige Schichten abzutragen, werden Bohrpfähle in verschiedensten Durchmessern und Längen ausgeführt. Weiter kommen Schlitzwände zur Anwendung z. B.

- als Wände zur Baugrubensicherung,
- als permanente Wände z. B. im U-Bahnbau,
- als Gründungen für Brücken und sonstige Bauwerke,
- für große Becken für die verschiedensten Flüssigkeiten. Mit den heute üblichen Gründungsverfahren der Pfahlbohr- und Schlitzwandtechnik lassen sich fast alle Bodenarten, selbst Fels, bearbeiten.

13.1.1 Anforderung an die Maschineneinrichtung zur Herstellung von Pfählen und Wänden

Die Geräte mit den entsprechenden Einrichtungen und Werkzeugen müssen in der Lage sein:

- den Boden im Bohrloch oder im Wandschlitz zu lösen,
- den Boden nach dem Lösen nach oben zu fördern,
- das Bohrloch oder den Wandschlitz gegen einen Einsturz zu stabilisieren.

13.1.1.1 Lösen des Bodens
Die Verfahren zum Lösen nach Boden-Gewinnungsklassen und die Zuordnung der Werkzeuge zeigt Abb. 13.1.

H. König (Hrsg.), *Maschinen im Baubetrieb*, Leitfaden des Baubetriebs und der Bauwirtschaft, 337
DOI 10.1007/978-3-658-03289-0_13, © Springer Fachmedien Wiesbaden 2014

Löseverfahren des Bodens	Schneiden	Reißen–Fräsen	Meißeln und Kerben	Schlagen und Drehschlagen
Boden-Gewinnungsklassen	1–4	3–6	6–9	7–9
	– Loser Boden – Stichboden – Hackboden normal	– Hackboden – Hackfels	– Hackfels – Reißfels – Meißelfels – Sprengfels leicht	– Meißelfels – Sprengfels leicht – Sprengfels schwer

Werkzeuge zum Lösen des Bodens	– Bohrgreifer
	– Bohrschnecken
	  mit Flachzähnen
	– Kastenbohrer
		– Bohrschnecken
		  mit Rundschaftmeißeln
		– Kastenbohrer
			– Rollenmeißel	– Fallgewichtsmeißel
				– Imlochhämmer
				– Drucklufthämmer mit
				  dreh. Bohrkrone

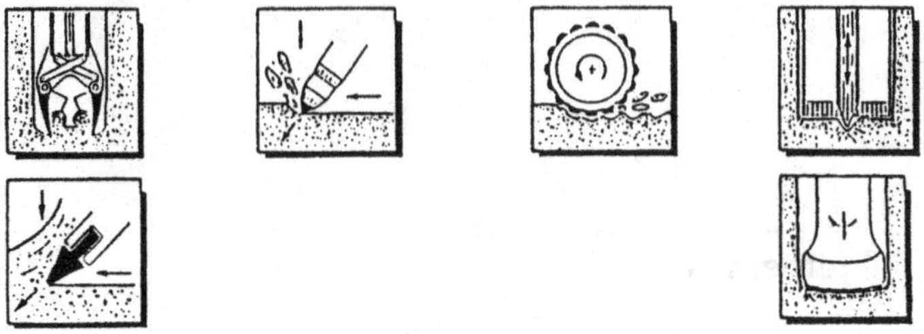

Abb. 13.1 Verfahren und Werkzeuge zum Lösen des Bodens [7]

13.1.1.2 Fördern des Bodens

Beim Fördern des Bohrgutes aus dem Bohrloch oder dem Wandschlitz werden unterschieden:

- Fördern im Taktbetrieb,
- kontinuierliches Fördern.

Beim Fördern im Taktbetrieb werden Bohrgreifer mit Seilbetätigung oder bei großen Durchmessern mit hydraulischer Betätigung eingesetzt. In Verbindung mit einer Drehbohreinrichtung werden Bohrschnecken, Kastenbohrer oder Kernbohrrohre verwendet, die über ein mehrfach teleskopierbares Bohrgestänge (Kellystange) betätigt werden. Diese Seil- und Bohreinrichtungen sind Anbaugeräte an Seil- oder Hydraulikbaggern, die als Grund- oder Trägergerät dienen. Die kontinuierliche Förderung erfolgt mit Endlos-Bohrschnecken oder über verschiedenartige Spül- und Saugsysteme. Diese Spülsysteme werden meist nur für große Tiefen und große Pfahldurchmesser verwendet. Die erforderliche Geräteausstattung ist sehr aufwendig. Da das Spülverfahren in Deutschland nur selten angewendet wird, wird darauf weiter nicht eingegangen.

13.1.1.3 Stabilisieren des Bodens

Ist der Boden nicht standfest, so werden zur Stabilisierung der Bohrlochwand angewendet:

- bei Bohrpfählen die Verrohrung, eine Stützflüssigkeit oder Stabilisierung durch Boden-verdrängung,
- bei Schlitzwänden eine Stützflüssigkeit.

Die Bohrrohre können mit Vibro-Rammen eingerüttelt werden. Weitere Möglichkeiten sind das Eindrehen mit Hilfe einer Verrohrungsanlage (Schockieren) durch hin- und hergehende Drehbewegungen oder direktes Eindrehen in Verbindung mit einer Drehbohranlage im Zuge des Materialaushubes.

Die Stützflüssigkeit wird in erster Linie bei der Erstellung von Schlitzwänden angewendet. Stützflüssigkeiten können Wasser oder Tonsuspensionen sein.

13.2 Geräte zur Herstellung von Bohrpfählen

Für die Auswahl der richtigen Geräte zur Herstellung von Bohrpfählen sind nachstehende Faktoren maßgebend:

- Bohrdurchmesser,
- Bohrtiefe,
- Anzahl der herzustellenden Bohrungen,
- Platzverhältnisse auf der Baustelle,
- Bodenart und Standfestigkeit des Bodens,
- Trockenbohren oder mit Stützflüssigkeit.

13.2.1 Drehbohrantriebe

Pfähle werden überwiegend mit dem Drehbohrverfahren hergestellt. Die Grundeinheit ist der hydraulische Drehantrieb mit Getriebe in Verbindung mit der Bohrstange und dem Bohrwerkzeug.

Unterschieden werden folgende Drehbohrantriebe (s. Abb. 13.2):

Nr. 1 Drehbohrantrieb mit teleskopierbarer Bohrstange (Kellystange)
Nr. 2 Drehbohrantrieb mit langer Bohrschnecke (Hohlschnecke)
Nr. 3 Doppelkopfantrieb
Nr. 4 Drehbohrantrieb mit Verdrängungsbohrer und fester Bohrstange

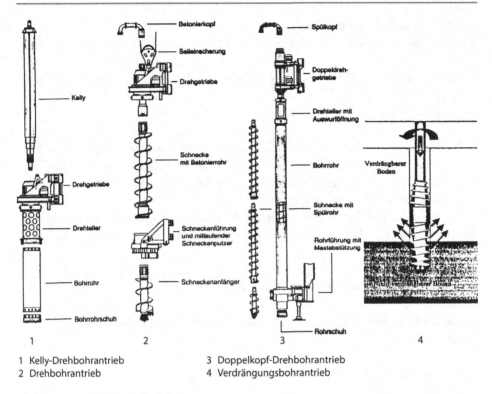

1 Kelly-Drehbohrantrieb   3 Doppelkopf-Drehbohrantrieb
2 Drehbohrantrieb   4 Verdrängungsbohrantrieb

Abb. 13.2 Drehbohrantriebe [7]

13.2.2 Drehbohranlagen

Drehbohranlagen sind die Einheit aus Drehbohrantrieb mit Bohrstange und Bohrwerkzeug in Verbindung mit dem entsprechend dimensionierten Trägergerät. Das Trägergerät
stellt gleichzeitig die Energie für den Hydraulikantrieb zur Verfügung. Elektronisch erfass-
te Kontrolldaten machen den Bohrvorgang transparent und wirkungsvoll. Im Fahrerhaus
werden in Verbindung mit der Bedieneinheit sämtliche Bohrparameter dokumentiert und
gespeichert. Angezeigt werden Bohrungskoordinaten, Tiefen, Drehmomente, Drücke und
Zeiten sowie Betonierdaten.

Bauteile einer Drehbohranlage (s. Abb. 13.3):
    Die Grundeinheit besteht aus Trägergerät (1) mit angebautem Mast (2), der über Hy-
draulikzylinder am Mastfuß und hydraulische Mastabstützungen (3) zum Ausgleich von
Niveau-Unebenheiten verstellbar ist. Ein Vorschubzylinder (5) dient zur Verstellung des
Drehantriebes (7) entlang der Mastführung. Anstatt des Vorschubzylinders kann auch
ein Windenvorschub verwendet werden, der jedoch eine Nebenwinde (6) erfordert. Über
den Zylinder- oder Windenvorschub kann während des Bohrens eine Vertikalkraft auf die

Abb. 13.3 Bauteile einer Drehbohranlage mit Bohrschnecke [7]

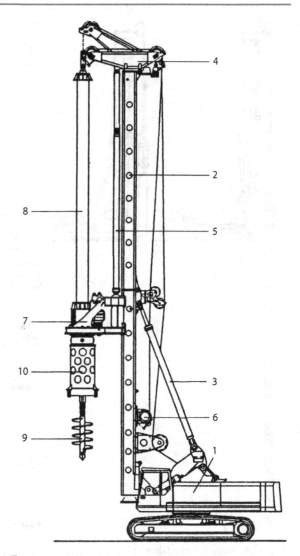

1 Trägergerät mit Hauptwinde	6 Nebenwinde
2 Mast	7 Drehantrieb
3 Nackenverstellzylinder	8 Kellystange
4 Mastkopf	9 Bohrschnecke
5 Vorschubzylinder	10 Drehteller

Bohrschnecke (9) aufgebracht werden, was zu einer Erhöhung der Bohrleistung führt. Mit dieser Drehbohr-Grundeinheit besteht die Möglichkeit, über den Drehantrieb verschiedene Bohrverfahren anzuwenden.

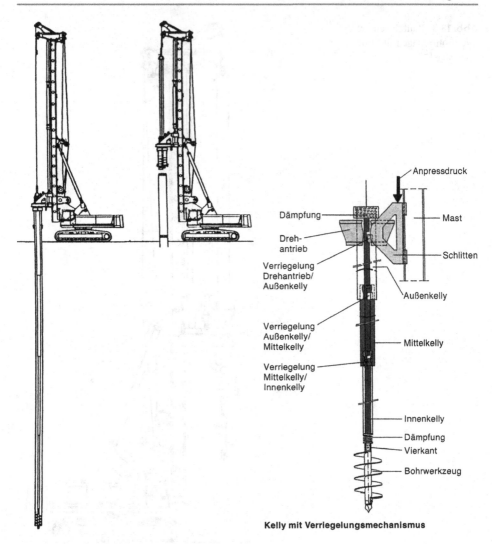

Kelly mit Verriegelungsmechanismus

Abb. 13.4 Kelly-Bohrverfahren [7]

13.2.3 Drehbohrverfahren

Nachfolgenden einige Drehbohrverfahren für Pfahlgründungen. Beschrieben wird die Bohranlage, der Verfahrensablauf in Verbindung mit der Bohrlochstabilisierung, die Materialförderung und der Betoniervorgang.

Kelly-Bohrverfahren mit verrohrter und unverrohrter Bohrung Bohrdaten:

Rohrdurchmesser 0,6 bis 3,0 m
Bohrtiefe   15 bis 90 m

Abb. 13.5 Drehbohrgerät mit Kelly-Einrichtung und Kastenbohrer im Einsatz [7]

Funktion (s. Abb. 13.4 und 13.5):

Die Kellystange ist eine 2- bis 5-fach teleskopierbare Bohrstange, deren einzelne Teleskopteile untereinander und mit dem Drehantrieb mechanisch über Mitnehmerleisten verriegelbar sind. Damit lässt sich die am Mast geführte, eingefahrene Kellystange je nach Ausführung auf das ca. 2- bis 5-fache der Grundlänge in die Bohrlochtiefe ausfahren. Wird

Verrohrungsmaschine

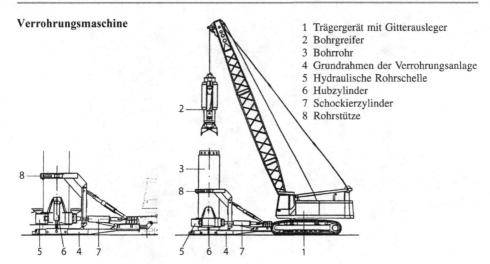

1 Trägergerät mit Gitterausleger
2 Bohrgreifer
3 Bohrrohr
4 Grundrahmen der Verrohrungsanlage
5 Hydraulische Rohrschelle
6 Hubzylinder
7 Schockierzylinder
8 Rohrstütze

Abb. 13.6 Verrohrungsanlage mit Bohrgreifer [7]

mit der Bohrung eine Verrohrung mitgeführt, so kann das Bohrrohr über den Drehteller (10) (s. Abb. 13.3) und den Vorschubzylinder gedreht und eingedrückt werden. Reicht das Drehmoment bzw. die Vorschubkraft für das Absenken der Verrohrung nicht aus, besteht die Möglichkeit zum Anbau einer Verrohrungsmaschine am Unterwagen des Trägergerätes, die dann, wie nachfolgend beschrieben, das Einbringen des Rohres übernimmt. Im Taktbetrieb wird der Boden im Bohrloch gelöst und über eine kurze Bohrschnecke oder einen Kastenbohrer nach oben befördert. Das Entleeren der Schnecke geschieht durch schnelles Drehen und Ausschleudern des Materials neben dem Bohrloch. Beim Kastenbohrer wird eine Bodenklappe geöffnet, so dass das Material herausfallen kann. Nach erreichter Tiefe kann ein bewehrter Bohrpfahl hergestellt und die Verrohrung mit dem Betonierfortschritt wieder gezogen werden. Die Bordhydraulik des Trägergerätes dient zum Antrieb der Hydraulikmotoren am Drehantrieb.

Verrohrungsmaschine Die Verrohrungsmaschine wird in Verbindung mit der Drehbohranlage bei erforderlichen größeren Drehmomenten eingesetzt. Angebaut an einen Seilbagger als Trägergerät, können mit einem Bohrgreifer Bohrungen bis 3,0 m Durchmesser und bis 30 m Tiefe hergestellt werden.

Funktion (s. Abb. 13.6):
    Die Verrohrungsmaschine ist über den Grundrahmen (4) mit dem Trägergerät (1) gelenkig verbunden. Das Bohrrohr (3) wird mit der hydraulischen Rohrschelle (5) geklemmt und über die Schockierzylinder (7) in einem Drehwinkel von ca. 20° hin- und her bewegt. Diese Bewegung wird Schockieren genannt. Die Hubzylinder (6) ziehen das Bohrrohr während des Schockierens mit dem Gewicht der Verrohrungsmaschine nach unten und drücken es ins Erdreich ein. Die Hubzylinder sind pendelnd gelagert, um die Drehbe-

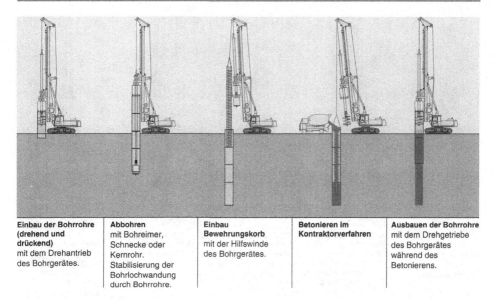

Einbau der Bohrrohre (drehend und drückend) mit dem Drehantrieb des Bohrgerätes.	Abbohren mit Bohreimer, Schnecke oder Kernrohr. Stabilisierung der Bohrlochwandung durch Bohrrohre.	Einbau Bewehrungskorb mit der Hilfswinde des Bohrgerätes.	Betonieren im Kontraktorverfahren	Ausbauen der Bohrrohre mit dem Drehgetriebe des Bohrgerätes während des Betonierens.

Abb. 13.7 Kelly-Bohrverfahren mit verrohrter Bohrung [7]

wegung auszugleichen. Die Verrohrung wird so gesteuert, dass das Bohrrohr der Bohrung etwas vorauseilt, um die Auflockerung des Bodens im Pfahlbereich so gering wie möglich zu halten. Der Materialaushub aus dem Bohrloch erfolgt über einen mechanischen oder hydraulischen Bohrgreifer (2) mit dem Seilbagger. Nach erreichter Bohrtiefe kann durch den Einbau einer Rohrbewehrung und Ausbetonieren ein Bohrpfahl hergestellt werden. Die Bohrrohre werden dann mit den Hubzylindern (6) und der Schockiereinrichtung dem Betoniervorgang entsprechend wieder gezogen.

Abbildung 13.7 zeigt den Verfahrensablauf mit Kelly-Bohrverfahren mit verrohrter Bohrung.

Abbildung 13.8 zeigt den Verfahrensablauf mit Kelly-Bohrverfahren. verrohrte Bohrung mit Verrohrungsmaschine.

Unverrohrte Bohrungen werden mit einer Stützflüssigkeit stabilisiert. Aufbereitung und Entsandung der Suspension siehe Abschn. 13.3.3.3. Das Bohrloch bleibt während des ganzen Bohrvorganges mit der im Reinigungsumlauf befindlichen Flüssigkeit gefüllt. Ein Standrohr dient als Führung für das Bohrwerkzeug. Die durch den kontinuierlichen Betoniervorgang verdrängte Stützflüssigkeit wird oben abgepumpt und zurückgewonnen.

Verfahrensablauf (s. Abb. 13.9)

Bohrverfahren mit langer Bohrschnecke Bohrdaten:

Bohrdurchmesser 0,5 bis 1,2 m
Bohrtiefe   10 bis 28 m

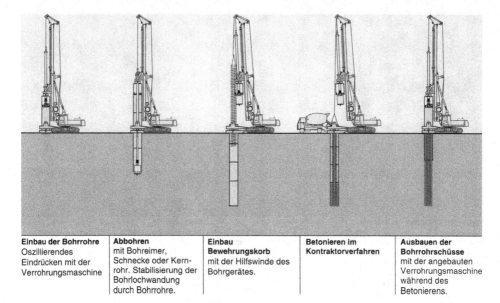

Einbau der Bohrrohre	Abbohren	Einbau	Betonieren im	Ausbauen der
Oszillierendes Eindrücken mit der Verrohrungsmaschine	mit Bohreimer, Schnecke oder Kern- rohr. Stabilisierung der Bohrlochwandung durch Bohrrohre.	Bewehrungskorb mit der Hilfswinde des Bohrgerätes.	Kontraktorverfahren	Bohrrohrschüsse mit der angebauten Verrohrungsmaschine während des Betonierens.

Abb. 13.8 Kelly-Bohrverfahren mit verrohrter Bohrung, Rohreinbau mit Verrohrungsmaschine [7]

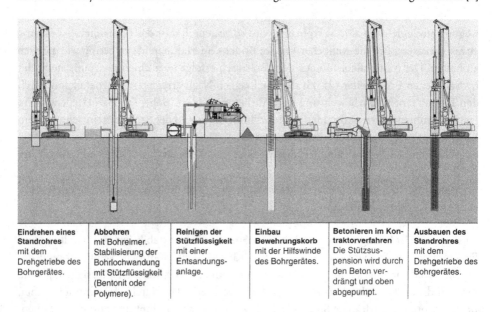

Eindrehen eines Standrohres	Abbohren	Reinigen der Stützflüssigkeit	Einbau Bewehrungskorb	Betonieren im Kon- traktorverfahren	Ausbauen des Standrohres
mit dem Drehgetriebe des Bohrgerätes.	mit Bohreimer. Stabilisierung der Bohrlochwandung mit Stützflüssigkeit (Bentonit oder Polymere).	mit einer Entsandungs- anlage.	mit der Hilfswinde des Bohrgerätes.	Die Stützsus- pension wird durch den Beton ver- drängt und oben abgepumpt.	mit dem Drehgetriebe des Bohrgerätes.

Abb. 13.9 Kelly-Bohrverfahren, unverrohrte Bohrung mit Stützflüssigkeit [7]

Verfahrensablauf (s. Abb. 13.11):

Das Bohren mit langer Schnecke (s. Abb. 13.10) zählt zu den kontinuierlichen Bohr- und Fördersystemen, deren Bohrtiefe entsprechend der nutzbaren Mastlänge beschränkt ist.

Abb. 13.10 Bohreinrichtung
mit langer Schnecke [7]

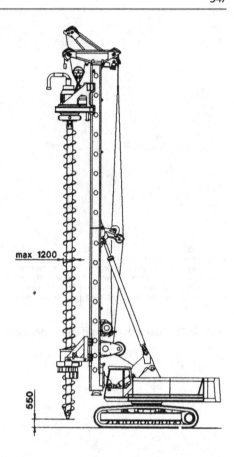

Dieses Verfahren ist besonders wirtschaftlich für die Herstellung von Bohrpfählen. Durch das Eindrehen der Schnecke in den Boden wird dieser während des Bohrvorganges gelöst, teilweise nach oben gefördert und das Bohrloch stabilisiert. Bei der Pfahlherstellung wird nun durch das Seelenrohr der Bohrschnecke Beton nach unten gepumpt und die Schnecke, ohne zu drehen, entsprechend dem Betoniervorgang langsam gezogen. So entsteht im Boden ein Betonpfahl, in den dann eine Pfahlarmierung eingerüttelt werden kann.

Bohrverfahren mit Doppelkopf-Drehantrieb Bohrdaten:

Bohrdurchmesser 0,6 bis 1,2 m
Bohrtiefe   12 bis 20 m

Verfahrensablauf (s. Abb. 13.12):

Zwei voneinander unabhängige Drehantriebe am Mast treiben die Schnecke und das Bohrrohr gegenläufig an. Die beiden Drehantriebe lassen sich über einen Schiebezylinder koppeln. Gekoppelt werden Bohrrohr und Schneck gleichzeitig in das Erdreich getrieben.

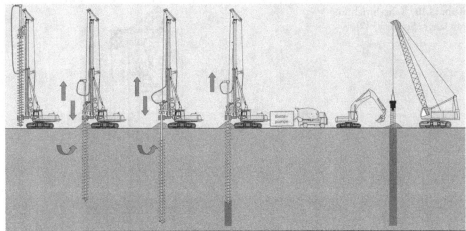

Eindrehen der langen Schnecke.
Der an der Schneckenspitze gelöste
Boden wird über die Schneckenwendeln
kontinuierlich nach oben gefördert. Die
mit Boden gefüllte Schnecke stabilisiert
die Bohrung.

Erhöhung der Bohrtiefe um 6 bis 8 m mit
der **Kellyverlängerung**.
Betonieren durch Einpumpen von Beton
durch die Hohlseele bei gleichzeitigem
Ziehen der Schnecke.

**Eindrücken oder Einrütteln des
Bewehrungskorbes** in den frischen Beton.

Abb. 13.11 Bohrverfahren mit langer Bohrschnecke [7]

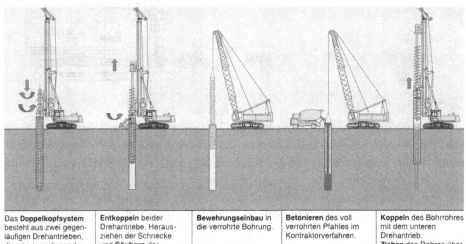

Das **Doppelkopfsystem**
besteht aus zwei gegen-
läufigen Drehantrieben,
die eine innenliegende
Schnecke und ein
außenliegendes
Bohrrohr antreiben.

Entkoppeln beider
Drehantriebe. Heraus-
ziehen der Schnecke
und **Säubern** der
Schnecke mit dem
unterhalb des Drehan-
triebes angebrachten
Schneckenputzer.

Bewehrungseinbau in
die verrohrte Bohrung.

Betonieren des voll
verrohrten Pfahles im
Kontraktorverfahren.

Koppeln des Bohrrohres
mit dem unteren
Drehantrieb.
Ziehen des Rohres über
die Schnecke.

Abb. 13.12 Bohrverfahren mit Doppelkopf-Drehantrieb [7]

Durch Entkoppeln kann die Schnecke herausgezogen und während des Drehens durch eine
Putzvorrichtung gesäubert werden. So wird das Material aus dem im Boden verbleibenden
Bohrrohr nach oben gefördert. Nach Einbringen der Armierung erfolgt das Betonieren im
Kontraktorverfahren und das Ziehen des Rohres.

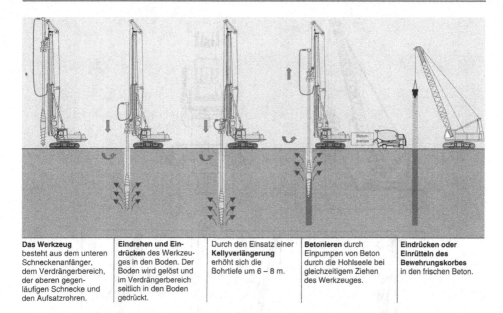

Das Werkzeug besteht aus dem unteren Schneckenanfänger, dem Verdrängerbereich, der oberen gegenläufigen Schnecke und den Aufsatzrohren.	Eindrehen und Eindrücken des Werkzeuges in den Boden. Der Boden wird gelöst und im Verdrängerbereich seitlich in den Boden gedrückt.	Durch den Einsatz einer Kellyverlängerung erhöht sich die Bohrtiefe um 6 – 8 m.	Betonieren durch Einpumpen von Beton durch die Hohlseele bei gleichzeitigem Ziehen des Werkzeuges.	Eindrücken oder Einrütteln des Bewehrungskorbes in den frischen Beton.

Abb. 13.13 Verdrängungsbohrverfahren [7]

Verdrängungsbohrverfahren Bohrdaten:

Bohrdurchmesser 0,4 bis 0,6 m
Bohrtiefe   10 bis 28 m

Das Verdrängungsbohrverfahren verlangt hohe Drehmomente und Windenvorschubkräfte. Daher sind dem Verfahren bezüglich Bohrdurchmesser, Bohrtiefe und der Verdrängungswilligkeit des Bodens Grenzen gesetzt. Vorteilhaft ist, dass durch die Verdrängung kein Material nach oben ausgetragen wird. Die verdichtete Wand trägt zur Erhöhung der Traglast des Pfahles bei.

Verfahrensablauf (s. Abb. 13.13):
Durch eine Art konisches Grobgewinde am Bohrwerkzeug wird das Erdreich in den Seitenbereich des Bohrloches verdrängt. Nach Erreichen der Bohrtiefe wird der Pfahl durch die Hohlseele der Bohrstange bei gleichzeitigem Ziehen und Drehen des Bohrwerkzeugs betoniert. Der Bewehrungskorb wird nachträglich in den frischen Beton eingerüttelt.

Aufsatzbohrverfahren Bohrdaten:

Bohrdurchmesser 1,0 bis 3,5 m
Bohrtiefe   20 bis 60 m

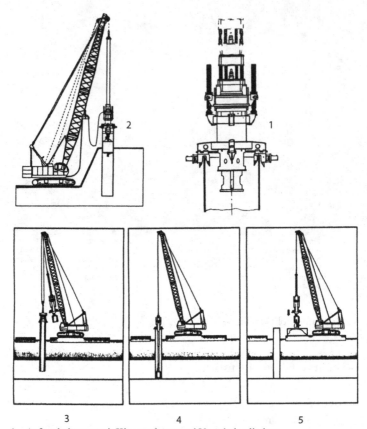

3   4   5
1   Aufsatzbohrgerät mit Klemmrahmen und Vorschubzylindern
2   Pfahlgründung an einer Böschung
3   Pfahlgründung im Meer, Trägergerät auf Ponton, beim Rammen der Bohrrohres
4   Situation beim Bohrvorgang
5   Stituation beim Entleeren

Abb. 13.14 Verfahrensablauf mit Aufsatzbohreinrichtung [7]

Das Aufsatzbohrverfahren (s. Abb. 13.14) eignet sich besonders für Pfahlgründungen bei unterschiedlicher Höhenlage von Trägergerät und Bohrpfahlanfang. Das ist der Fall z. B. bei Böschungen, in Flüssen oder im Offshorebereich.

Verfahrensablauf Die Basis für das Aufsatzbohrgerät ist ein eingerammtes Bohrrohr. Das Bohrgerät arbeitet frei hängend am Trägergerät, das auch die Energie für den Hydraulikantrieb bereitstellt. Der Kelly-Drehbohrantrieb ist in eine Vorschubeinheit integriert, die über einen Klemmrahmen am Bohrrohr befestigt wird. Die Vorschubkraft wird über Hydraulikzylinder und den Klemmrahmen auf die Bohrstange mit Werkzeug übertragen. Der Bohrvorgang wird eingeleitet, das Material aufgenommen. Zum Entleeren des Bohrwerk-

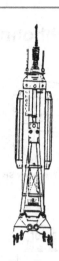

Seilgreifer
Bohrdurchmesser: 620 - 1500 mm
Greiferhöhe: 2500 - 4100 mm
Gewicht: 1100 - 3300 kg

Seilgreifer
Bohrdurchmesser: 1000 - 2500 mm
Greiferhöhe: 6000 - 7000 mm
Gewicht: 6000 - 15000 kg

Hydraulikgreifer
Bohrdurchmesser: 1200 - 2500 mm
Greiferhöhe: 6000 - 7000 mm
Gewicht: 12000 - 20000 kg

Abb. 13.15 Bohrgreifer [7]

zeugs wird der Klemmrahmen vom Bohrrohr gelöst, die gesamte Einheit aus dem Bohrrohr ausgehoben, zur Seite geschwenkt und entleert. Nach erreichter Bohrtiefe und Einbau der Bewehrung kann der Pfahl im Kontraktorverfahren betoniert werden. In Flüssen und im Offshorebereich dient das eingerammte Bohrrohr als Mantel und wird nicht gezogen.

13.2.4 Bohrwerkzeuge

13.2.4.1 Bohrgreifer
Bei dem in Abschn. 13.2.3 beschriebenen Verfahren zur Herstellung von verrohrten Bohrungen mit einer Verrohrungsanlage werden Bohrgreifer (s. Abb. 13.15) benutzt. Es handelt sich hier um Rundschalen-Seilgreifer für alle Bohrrohrgrößen und um Greifer mit hydraulischer Schließeinrichtung bei den Größen von 1200 bis 2500 mm Durchmesser.

13.2.4.2 Drehbohrwerkzeuge
Die in Abb. 13.16 dargestellten Drehbohrwerkzeuge zeigen einen Überblick der wichtigsten Ausführungen, die je nach Bodenart und sonstigen Einsatzzwecken verwendbar sind. In Abb. 13.1 ist die Anwendung der Werkzeuge unter Zuordnung an das Löseverfahren dargestellt.

Das Basiswerkzeug für das drehende Bohren ist die Bohrschnecke mit verschiedenen Arten von Reißzähnen. Die Voraussetzung beim Fördern mit Schnecken ist jedoch ein etwas bindiger Boden, der beim Hochziehen auch im Grundwasser auf der Schneckenwendel

Drehbohrwerkzeuge

Schneckenbohrer SB
Sand, Ton

Schneckenbohrer SBF
Fels

Schneckenbohrer SBFE
mit Erweiterungsschneide
Fels

Schneckenbohrer SBF
zweischneidig,
Fels

Kastenbohrer KBT
Klappboden
Ton

Kastenbohrer KB
Drehklappboden

Kastenbohrer KBF
Drehklappboden
Fels

Kastenbohrer KBR
mit Räumerleiste

Kernbohrrohr KR
Schneidring Z

Kernbohrrohr KR
Schneidring S

Kernbohrrohr KR
Schneidring AS

Kernbohrrohr KRR
mit Rundschaftmeißeln

  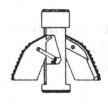

Kernbohrrohr KRRK
mit Kernfänger

**Rollenmeißel-
Kernbohrrohr**

Pfahlfußaufschneider

Abb. 13.16 Drehbohrwerkzeuge [7]

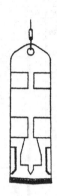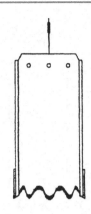

Kreuzmeißel
Bohrdurchmesser: 620 - 1500 mm
Meißelhöhe: 4000 mm
Gewicht: 1100 - 6600 kg

Rohrmeißel
Bohrdurchmesser: 620 - 1500 mm
Meißelhöhe: 4200 mm
Gewicht: 1200 - 6500 kg

Abb. 13.17 Meißel [7]

liegen bleibt. Ist das nicht der Fall, so kommen Kastenbohrer zum Einsatz, deren Boden-klappe nach der Förderung geöffnet werden kann. Das Kernbohrrohr mit den verschiedenen Ausführungen des Schneidringes wird für harte Böden, Geröll und Fels verwendet. Pfahlfußaufschneider haben nach außen verstellbare Schneiden, mit denen nach erreichter Bohrtiefe ein Hohlraum ausgeschnitten werden kann. Dieser Hohlraum bildet nach dem Ausbetonieren einen breiten Pfahlfuß, mit dem eine günstigere Kraftverteilung auf den Untergrund erreicht wird.

13.2.4.3 Meißel
Zum Lösen von hartgelagerten Erdschichten und Fels werden auch Kreuz- oder Rohrmeißel (s. Abb. 13.17) verwendet. Ihr Einsatz erfolgt meist in Verbindung mit dem Bohrgreifer, d. h. mit dem Meißel lösen und mit dem Greifer fördern.

13.2.5 Bohrrohre

Bohrrohre (s. Abb. 13.18) werden in doppelwandiger und einwandiger Ausführung in Längen von 1,0 bis 6,0 m hergestellt. Mit doppelwandigen Bohrrohren wird speziell bei kleinen Durchmessern eine größere Rohrstabilität erreicht. Einwandige Ausführung ist nur für größere Durchmesser ab ca. 1800 mm üblich. Bohrrohre sind mit torsionssteifen und glatten Rohrverbindungen koppelbar. Das Anfängerrohr wird mit einem Rohrschuh besetzt, der eine Ringverzahnung mit Verschleißstollen besitzt. Die Ringverzahnung ist verschränkt angeordnet, so dass ein Freischnitt am Rohr sowie ein Fräs- und Räumeffekt erreicht wird.

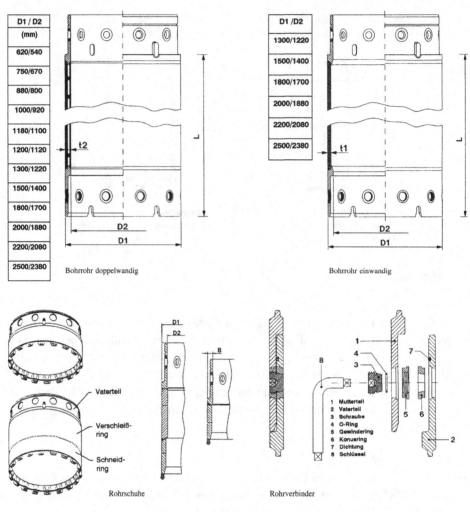

D1 / D2
(mm)
620/540
750/670
880/800
1000/920
1180/1100
1200/1120
1300/1220
1500/1400
1800/1700
2000/1880
2200/2080
2500/2380

Bohrrohr doppelwandig

D1 /D2
1300/1220
1500/1400
1800/1700
2000/1880
2200/2080
2500/2380

Bohrrohr einwandig

Vaterteil
Verschleißring
Schneidring

Rohrschuhe

1 Mutterteil
2 Vaterteil
3 Schraube
4 O-Ring
5 Gewindering
6 Konusring
7 Dichtung
8 Schlüssel

Rohrverbinder

Abb. 13.18 Bohrrohre [7]

13.3   Geräte zur Herstellung von Schlitzwänden

Bei der Herstellung von Wänden im Boden nach dem Schlitzwandverfahren erfolgt der Aushub mit einem Schlitzwandgreifer (s. Abb. 13.19) oder mit einer Schlitzwandfräse (s. Abb. 13.20). Während des gesamten Aushubs ist der Schlitz bis zum oberen Rand mit Stützflüssigkeit gefüllt. Damit erreicht man eine Stabilisierung des Hohlraumes. Vor Beginn des Schlitzwandaushubes werden im oberen Bereich Leitwände in der gewünschten Wandbreite aus Beton hergestellt. Sie bieten die erste Führung für den Greifer oder die Fräse. Die Greifer- oder Fräsbreite entspricht der Schlitzwandbreite, während die Greiferlänge

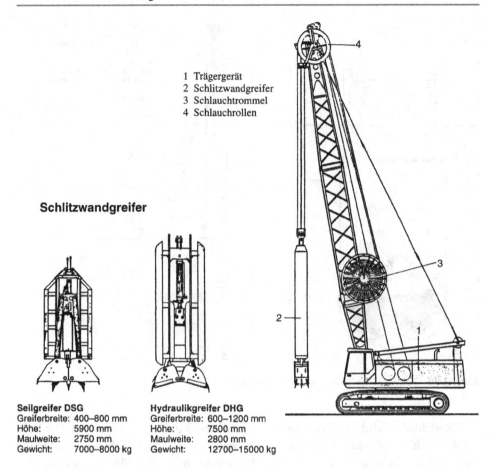

1 Trägergerät
2 Schlitzwandgreifer
3 Schlauchtrommel
4 Schlauchrollen

Schlitzwandgreifer

Seilgreifer DSG
Greiferbreite: 400–800 mm
Höhe: 5900 mm
Maulweite: 2750 mm
Gewicht: 7000–8000 kg

Hydraulikgreifer DHG
Greiferbreite: 600–1200 mm
Höhe: 7500 mm
Maulweite: 2800 mm
Gewicht: 12700–15000 kg

Abb. 13.19 Trägergerät mit Schlitzwandgreifer [7]

(Maulweite) oder Fräslänge sich nach der Bauart richtet. Schlitzwände werden in mehreren Abschnitten hergestellt. Es gibt Primärschlitze, die meist die 2-fache Greifer- oder Fräslänge betragen, und Sekundärwände mit einfachen Länge, wobei zuerst die Primärschlitze und anschließend die Sekundärschlitze ausgehoben und betoniert werden (Verfahrensablauf s. Abschn. 13.3.2.3).

13.3.1   Herstellen von Wänden mit dem Schlitzwandgreifer

Leistungsdaten:

Schlitzwandbreite: 350 bis 1500 mm
Schlitzwandtiefe: ca. 50 m

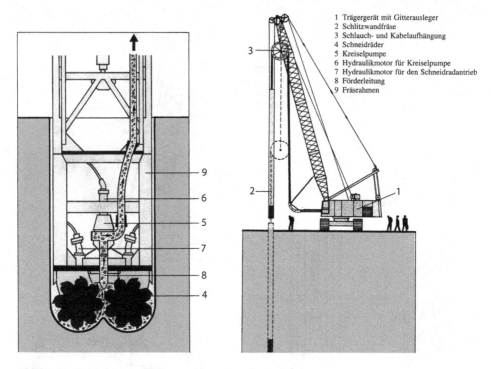

1 Trägergerät mit Gitterausleger
2 Schlitzwandfräse
3 Schlauch- und Kabelaufhängung
4 Schneidräder
5 Kreiselpumpe
6 Hydraulikmotor für Kreiselpumpe
7 Hydraulikmotor für den Schneidradantrieb
8 Förderleitung
9 Fräsrahmen

Abb. 13.20 Bauteile einer Schlitzwand-Fräseinrichtung [7]

Unterschieden wird der Seilgreifer und der Hydraulikgreifer (s. Abb. 13.19). Der Vorteil des Hydraulikgreifers ist die große Schließkraft und der damit verbundene gute Füllungsgrad der Greiferschalen. Dies wirkt sich besonders bei harten Böden positiv aus. Der Hydraulikgreifer kann an einem Doppelseil geführt werden, damit verringert sich die erforderliche Windenkraft und ein Verdrehen wie bei Einseilgreifern wird vermieden. Die Hydraulikschläuche werden über Schlauchrollen am Auslegerkopf dem Greifer nachgeführt und auf einer Schlauchtrommel am Ausleger gespeichert. Als Trägergeräte werden Hydraulik-Seilbagger mit einem Betriebsgewicht von 50 bis 80 t je nach Greifergewicht benötigt.

13.3.2 Herstellen von Wänden mit der Schlitzwandfräse

Leistungsdaten:

Schlitzwandbreiten: 500 bis 3000 mm
Schlitzwandtiefen: bis 150 m
Drehmomente der Fräsräder: von 2 × 30 kNm
                                 bis 2 × 120 kNm

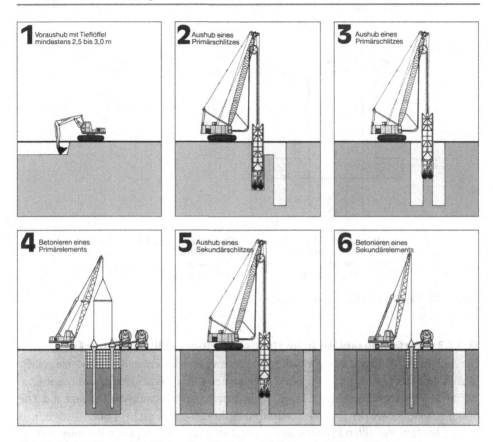

Abb. 13.21 Verfahrensablauf beim Herstellen einer Schlitzwand mit Fräse [7]

Drehzahl der Fräsräder:	von 0 bis 40 Umdrehungen pro min bei kleinen Fräsen
	von 0 bis 24 Umdrehungen pro min bei großen Fräsen
Förderpumpenleistung:	300 bis 600 m³/h
Gewichte der Fräsen:	18 bis 40 t

13.3.2.1   Bauteile der Fräse mit Geräteträger
13.3.2.2   Fräsvorgang

Die beiden gegenläufigen Schneidräder lösen das Material, vermischen es mit der Suspension (Stützflüssigkeit) und fördern es an die Ansaugöffnung der Pumpe. Das Fräsgut wird dabei vor Eintritt in die Pumpe so zerkleinert, dass bei der Förderung keine Schlauchstopfer entstehen können. Der Fräsvorgang im Schlitz findet immer im Bereich der Stützflüssigkeit statt. Das durch die Pumpe abgeförderte Gemisch aus Aushubmaterial und Stützflüssigkeit wird ständig durch gereinigte Stützflüssigkeit ersetzt, so dass der Schlitz immer bis oben gefüllt ist.

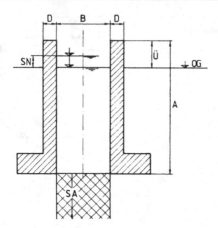

A = Leitwandhöhe (1,5 bis 2,0 m)   Ü = Überstand der Leitwand über
B = Breite der Schlitzwand   Gelände
D = Leitwanddicke   SN = Suspensionsniveau
OG = Oberkante Gelände   SA = Schlitzwandaushub

Abb. 13.22 Beispiel für eine armierte Betonleitwand [7]

13.3.2.3 Verfahrensablauf beim Herstellen einer Schlitzwand mit Fräse

Die Abb. 13.21 Nr. 1 zeigt den Voraushub. In diesem Bereich werden die Leitwände erstellt (s. Abb. 13.22). Die Abb. 13.21 Nr. 2 und 3 zeigen den Aushub eines Primärschlitzes mit ca. 2,5-facher Fräslänge. Die Abb. 13.21 Nr. 4 zeigt den Betoniervorgang der Primärwand. Die Abb. 13.21 Nr. 5 zeigt den Aushub des Sekundärschlitzes mit einfacher Fräslänge zwischen den beiden fertiggestellten Primärwänden. Die Abb. 13.21 Nr. 6 zeigt den Betoniervorgang der Sekundärwände.

13.3.3 Weitere Verfahrensabläufe und Maßnahmen bei der Schlitzwandherstellung

13.3.3.1 Erstellung von Leitwänden

Die Leitwand bildet die erste senkrechte Führung für den Greifer oder die Fräse und stabilisiert den Rand des Schlitzes (s. Abb. 13.22). Eine ordentlich erstellte Leitwand bildet die Basis für die weitere Aushubarbeit und die Einhaltung der senkrechten Toleranzen. Mit einer Schlitzwandfräse können Wände erstellt werden, die auf 120 m Tiefe nur 10 cm von der Vertikalen abweichen.

13.3.3.2 Suspensionskreislauf

Sowohl beim Greifer- als auch beim Fräsbetrieb ist der Kreislauf der Suspension aufzubauen (s. Abb. 13.23 und 13.24).

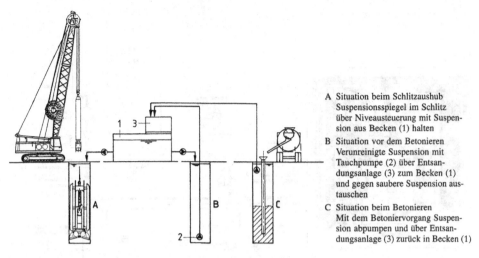

A Situation beim Schlitzaushub
Suspensionsspiegel im Schlitz
über Niveausteuerung mit Suspension aus Becken (1) halten

B Situation vor dem Betonieren
Verunreinigte Suspension mit
Tauchpumpe (2) über Entsandungsanlage (3) zum Becken (1)
und gegen saubere Suspension austauschen

C Situation beim Betonieren
Mit dem Betoniervorgang Suspension abpumpen und über Entsandungsanlage (3) zurück in Becken (1)

Abb. 13.23 Schema über den Suspensionskreislauf im Greiferbetrieb [7]

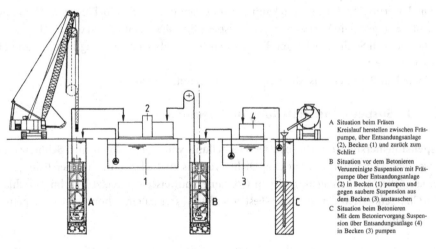

A Situation beim Fräsen
Kreislauf herstellen zwischen Fräs-
pumpe, über Entsandungsanlage
(2), Becken (1) und zurück zum
Schlitz

B Situation vor dem Betonieren
Verunreinigte Suspension mit Fräs-
pumpe über Entsandungsanlage
(2) in Becken (1) pumpen und
gegen saubere Suspension aus
dem Becken (3) austauschen

C Situation beim Betonieren
Mit dem Betoniervorgang Suspension über Entsandungsanlage (4)
in Becken (3) pumpen

Abb. 13.24 Schema für den Suspensionskreislauf im Fräsbetrieb [7]

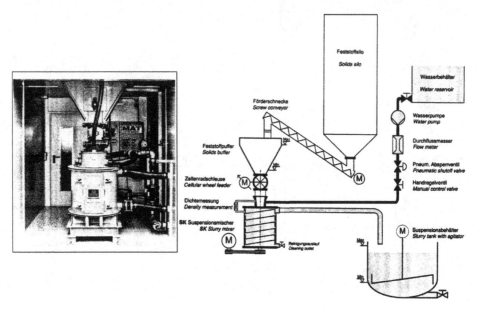

Abb. 13.25 Suspensions-Mischanlagen [7]

Dabei ist zu beachten:

- Der Suspensionsspiegel im Schlitz ist immer auf etwa gleicher Höhe zu halten.
- Die Lagerung der Suspension kann in Erdbecken oder in Stahlbehältern in Containergröße erfolgen. Die Vorratsmenge an Suspension sollte beim Fräsen das 1,5- bis 2-fache
  aller offenen Schlitze betragen. Die Suspension ist über Entsandungsanlagen und Hy-
  drozyklone zu reinigen.
- Vor jedem Betonieren ist die Suspension im Schlitz zu reinigen.

13.3.3.3 Suspensionsherstellung und -reinigung

Suspensionsherstellung Die bei der Herstellung von Bohrpfählen und Schlitzwänden
verwendete Stützflüssigkeit hat eine Dichte von bis zu 1,8 kg/dm³. Zur Herstellung werden spezielle Mischanlagen, meist in Containerbauweise, eingesetzt, die im Durchlauf-
oder Chargenbetrieb den Bentonit-Feststoff mit Wasser zu einer homogenen Suspension
vermengen.

Leistungsdaten: Mischleistung je nach Mischergröße bis 60 m³/h im Durchlaufverfahren
                Mischleistung je nach Mischergröße bis 35 m³/h im Chargenbetrieb

Abbildung 13.25 zeigt den Verfahrensablauf im Durchlaufverfahren und einen Durchlaufmischer.

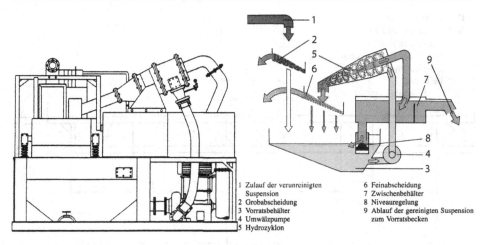

1 Zulauf der verunreinigten
  Suspension
2 Grobabscheidung
3 Vorratsbehälter
4 Umwälzpumpe
5 Hydrozyklon

6 Feinabscheidung
7 Zwischenbehälter
8 Niveauregelung
9 Ablauf der gereinigten Suspension
  zum Vorratsbecken

Abb. 13.26 Entsandungsanlage, Leistung bis 250 m³/h [7]

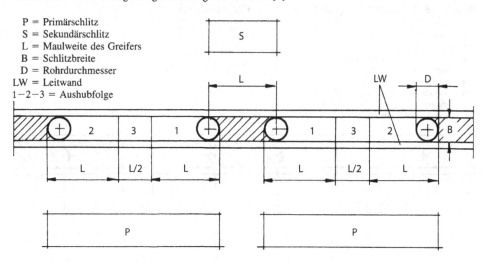

P = Primärschlitz
S = Sekundärschlitz
L = Maulweite des Greifers
B = Schlitzbreite
D = Rohrdurchmesser
LW = Leitwand
1−2−3 = Aushubfolge

Abb. 13.27 Fugenausbildung mit Abschalrohren [7]

Suspensionsreinigung Die Stützflüssigkeit wird beim Fräsen und beim Aushub mit Greifern mit Sand und Feststoffen angereichert. Deshalb ist eine Suspensionsreinigung im Umlaufverfahren notwendig. Dafür werden Entsandungsanlagen eingesetzt (s. Abb. 13.26). Es handelt sich hier um Anlagen in Kompaktbauweise mit Grob- und Feinabsiebung sowie einem Hydrozyklon, der im Trennschnitt der verunreinigten Suspension angepasst ist. Beim Greiferbetrieb kann die Durchsatzleistung 50 bis 100 m³/h sein, während beim Fräsbetrieb bis zu 500 m³/h notwendig sein können.

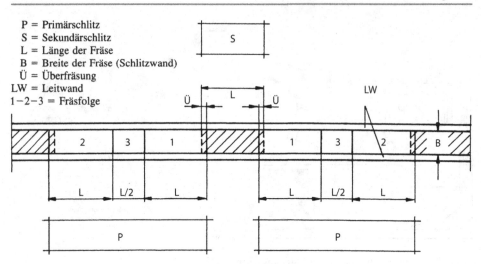

Abb. 13.28 Fugenausbildung bei Überfräsen der Primärschlitze [7]

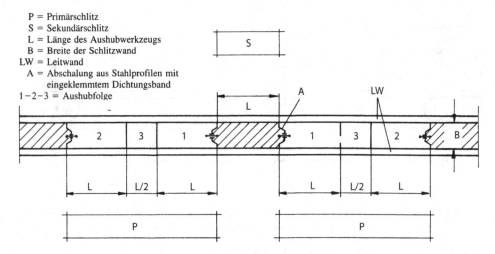

Abb. 13.29 Fugenausbildung für eine wasserdichte Fuge mit Dichtungsband [7]

13.3.3.4 Fugenausbildung bei Schlitzwänden

Beim **Greiferbetrieb** werden in den Primärschlitz bis zu einer Tiefe von 30 m beidseitig Rohre gestellt, die im Durchmesser etwa 50 mm kleiner als die Wanddicke sind. Diese Rohre werden nach dem Betonieren wieder gezogen. Der Sekundärschlitz schließt sich ohne weitere Abdichtung an das halbrunde Profil an. Der Primärschlitz kann das 1,5- bis 2,5-fache der Breite des Greifers sein, während der Sekundärschlitz der Breite des Greifers entsprechen sollte (s. Abb. 13.27).

Beim **Schlitzwandfräsen** werden die Fugen meist überfräst, d. h., von zwei benachbarten Primärschlitzen werden wieder 10 bis 25 cm abgefräst, je nach Tiefe der Wand. Der

Beton des Sekundärschlitzes schließt dann ohne weitere Dichtung an die rauhe, gefräste Stirnseite der Primärwand an (s. Abb. 13.28).

Das Herstellen von wasserdichten Fugen kann über Dichtungsbänder erfolgen. Dabei werden beidseitig Abschalungen aus Stahlteilen mit eingeklemmten Fugenbändern in den Primärschlitz gestellt und halbseitig einbetoniert. Nach dem Aushub des Sekundärschlitzes sind die Stahlteile zu entfernen und das Dichtungsband kann auf der anderen Seite in die Sekundärwand einbetoniert werden (s. Abb. 13.29).

13.4 Herstellen von Kleinlochbohrungen

13.4.1 Allgemeines

Als Kleinlochbohrungen werden Bohrungen mit einem Durchmesser von maximal ca. 250 mm bezeichnet. Anwendungsgebiete für Kleinlochbohrungen sind:

- Herstellung von Erdankern,
- Herstellung von Injektionsbohrungen,
- Herstellung von Bohrungen zur Bodenstabilisierung,
- Herstellung von Bohrungen zur Instandsetzung und Sanierung,
- Herstellung von Bohrungen für Gründungen und Mikropfähle,
- Herstellung von Bodennägeln gegen Verschiebung des Bodens,
- Herstellung von Aufschlussbohrungen,
- Herstellung von Sprenglochbohrungen.

Für die Herstellung von Kleinlochbohrungen wird meist das Drehbohrgerät mit Raupenfahrwerk verwendet. Die Bohreinrichtung besteht aus einer Vorschublafette und einem Drehantrieb mit oder ohne Schlageinrichtung. Im Weiteren werden nur das Drehbohrgerät und die verschiedenen Drehantriebe beschrieben, nicht die vielfachen Injektions- und Verankerungsmöglichkeiten, da diese von Hersteller zu Herstelle unterschiedlich und geschützt sind.

13.4.2 Drehbohrgerät

Das meist raupenfahrbare Grundgerät (s. Abb. 13.30 und 13.33) besitzt einen Dieselmotor und eine Hydraulikeinheit für sämtliche Arbeitsbewegungen. Der Bohrausleger (3) und die Vorschublafette (4) sind so beweglich, dass die Bohrrichtung von schräg nach oben über waagrecht und senkrecht nach unten bis schräg nach hinten möglich ist. Durch seitliches Schwenken der Vorschublafette kann auch nach beiden Seiten in verschiedenen Winkeln gebohrt werden. Abbildung 13.30 zeigt punktiert die Verstellmöglichkeiten der

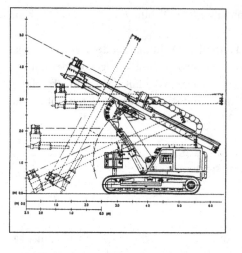

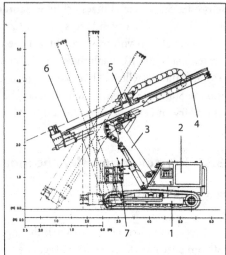

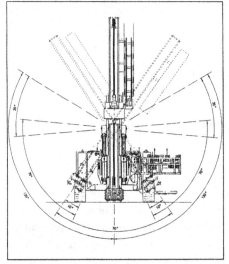

1 Raupenfahrwerk
2 Dieselmotor und Hydraulikaggregat
3 Bohrausleger
4 Vorschublafette
5 Drehanstrich
7 Bedienpult

Abb. 13.30 Drehbohrgerät [7]

Vorschublafette. Die Lafettenlängen betragen ca. 5 bis 6 m, die möglichen Längen des Bohr-
vorschubes ca. 4 m. Je nach Bodenart und Bohrdurchmesser können Bohrtiefen bis über
100 m erreicht werden.

13.4.3 Drehantrieb

Der Drehantrieb ist gleitend an der Lafette befestigt. Die Vorschubkraft wird über eine um-
laufende Kette mit Drehantrieb aufgebracht. Die Bohrstangen sind je nach Bodenart und

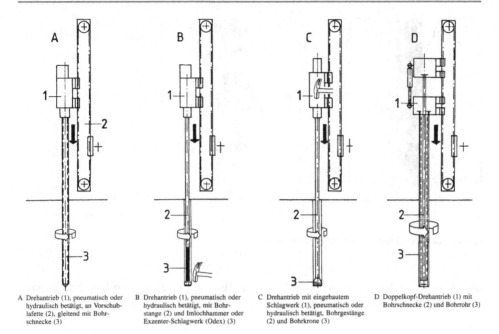

A Drehantrieb (1), pneumatisch oder hydraulisch betätigt, an Vorschublafette (2), gleitend mit Bohrschnecke (3)

B Drehantrieb (1), pneumatisch oder hydraulisch betätigt, mit Bohrstange (2) und Imlochhammer oder Exzenter-Schlagwerk (Odex) (3)

C Drehantrieb mit eingebautem Schlagwerk (1), pneumatisch oder hydraulisch betätigt, Bohrgestänge (2) und Bohrkrone (3)

D Doppelkopf-Drehantrieb (1) mit Bohrschnecke (2) und Bohrrohr (3)

Abb. 13.31 Drehantriebe für Kleinlochbohrungen

Drehantrieb verschieden und können entsprechend der Hublänge der Lafette durch eine Schraubverbindung verlängert werden. Die Abb. 13.31 zeigt die am häufigsten verwendeten Drehantriebe. Die Auswahl des Drehantriebes richtet sich nach dem Bohrdurchmesser, der Bohrtiefe und der zu bohrenden Bodenart.

Abbildung 13.31 (A) zeigt einen Drehantrieb mit Bohrschnecke für weiche Böden, auf die nur eine Drehbewegung wirkt, die den Boden auch weitgehend verdrängt. Die Antriebsart kann pneumatisch oder hydraulisch sein.

Abbildung 13.31 (B) zeigt einen Drehantrieb, der pneumatisch oder hydraulisch sein kann und eine Drehbewegung ausführt. An der Spitze der Bohrstange ist eine Druckluft-Schlageinrichtung angebracht, die die Schlagwirkung unmittelbar an der Bohrstelle ausübt. Der im Bohrloch schlagende Drucklufthammer kann ein Imlochhammer oder ein Exzenter-Schlagwerk sein (Abb. 13.32). Die an der Bohrkrone austretende Luft vom Schlagwerk dient als Spülluft und fördert das Bohrklein nach außen. Diese Bohreinrichtung wird zum Bohren von hartem Gestein verwendet.

Die Abb. 13.31 (C) zeigt einen Drehantrieb mit Schlagwerk, der pneumatisch oder hydraulisch betätigt sein kann. Der Drehantrieb führt Dreh- und Schlagbewegungen aus, die über die Bohrstange bis zur Bohrkrone übertragen werden. Durch eine Bohrung im Bohrgestänge wird Spülluft eingeblasen, die das Bohrklein nach außen fördert. Angewendet wird diese Einrichtung zum Bohren von Fels und hartem Gestein.

Die Abb. 13.31 (D) zeigt einen Doppelkopf-Drehantrieb, mit dem es möglich ist, verrohrte Bohrungen herzustellen. Dabei werden das Bohrrohr und die Bohrschnecke unab-

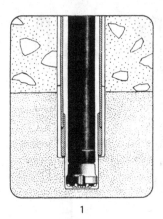 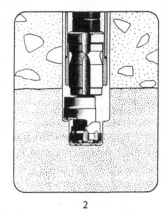

1   2

1 Imlochhammer
2 Exzenter-Schlagwerk (Odex)

Abb. 13.32 Druckluft-Schlagwerke im Bohrloch (3)

hängig voneinander gegenläufig angetrieben (s. Abschn. 13.2.3). Anwendung findet dieses
Bohrverfahren bei Bohrungen in weicheren Böden, die gestützt werden müssen.

Abb. 13.33 Drehbohrgerät mit hydraulischem Drehantrieb im Einsatz [13]

Tunnelbaugeräte

14

14.1 Allgemeines

Der Maschineneinsatz und die Vorgehensweise im Tunnelbau werden durch die Bodenverhältnisse bestimmt. Ein weiteres entscheidendes Kriterium ist das Auffahren von Tunnels im Grundwasser oder in wasserführenden Schichten, was zur Anwendung von Flüssigkeits- oder Druckluftstützung an der Ortsbrust führt. Das flüssigkeitsgestützte Vortriebsverfahren ist als Hydroschild in der Praxis bekannt. Auch die Form der Tunnelquerschnitte ist für die Maschinenauswahl mitentscheidend. Tunnelquerschnitte können rund, oval, aus mehreren Radien zusammengesetzt oder eckig sein. Der Tunnelvortrieb ist in fast allen Gesteins- und Bodenarten möglich. Ausgenommen sind sehr weiche Böden.

Im Tunnelbau kommen hauptsächlich drei Vortriebsarten vor:

- der Schildvortrieb mit den verschiedenen Bodenabbausystemen, mit meist rundem Querschnitt mit Ausbau der Tunnelröhre oder ohne Ausbau bei tragfähigem harten Gestein;
- Teilschnittvortrieb mit dem Abbauverfahren durch Fräsen oder Schrämen bei standfestem Gebirge und nicht zu hartem Gestein;
- die „Neue Österreichische Tunnelbauweise" mit dem Abbau meist im Sprengvortrieb, mit Gewölbesicherung und nachträglichem Einbau einer Innenschale aus Beton.

14.2 Schildvortriebsgeräte

Das Schildvortriebsgerät bildet einen Schutz gegen die radialen Drücke des Erdreichs. Der Schildvortrieb wird überwiegend für runde Tunnelquerschnitte mit Durchmessern von 1,8 bis 12,0 m angewendet. In jedes Schild können verschiedenartige Bodenabbausysteme installiert werden, die sich nach der Bodenart und der Festigkeit des anstehenden Gebirges richten.

H. König (Hrsg.), *Maschinen im Baubetrieb*, Leitfaden des Baubetriebs und der Bauwirtschaft, 369
DOI 10.1007/978-3-658-03289-0_14, © Springer Fachmedien Wiesbaden 2014

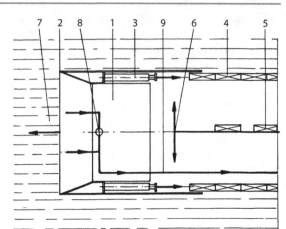

1 Schild
2 Schildschneide
3 Hydraulischer Vorpresszylinder
4 Tübbings (aus Beton oder Stahl)
5 Bereitstellung der Tübbings
6 Verlegeeinrichtung für Tübbings
7 Tunnel-Ortsbrust
8 Sitz des Abbaugerätes
9 Abtransport des abgebauten Materials

Abb. 14.1 Schematische Darstellung eines Schildvortriebes

Für die Ver- und Entsorgung der Schildvortriebsmaschine werden Nachläufer mitgezogen, auf denen die Zuführung der Tübbings (Kreissegmentteile aus Beton oder Stahl zur Herstellung der Tunnelröhre), die Materialübergabe auf Fahrzeuge sowie die Elektro- und Hydraulikversorgung, die Vermessungs- und die Bedienungseinrichtung untergebracht sein können. Die Abb. 14.1 zeigt schematisch den Aufbau und die Funktion eines Schildvortriebes.

Funktion Das Schild (1) ist ein ringförmiger Körper mit einer Schneide (2), die das Eindringen in das Erdreich erleichtert. Der eigentliche Vortrieb des Schildes wird über Hydraulik-Vorpresszylinder (3) erreicht, die am Schildumfang angeordnet sind. Die Zylinder stützen sich in der Startphase an einem Widerlager und später an den eingebauten Tübbings (4) ab, die aus Beton oder Stahl sein können. Der Zylinderhub entspricht der Breite der Tübbings und gibt den Raum zum Einbau frei. Die Tübbings werden durch die Tunnelröhre zur Einbaustelle befördert (5) und durch ein Verlegegerät (Erektor) (6) eingebaut. Das an der Tunnelbrust (7) anstehende Material wird je nach Bodenart durch ein Abbaugerät, das an der Stelle (8) installiert ist, gelöst und durch die Röhre nach hinten gefördert (9). Abbaugeräte können Reiß- und Ladeschaufeln, Schrämeinrichtungen oder Schneidräder sein. Als Fördereinrichtungen werden Bandfördergeräte, die Beförderung durch Transportfahrzeuge im Gleis- oder gleislosen Betrieb oder beim Hydroschild die hydraulische Förderung angewendet.

14.2.1 Schildvortrieb mit Reiß- und Ladeschaufel oder Schrämausleger

Reiß- und Ladeschaufelbetrieb (s. Abb. 14.2): Dieses Abbausystem eignet sich am besten für Tunnelauffahrten mit keinem oder nur geringem Wasserandrang und stabiler oder we-

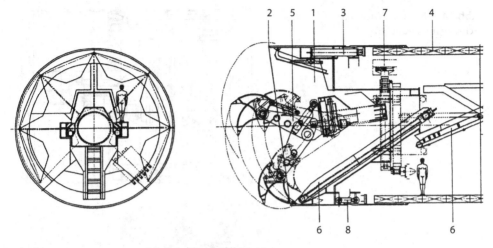

1 Schild	5 Reiß- und Ladeschaufeleinrichtung
2 Schildschneide	6 Bandfördereinrichtung
3 Hydraulische Presszylinder	7 Verlegeeinrichtung für Tübbings
4 Tübbings	8 Lenkzylinder

Abb. 14.2 Schildvortrieb mit Reiß- und Ladeschaufel [67]

nigstens kurzfristig stabiler Ortsbrust. Mit der Reiß- und Ladeschaufeleinrichtung (5) lassen sich hartgelagerte, standfeste Böden leicht lösen und in den Förderbereich des Schildes ziehen. Der Auslegerarm wird hydraulisch betätigt und ist seitlich schwenkbar, höhenverstellbar und teleskopierbar, so dass jede Stelle der Tunnelbrust erreicht werden kann.

Das gelöste Material wird über eine Bandfördereinrichtung (6) in den rückwärtigen Teil des Schildes transportiert und in ein Transportfahrzeug verladen. Die Verlegeeinrichtung (7) für die Tübbings (4) ist axial verschiebbar und um 360° drehbar, so dass die Elemente an jeder Stelle am Tunnelumfang eingehoben werden können. Mehrere Lenkzylinder (8) ermöglichen, das Schild in Richtung zu halten und auch Radien aufzufahren. Die Vortriebsleistung mit diesem Abbausystem liegt je nach Bodenart bei 10 bis 15 m pro Tag.

Schrämbetrieb (s. Abb. 14.3):

Beim Schrämbetrieb wird die Reiß- und Ladeschaufel durch einen Schrämausleger ersetzt. Der Verfahrensablauf und die Schildfunktionen sind, wie vorher beschrieben. Die Schrämeinrichtung wird hydraulisch angetrieben und besteht aus einem mit Rundschaftmeißeln besetzten Schrämkopf und einem beweglichen und drehbaren Auslegerteil. Mit einer Schrämeinrichtung lassen sich Gesteinsfestigkeiten bis 100 N/mm^2 und in Sonderfällen auch höhere Festigkeiten bearbeiten. Es können Vortriebsleistungen von 20 bis 25 m pro Tag erreicht werden.

Abb. 14.3 Schildvortrieb mit
Schrämeinrichtung [67] [25]

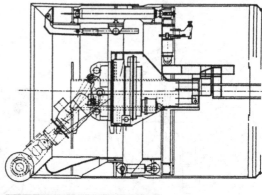

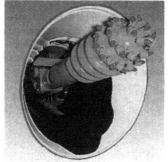

14.2.2 Schildvortrieb mit dem Schneidrad

Beim Schildvortrieb mit dem Schneidrad (3) (s. Abb. 14.4) ist ein vollflächiger Bodenabbau des Tunnelquerschnittes möglich. Das rotierende Schneidrad ist für Gesteinsfestigkeiten bis etwa $20\,\text{N/mm}^2$ mit Schneidmeißeln (4) bestückt, für höhere Festigkeiten bis $200\,\text{N/mm}^2$ mit Rollenmeißeln. Schneidräder können bei stabiler Ortsbrust in offener

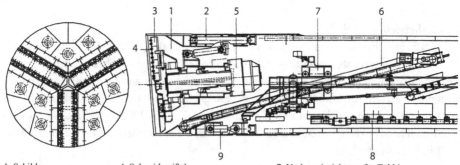

1 Schild	4 Schneidmeißel	7 Verlegeeinrichtung für Tübbings
2 Hydraulik-Presszylinder	5 Antriebsmotor für das Schneidrad	8 Bereitstellungsband für Tübbings
3 Schneidrad	6 Bandfördereinrichtung	9 Lenkzylinder

Abb. 14.4 Schildvortrieb mit Schneidrad im Trockenabbau [67]

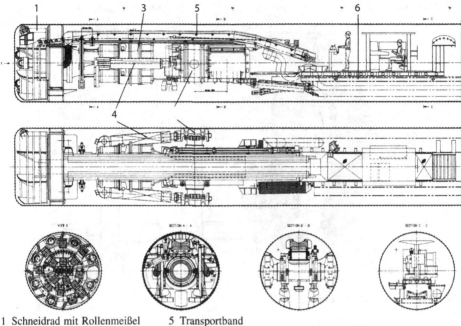

1 Schneidrad mit Rollenmeißel
2 Seitliche Verspannung
3 Schneidradantrieb
4 Vorschubzylinder

5 Transportband
6 Nachläufer für die Bedienungs- und
  Versorgungseinrichtung

Abb. 14.5 Hartgesteinsschild mit seitlicher Verspannung (System Demag) [67]

Ausführung und bei instabiler Ortsbrust in geschlossener Ausführung betrieben werden. Durch das geschlossene Schneidrad wird die Ortsbrust gegen ein Einbrechen aktiv gestützt. Das Schneidrad wird über einen Hydraulikantrieb (5) mit 2 bis 6 Umdrehungen pro min bewegt. Die übrigen Verfahrensabläufe wie Vorpressen, Tübbingeinbau und Materialtransport entsprechen den unter Abschn. 14.2.1. beschriebenen Funktionen. Die maximale Vortriebsleistung kann je nach Bodenart bis 30 m/Tag betragen.

14.2.3 Hartgestein-Schild bei nicht ausgekleideten Tunneln (System Demag)

Die Hauptmerkmale des Hartgestein-Schildes (s. Abb. 14.5) sind das Vollschnitt-Schneidrad mit Rollenwerkzeugen (1) und die seitliche Verspannung (2) der Maschine zur Aufnahme der Vorschubkräfte im nicht ausgekleideten Tunnel oder Stollen. Dabei kommen einfache und doppelte Abspannungen zum Einsatz. Die hintereinander liegende doppelte Abspannung hat Vorteile beim Vortrieb in mäßig festem Gebirge oder zum Überspringen von kleinen Störzonen. Der Schneidradantrieb (3) der Maschine kann ein Elektromotor

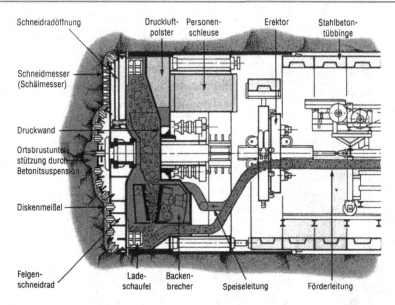

Abb. 14.6 Hydroschild (Bauteile)

(frequenzgeregelt) oder ein Hydraulikmotor sein. Die Geräte eignen sich zum Auffahren von quarzhaltige Sandstein, Granit, Gneis bis Druckfestigkeiten über 200 N/mm². Der Hub der Vorschubeinrichtung (4) liegt bei ca. 1500 mm.

14.2.4 Hydroschild

Hydroschilde (s. Abb. 14.6) sind für Einsätze unterhalb des Grundwasserspiegels ausgerüstet. Dabei wird die Ortsbrust durch eine unter Druck stehende Flüssigkeit (Wasser-BentonitSuspension) gestützt und das Eindringen von Grundwasser verhindert. Das Hydroschild ist meist mit einem Schneidrad ausgerüstet und entspricht vom Grundaufbau her dem im Abschn. 14.2.2 beschriebenen Schild.

Durch eine dichte Druckwand kurz hinter dem Schneidrad ist ein Druckaufbau in der Arbeitskammer möglich. Ein kontinuierlicher hydraulischer Förderstrom drückt gereinigte Stützflüssigkeit über die Speiseleitung in die Arbeitskammer und saugt ein Gemisch aus gelöstem Erdreich und Stützflüssigkeit über die Förderleitung ab. Die verunreinigte Stützflüssigkeit muss ständig gereinigt und in entsprechender Menge vorgehalten werden (s. Abschn. 13.3.3.3). Für Reparaturarbeiten ist die Arbeitskammer über eine Schleuse begehbar, dabei wird nach abgelassener Stützflüssigkeit die Ortsbrust mit Druckluft gestützt. Die Suspensionsaufbereitung und der Kreislauf sind in Abb. 14.7 dargestellt.

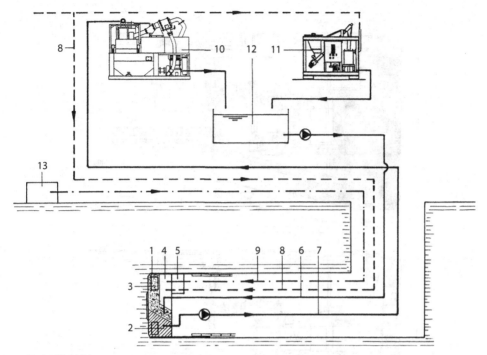

1 Hydraulikschild
2 Suspension mit Erdreich
3 Gereinigte Suspension
4 Druckluftpolster
5 Druckluftschleuse
6 Rohrleitung für gereinigte Suspension
7 Rohrleitung für Suspension mit Erdreich
8 Frischwasserleitung
9 Druckluftleitung
10 Entsandungsanlage (s. Abschnitt 13.3.3.2)
11 Suspensionsmischanlage (s. Abschnitt 13.3.3.2)
12 Vorratsbehälter für gereinigte Suspension
13 Druckluftanlage

Abb. 14.7 Schema des Suspensionskreislaufs und der Suspensionsaufbereitung beim Hydroschild

14.2.5 Poly- oder Mix-Schild

Das Poly- oder Mixschild ist ein Schildvortriebsgerät mit Schneidrad, das sich für Mehrfacheinsätze eignet und vor Ort bei Änderung der Abbauverhältnisse umgerüstet werden kann.

Das in Abb. 14.8 Nr. 1 dargestellte Schildvortriebsgerät ist ein Hydroschild, wie im Abschn. 14.2.4 beschrieben. Es eignet sich zum Einsatz unter dem Grundwasserspiegel und zur Förderung von Kies- und Sandböden auch mit Harteinlagerungen.

Das in Abb. 14.8 Nr. 2 dargestellte Schildvortriebsgerät eignet sich zum Einsatz unter dem Grundwasserspiegel und zur Förderung von tonreichem Boden (Lehm, Ton, Mergel).

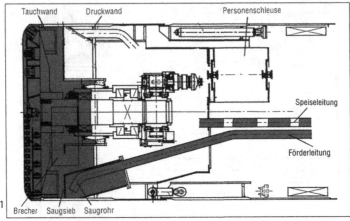

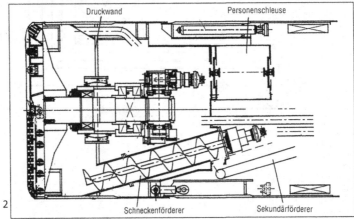

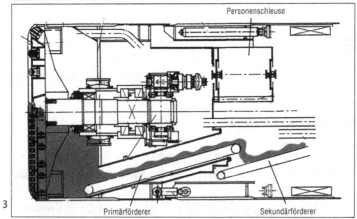

1 Hydroschild
2 Schild für tonhaltige Böden mit Schneckenabzug
3 Schild für Trockenabbau mit Bandförderung

Abb. 14.8 Poly- oder Mix-Schild [67]

Dabei wird das abgebaute tonhaltige Material durch Zugabe von Wasser oder Stützflüssigkeit und das sich drehende Schneidrad etwas aufgemischt und über eine Schnecke auf ein Transportband ausgetragen. Die Arbeitskammer kann dabei unter Druck stehen.

Das in Abb. 14.8 Nr. 3 dargestellte Schildvortriebsgerät kann im Trockenbetrieb über dem Grundwasserspiegel arbeiten. Der Materialabzug erfolgt über eine Bandfördereinrichtung.

14.3 Teilschnittmaschinen und Tunnelbagger

14.3.1 Teilschnittmaschinen

Teilschnittmaschinen eignen sich zum Abbau von weichem bis mittelhartem standfestem Gestein bis zu einer Druckfestigkeit von max. 100 N/mm², im Trockenen oder in leicht wasserführenden Schichten.

Geräte im Tunnelbau:

Betriebsgewicht: bis ca. 70 t
Fräs- und Ladeleistung: bis ca. 100 m³/h

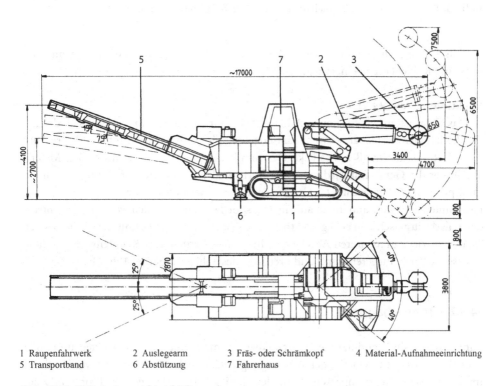

| 1 Raupenfahrwerk | 2 Auslegearm | 3 Fräs- oder Schrämkopf | 4 Material-Aufnahmeeinrichtung |
| 5 Transportband | 6 Abstützung | 7 Fahrerhaus | |

Abb. 14.9 Teilschnittmaschine [67]

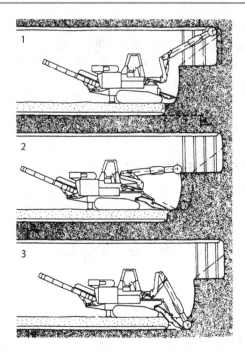

1 Kalottenvortrieb
2 Strossenvortrieb
3 Freischnitt des Sohlgewölbes

Abb. 14.10   Abschnittweiser Tunnelvortrieb mit einer Teilschnittmaschine [67]

Teilschnittmaschinen mit größeren Leistungen bis 250 m³/h werden hauptsächlich im Kali- und Kohlebergbau eingesetzt.

Funktion   (s. Abb. 14.9):

Das Gerät ist auf einem Raupenfahrwerk (1) fahrbar. An einem Ausleger (2), der hydraulisch höhenverstellbar, schwenkbar und teleskopierbar ist, sitzt der rotierende Fräskopf (3), mit Rundschaftmeißeln bestückt. Das vom Fräskopf an der Ortsbrust gelöste Material fällt vor das Gerät und wird von einer horizontalen Aufnahmeeinrichtung (4) auf ein Transportband (5) geräumt. Das Gestein kann dann meist durch oder über die Maschine nach hinten gefördert und direkt auf ein Transportfahrzeug verladen werden. Der Antrieb der Teilschnittmaschinen erfolgt elektro-hydraulisch. Mit der Teilschnittmaschine können Tunnelvortriebe in mehreren Abschnitten hergestellt werden, z. B. Kalottenvortrieb, dann Strossenvortrieb und Freischnitt und Freiladen des Sohlgewölbes (s. Abb. 14.10).

14.3.2   Tunnelbagger

Tunnelbagger sind modifizierte Hydraulikbagger, meist mit kurzem Heckteil und einer speziellen Auslegerkinematik, deren Bewegungsabläufe sich den engen Platzverhältnissen im Tunnel weitgehend anpassen. Außerdem besitzen Tunnelbagger ein Frontschild zur Einebnung der Stand- und Fahrfläche.

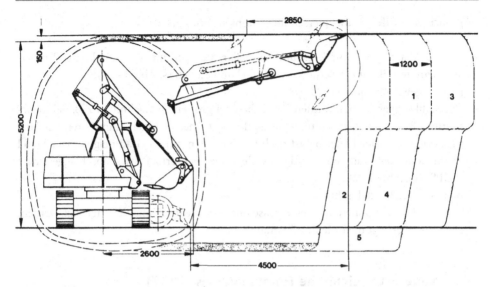

Abb. 14.11 Tunnelbagger für kleine Querschnitte [4]

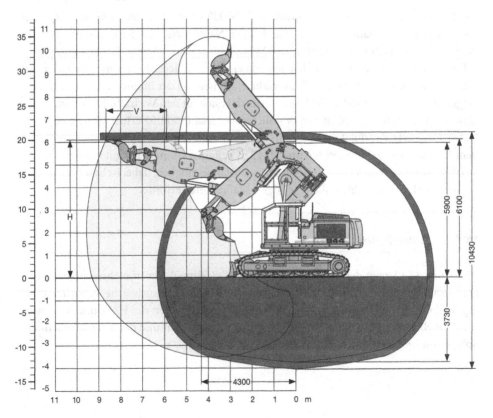

Abb. 14.12 Tunnelbagger für große Querschnitte [38]

Je nach Größe des Tunnelquerschnitts kommen zum Einsatz:

- Hydraulikbagger mit Kurzheck und spezieller Auslegerkinematik für **kleine** Tunnelquerschnitte z. B. für eingleisige Bahntunnel und Stollen (s. Abb. 14.11).
  Betriebsgewicht: 5 bis 15 t
- Hydraulikbagger speziell für den Tunnelbau bei **großen** Querschnitten z. B. bei mehr-
  spurigen Bahn- und Straßentunnel. Ausgelegt mit einer kräftigen raumsparenden Auslegerkinematik. Der Löffelstiel ist nach beiden Seiten um 45 Grad neigbar. Der Löffel
  ist für hohe Reißkraft sehr kräftig ausgelegt. Das Fahrerhaus ist steinschlaggesichert
  (FOPS) (s. Abb. 14.12).
  Betriebsgewicht: 20 bis 40 t
  Statt der Löffels können auch eine Fräse oder ein Hydraulikmeißel angebaut werden,
  der Antrieb erfolgt über die Bordhydraulik.

14.4 Neue Österreichische Tunnelbauweise (NÖT)

Die „Neue Österreichische Tunnelbauweise" (NÖT) ist ein Bauverfahren im Felstunnel-
bau, das in den 80er Jahren überwiegend bei den Neubaustrecken der Deutschen Bundes-
bahn Würzburg-Hannover und Stuttgart-Mannheim angewendet wurde. Da für die gesamte Strecke etwa 150 km Tunnel in Längen von einigen hundert Metern bis über 10 km aufgefahren wurden, wird auf dieses Bauverfahren am Beispiel der Bundesbahn-Tunnel näher
eingegangen. Der Vorteil der NÖT liegt darin, dass sich für den Vortrieb, das Schuttern und
den Ausbau fast ausschließlich herkömmliche oder leicht modifizierte Baugeräte einsetzen
lassen. Der Vortrieb erfolgt meist im Sprengverfahren, wobei sich die Abschlaglängen nach
dem anstehenden Gebirge richten und 1 bis 3 m betragen können. Bei gut fräsfähigem Material ist auch ein Vortrieb mit der Teilschnittmaschine möglich; dabei ist besonders auf die
Staubentwicklung zu achten, die gesonderte Maßnahmen erfordert.

14.4.1 Tunnelquerschnitt

Abbildung 14.13 zeigt den Regelquerschnitt der DB-Tunnel, der in mehreren Teilausbrü-
chen (Kalotten, Strossen und Sohle) abgebaut wurde. Diese Teilausbrüche wurden notwendig, weil mit den verwendeten Geräten ein Vollausbruch wegen der Höhe und Reichweite
nicht möglich war. Etwa 300 m voreilend, wurde der Kalotten- und dann der Strossen- und
Sohlgewölbevortrieb durchgeführt.

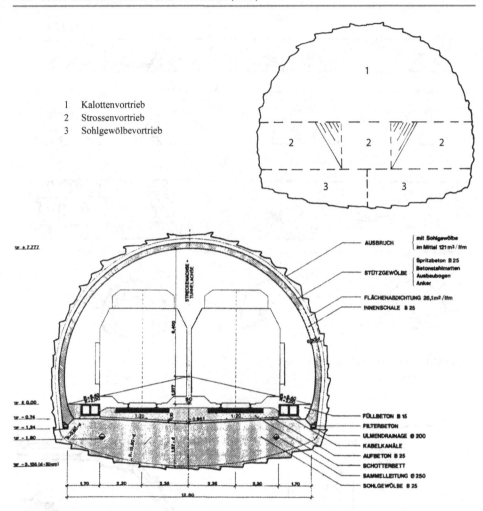

1   Kalottenvortrieb
2   Strossenvortrieb
3   Sohlgewölbevortrieb

Abb. 14.13 Regelquerschnitt DB-Tunnel [15]

14.4.2   Geräteeinsatz und Bauverfahren

Die Abb. 14.14 Nr. 1 zeigt das **Bohren der Sprenglöcher** an der Ortsbrust mit einem elektro-hydraulischen Bohrwagen. Die Bohrwagen (s. Abb. 14.15) sind meist mit mehreren Bohrlafetten ausgerüstet. Beim Sprengvortrieb ist auf gebirgsschonendes Sprengen zu achten, d. h., es muss auf die Anordnung der Sprenglöcher, vor allem im Randbereich des Tunnels, und die entsprechende Anzahl geachtet werden.

Die Abb. 14.14 Nr. 2 zeigt das **Verladen des Haufwerks** nach dem Sprengen durch einen herkömmlichen Radlader. Es könnte aber auch ein Hydraulikbagger (Tunnelbagger) verwendet werden. Er besitzt eine spezielle Auslegerkinematik, deren Bewegungsabläufe sich

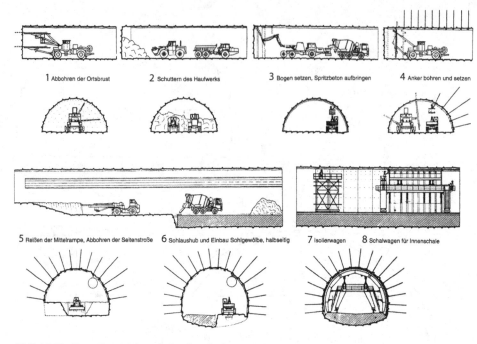

Abb. 14.14 Tunnelvortrieb und -Ausbau [15]

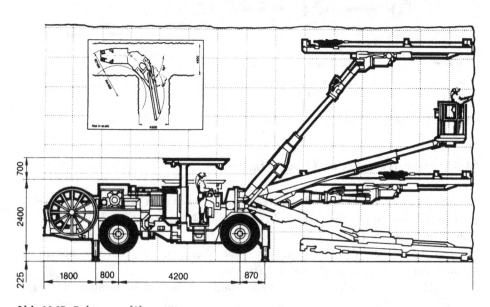

Abb. 14.15 Bohrwagen [3]

den engen Raumverhältnissen anpassen. Tunnelbagger besitzen noch den Vorteil, dass Unebenheiten am Gewölbe nach dem Sprengen nachgearbeitet werden können. Bei weniger standfesten Bodenarten kann zur Vermeidung von Sprengerschütterungen der Abbau direkt mit dem Tunnelbagger erfolgen (s. Abschn. 14.3). Der Abtransport des Haufwerks kann in diesem Falle mit knickgelenkten Muldenkippern erfolgen, die im Tunnelbereich wenden können.

Abbildung 14.14 Nr. 3 zeigt die **Gewölbesicherung**. Nach dem Schuttern werden am Gewölbe Baustahlmatten und wenn notwendig Ausbaubögen (Stahlprofile) befestigt, die nach dem Aufbringen einer Spritzbetonschicht in mehreren Lagen (20 bis 30 cm) ein Stützgewölbe bilden. Als Betonspritzgeräte kommen ferngesteuerte Spritzarme und Spritzbetonfördereinrichtungen, aufgebaut auf einem Fahrgestell, zum Einsatz (s. Abschn. 3.5). Der Antransport des Spritzbetons erfolgt mit Fahrmischern.

Die Abb. 14.14 Nr. 4 zeigt die weitere **Stabilisierung des Gewölbes** mit evtl. notwendigen Ankern. Die Anzahl und Richtung ist abhängig von der anstehenden Geologie des Gebirges. Als Ankerbohrgerät kann der gleiche Bohrwagen dienen, der bereits zum Bohren der Sprenglöcher verwendet wurde.

Die Abb. 14.14 Nr. 5 zeigt das waagrechte Anbohren und den **Vortrieb der Strossen**, wobei immer eine schräge Auffahrt zur Kalotte hin bestehen bleibt. Bei weniger standfesten Bodenarten ist auch ein Reißen und Laden der Strossen mit einem Hydraulikbagger ohne Sprengen möglich. Nach dem Vortrieb erfolgt auch im Strossenbereich die Sicherung der Gewölbewand, wie vorher beschrieben.

Die Abb. 14.14 Nr. 6 zeigt den **Aushub** und das **Betonieren** der Sohle. Ausgehoben wird meist mit einem Hydraulikbagger mit Tieflöffel. Wenn notwendig kann der Boden mit einer Hydraulik-Meißeleinrichtung am Bagger gelöst werden. Der Aushub- und Betoniervorgang wird wechselweise halbseitig im Sohlbereich durchgeführt.

Die Abb. 14.14 Nr. 7 und 8 zeigen den weiteren **Ausbau des Tunnels** mit der Befestigung der Isolierung und dem fahrbaren Schalwagen für die meist unbewehrte Innenschale. Die Betonierabschnitte liegen bei etwa 10 m. Die Fugen zwischen den einzelnen Betonierabschnitten werden mit Fugenbändern abgedichtet. Der Schalwagen besitzt ein Portal, so dass die Arbeiten im vorderen Bereich des Tunnels ungehindert durchgeführt werden können. In der Schalhaut des Schalwagens sind mehrere Fenster eingebaut, durch die der Beton mit einer herkömmlichen Betonpumpe eingebracht werden kann. Die Betonverdichtung wird mit fest installierten Außenrüttlern an der Schalung durchgeführt.

14.5 Tunnelbelüftung und -entstaubung

14.5.1 Tunnelbelüftung

Eine Belüftung ist ab 50 m Tunnellänge notwendig, bei einem Sprengvortrieb bereits ab 30 m.

Grundlagen für die Projektierung der Belüftung sind:

- $2 \, \text{m}^3/\text{min}$ Frischluft pro Beschäftigten im Bauwerk.
- Als Verbrennungskraftmaschinen dürfen im Tunnel nur Dieselmotoren verwendet werden.
- Beim Einsatz von Dieselmotoren im Tunnel sind $4 \, \text{m}^3/\text{min}$ Frischluft pro Diesel-kW mit einem Gleichzeitigkeitsfaktor von 0,75 anzusetzen.
- Die Luftgeschwindigkeit im Tunnel darf nicht kleiner als 0,3 m/s, das entspricht $18 \, \text{m}^3/\text{min}$ pro m^2 Tunnelquerschnitt, und nicht größer als 6,0 m/s sein. Leck- und Reibungsverluste in den Rohrleitungen (Lutten) sind zu berücksichtigen.
- Der Frischluftaustritt ist bis 30 m an die Ortsbrust heranzuführen und dem Baufortschritt entsprechend nachzuziehen.
- Die Frischluft ist vor Ort regelmäßig zu prüfen. – Der Sauerstoffgehalt der Luft darf nicht unter 19 % sinken.

Es wird unterschieden zwischen drückender und saugender Belüftung, wobei die drückende Belüftung wegen der leichteren Handhabung überwiegend angewendet wird. Die Frischluft wird am Tunneleingang von einem Axialventilator mit Propellerrad angesaugt und über eine Rohrleitung (Lutten) bis an die Ortsbrust gedrückt. Die dort ausströmende Luft fließt dann durch den Tunnel wieder ab. Als Rohrleitungen werden Kunststoffrohre mit und ohne Spiraleinlagen verwendet. Mit der drückenden Belüftung lassen sich erfahrungsgemäß Tunnel bis 2000 m Länge bewettern. Für längere Tunnel werden dann meist Lüftungsschächte erstellt, und der Ventilator wird dorthin versetzt (s. Abb. 14.16).

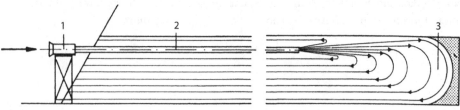

1 Axialventilator
2 Druckleitung
3 Ortsbrust

Abb. 14.16 Schema einer drückenden Tunnelbelüftung

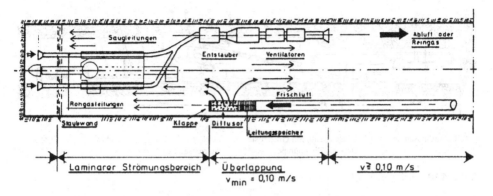

Abb. 14.17 Schema der Entstaubung einer Teilschnittmaschine [63]

14.5.2 Tunnelentstaubung

Entstaubungsprobleme im Tunnelbau treten hauptsächlich beim Einsatz von Teilschnitt-maschinen auf. Der Staub entsteht an dem relativ schnell laufenden Fräs- oder Schrämkopf und an den Übergabestellen der Bandförderung. Ein Absaugen und Abscheiden des Staubes ist daher unumgänglich.

Für die Projektierung einer Entstaubung gelten folgende Grenzwerte (MAK-Werte = maximale Arbeitsplatzkonzentration) :

- Quarzstaub 0,2 mg/m^3 Luft,
- andere Stäube 6,0 mg/m^3 Luft.

Die Abb. 14.17 zeigt, dass die Frischluft nicht frei ausströmt, sondern über einen Diffusor radial verteilt wird. Dadurch entsteht im Arbeitsbereich der Maschine ein beruhigter Strömungsbereich. Über zwei Rohrleitungen wird der Staub in eine Trockenfilter-Entstaubung gesaugt und abgeschieden. Die gereinigte Luft tritt in den Tunnelraum aus. Die Filterentstaubung und das Frischluftrohr sind dem Vortrieb entsprechend nachzuziehen.

14.6 Materialtransport im Tunnelbau

Für den Materialtransport aus dem Tunnel bestehen folgende Möglichkeiten:

Beförderung durch starre oder knickgelenkte Muldenkipper (s. Abb. 14.14 Nr. 2)
Diese Fahrzeuge kommen bei besonders großen Tunnelquerschnitten in Nutzlastbereichen von 25 bis 50 t zum Einsatz. Voraussetzung ist, dass die Fahrzeuge an der Beladestelle im Tunnel wenden können. Als knickgelenkte Muldenkipper werden auch spezielle Tunnelfahrzeuge eingesetzt, die durch Drehen des Fahrersitzes um 180° gleichwertig vor- und

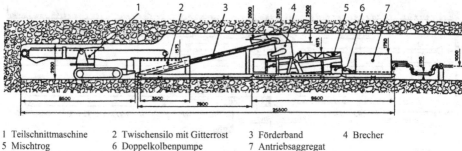

1 Teilschnittmaschine   2 Twischensilo mit Gitterrost   3 Förderband   4 Brecher
5 Mischtrog   6 Doppelkolbenpumpe   7 Antriebsaggregat

Abb. 14.18 Dickstoff-Förderung im Tunnel [54]

rückwärts fahren können. Ihre Nutzlast beträgt bis zu 35 t und die Fahrgeschwindigkeit
etwa 30 km/h. Sie sind für kleine Querschnitte ab ca. 20 m² einsetzbar.

Beförderung mit Absetzmulden Mit Absetzmulden lässt sich bei kontinuierlichem Vortrieb der Materialtransport oft sehr wirtschaftlich durchführen. Mit dem Fortschritt des
Vortriebes und den damit längeren Transportwegen kann die Anzahl der Absetzmulden
und Fahrzeuge dem Bedarf angepasst werden. Bei diskontinuierlichem Vortrieb können
Absetzmulden für einen ganzen Abschlag bereitgestellt werden, die nach dem Füllen evtl.
nur von einem Fahrzeug abtransportiert werden. In der Zwischenzeit wird das Gewölbe
gesichert und die Ortsbrust neu gebohrt.

Beförderung durch selbstfahrende Schutterwagen im Gleisbetrieb Schutterwagen werden meist beim Schildvortrieb im Trockenabbau eingesetzt. Vorteilhaft ist, dass keine Probleme mit der Tunnelbelüftung gegenüber dem gleislosen Betrieb bei Diesel-Fahrzeugen
auftreten können. Bei kleinen Tunnelquerschnitten besteht aus Platzgründen oft keine andere Möglichkeit als der Einsatz gleisbetriebener Schutterwagen.

Hydraulischer Materialtransport Beim Hydroschild ist nur ein hydraulischer Materialtransport möglich. Die sich im Umlauf befindliche Suspension dient als Stützflüssigkeit
an der Ortsbrust und befördert zugleich das Material ab. Entsprechende, oft aufwendige
Entsandungs- und Aufbereitungsanlagen sind notwendig (s. Abb. 14.7).

Dickstoff-Förderung (s. Abb. 14.18) Die Dickstoff-Förderung wurde bis jetzt hauptsächlich im Kreidegestein durchgeführt. Das von der Vortriebsmaschine (1) abgebaute Gestein
wird in einen Zwischentrichter (2) gefördert. Ein Förderband (3) führt es einem Brecher (4)
zu, der es auf ein Größtkorn von 60 mm zerkleinert. In einem Mischtrog (5) wird unter Zugabe von Wasser ein pumpfähiges Material aufbereitet. Durch eine Doppelkolbenpumpe
(6) (baugleich der Betonpumpe, s. Abschn. 3.4.2) ist eine Förderung über mehrere Kilo-
meter möglich. Diese Förderung fand in größerem Umfang Anwendung beim Bau des
Kanaltunnels.

Maschinen für Abbruch und Recycling

15.1 Allgemeines

Die Abbruchmethoden werden heute überwiegend von Gesichtspunkten wie Umweltverträglichkeit, Sicherheit und der Wiederverwertung von Baustoffen bestimmt. Während früher Gebäude durch Sprengen oder Zertrümmern mit der Schlagbirne in riesige Schuttberge verwandelt wurden, die unsortiert verladen und auf die Deponie gekippt wurden, wird diese Methode nur noch in den seltesten Fällen angewendet. Heute ist der gezielte „kontrollierte Rückbau" vorherrschend. Beim „kontrollierten Rückbau" werden in umgekehrter Folge zum Aufbau, sortiert nach Stoffen, die einzelnen Bauteile entfernt und meist in Containern verladen und der entsprechenden Entsorgungsstelle zugeführt.

Das betrifft z. B.

- Ausbau von Fußböden und Holzteilen,
- Ausbau der Türen und Fenster,
- Ausbau von Isolierungen und Asbestverkleidungen,
- Ausbau von Heizungen und Installationsmaterialien,
- Abbau und Entsorgung von kontaminierten Gebäudeteilen,
- Abbau und Recycling von Ziegelmauerwerk,
- Abbau und Recycling von Betonbauteilen,
- Ausbau von Baustahlarmierungen.

Für die neuzeitlichen Abbaumethoden werden Hydraulikbagger mit Anbaugeräten wie Scheren, Zangen, Greifer und Meißel verwendet, die über die Bordhydraulik des Trägergerätes betrieben werden. Bauschutt, Ziegelmauerwerk und Betonteile werden von mobilen Recyclinganlagen auf der Baustelle oder in stationären Recyclinganlagen zu Wertstoffen, z. B. Tragschichtmaterial im Straßenbau, Auffüllmaterialien oder bei Betonabbruch zu Zuschlagstoffen aufbereitet.

H. König (Hrsg.), *Maschinen im Baubetrieb*, Leitfaden des Baubetriebs und der Bauwirtschaft, 387
DOI 10.1007/978-3-658-03289-0_15, © Springer Fachmedien Wiesbaden 2014

15.2   Abbruchmaschinen und -werkzeuge

15.2.1   Abbruch im Hoch-, Tief- und Industriebau

Für große Abbrucharbeiten werden spezielle Abbruchbagger verwendet (s. Abb. 15.1). Als Grundgerät dient der Hydraulikbagger mit einem Grundgewicht von 70 bis 90 t, einem langen, stabilen Ausleger, einem Auslegerzwischenstück und einem langen Auslegerstiel. Mit diesen Abbruchgeräten werden Arbeitshöhen bis 42 m und Ausladungen bis 25 m erreicht. Bei großen Abbruchgeräten sorgen neben dem Raupenfahrwerk noch zusätzliche hydraulische Abstützungen für einen sicheren Stand. Herkömmliche Hydraulikbagger in allen Größen können mit entsprechenden Werkzeugen ausgerüstet, für Abbrucharbeiten im Bereich ihrer Reichweite und Traglast verwendet werden.

Beton- und Stahlscheren (s. Abb. 15.2): Hydraulische Beton- und Stahlscheren werden zum Zerlegen und Trennen von Betonteilen und zum Schneiden von Armierungseisen

Abb. 15.1 Abbruchbagger im Einsatz [40]

Abb. 15.2 Beton- und Stahlschere [56]

oder Stahlträgern verwendet. Eine Dreheinrichtung an der Schere ermöglicht eine optimale
Arbeitsposition.

Übliche Gerätegrößen sind:

Maulöffnung: 400 bis 1100 mm
Gewichte: 300 kg bis 3100 kg
Gewicht der Trägergeräte: 4 t bis 70 t

Betonpulverisierer (s. Abb. 15.3): Betonpulverisierer werden zum Zerkleinern von Be-
tonstücken und deren Trennung von Armierungseisen angewendet. Die pulverisierende
Wirkung wird durch größere Pressflächen an der Zange erreicht.

Übliche Gerätegrößen sind:

Maulöffnung: 500 bis 1100 mm
Gewichte: 750 kg bis 2600 kg
Gewicht der Trägergeräte: 6 t bis 40 t

Abb. 15.3 Betonpulverisierer
[56]

Hydraulikhämmer (s. Abb. 15.4): Der Hydraulikhammer ist eine vielseitig verwendete Einrichtung am Hydraulikbagger, die nicht nur für Abbrucharbeiten, sondern auch zum Lösen von gefrorenem Erdreich, zum Abbau von felsigem Gestein und zum Zerkleinern von Gesteinblöcken im Steinbruch (Knäppern) oder auch im Tunnel- und Stollenvortrieb eingesetzt wird. Der Hydraulikhammer wird über die Bordhydraulik des Trägergerätes betrieben und kann in jeder Lage, auch waagrecht über kopf und unter Wasser arbeiten. Hydraulikhämmer werden in einer breitgestreuten Baureihe für Hydraulikbagger von 1,5 bis 100 t Betriebsgewicht angeboten. Hämmer an Kleinbaggern verdrängen weitgehend den Einsatz der herkömmlichen handgeführten Drucklufthämmer. Die Zuordnung der Hammergröße zum Trägergerät ist entsprechend den hydraulischen Verbrauchsdaten des Hammers und den hydraulischen Leistungsdaten des Baggers vorzunehmen.

Übliche Gerätegrößen sind:

Gewichte: 100 kg bis 6000 kg
Schlagenergie: 150 J bis 6400 J
Trägergeräte: 1,5 t bis 100 t
Schlagzahl: 2000 bis 400 pro min
Betriebsdrücke: 150 bis 200 bar

Abb. 15.4 Hydraulikhämmer [56]

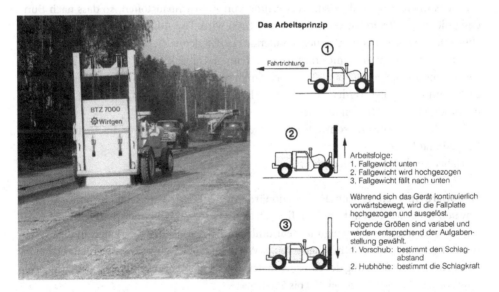

Das Arbeitsprinzip

Fahrtrichtung

①

②

Arbeitsfolge:
1. Fallgewicht unten
2. Fallgewicht wird hochgezogen
3. Fallgewicht fällt nach unten

Während sich das Gerät kontinuierlich vorwärtsbewegt, wird die Fallplatte hochgezogen und ausgelöst.

Folgende Größen sind variabel und werden entsprechend der Aufgabenstellung gewählt.
1. Vorschub: bestimmt den Schlagabstand
2. Hubhöhe: bestimmt die Schlagkraft

③

Abb. 15.5 Betonzertrümmerer im Einsatz und Arbeitsprinzip [70]

15.2.2 Abbruch von Betonflächen

Beim Abbruch von Betonflächen (s. Abb. 15.5) ist ein Entspannen und Zertrümmern der Decke notwendig. Anwendungsgebiete sind der Abbruch von Start- und Landebahnen, Betonstraßen und sonstigen großflächigen Betondecken. Das eigentliche Abbruchgerät wird als Betonzertrümmerer bezeichnet und besteht aus einem kräftigen Fahrgestell mit hydraulisch regelbarem Arbeitsvorschub (0 bis 12 m/min) und einem Fallgewicht (Stahlplatte ca. 7 t). Das Fallgewicht kann mit einer Seilwinde auf eine max. Hubhöhe von ca. 3,5 m hochgezogen werden, dabei ist ein Ausklinken in jeder gewünschten Höhe möglich und damit die erforderliche Schlagenergie wählbar. Die Betondecke wird in Stückgrößen zerkleinert, die dann mit einem Hydraulikbagger verladen werden können. Angetrieben wird der Betonzertrümmerer durch einen Dieselmotor mit ca. 100 kW.

15.3 Baustoff-Recycling

Die Hauptgründe für die Wiederverwertung von Abbruchbaustoffen sind:

- Verknappung des Deponieraumes und damit immer höhere Deponiekosten,
- Schonung der Ressourcen durch Wiederaufbereitung der Abbruchbaustoffe und, soweit möglich, Verwendung für neue Bauvorhaben.

Leider gibt es in der Bundesrepublik Deutschland noch keine einheitlichen Vorgaben für die Aufbereitung und Wiederverwertung von Abbruchbaustoffen, so dass nach Bundesländern und Regionen verschieden verfahren wird. Die Aufgabe einer Baustoff-Recyclinganlage ist es, das vom Abbruch anfallende Haufwerk aus Ziegelschutt und Betonschutt zu zerkleinern und von Armierungseisen zu trennen. Dabei können Stücke mit Kantenlängen je nach Anlagengröße bis 1,2 m meist durch eine Prallmühle zu Korngrößen von 0 bis ca. 60 mm verarbeitet werden. Mit einer nachfolgenden Siebeinrichtung ist die Aufteilung in einzelne Kornfraktionen möglich.

Verschiedene Abbruchkonzepte und -kriterien sind maßgebend für die Ausführung der **Recyclinganlagen.**

Dabei werden unterschieden:

Stationäre Anlagen (s. Abb. 15.6) Stationäre Anlagen werden meist von Kommunen oder privaten Unternehmen unterhalten. Ihr Betrieb ist dann sinnvoll und wirtschaftlich, wenn kein Deponieraum zur Verfügung steht und sämtliche Abbruchmaterialien in den Wertstoffhof gelangen, dort aufbereitet und als Wertstoff wieder abgegeben werden. Dabei ist eine getrennte Anlieferung des Abbruchmaterials zwingend notwendig. Die Durchsatzleistung solcher Anlagen liegt bei 200 bis 250 t/h.

Abb. 15.6 Stationäre Baustoff-Recyclinganlage [30]

Abb. 15.7 Mobile Baustoff-Recyclinganlage, auf Raupen fahrbar [30]

Mobile Anlagen (s. Abb. 15.7) Mobile Anlagen können auf Raupen oder Lufträdern fahrbar sein. Sie kommen zur Anwendung, wenn das Abbruchmaterial vor Ort an der Abbruchstelle aufbereitet und der entstehende Wertstoff direkt einer Einbaustelle zugeführt werden kann. Mobile Recyclinganlagen sind auch dann sinnvoll, wenn Kommunen Sammelstellen für Abbruchmaterialien (Wertstoffhöfe) einrichten und bei genügend angesammelter Menge eine mobile Anlage das Material nach Bedarf aufarbeitet, das dann als Wertstoff wieder abgegeben wird. Auch hier liegen die Durchsatzleistungen wie bei stationären Anlagen bei ca. 200 bis 250 t/h. Mobile Recyclinganlagen (meist auf Raupen) werden auch bei der Deckenerneuerung beim Autobahnbau eingesetzt.

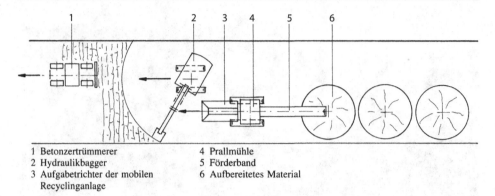

1 Betonzertrümmerer   4 Prallmühle
2 Hydraulikbagger   5 Förderband
3 Aufgabetrichter der mobilen   6 Aufbereitetes Material
  Recyclinganlage

Abb. 15.8 Aufbruch einer Betondecke, Aufbereitung des Altbetons und Wiedereinbau als Trag-schicht

Verfahrensablauf (s. Abb. 15.8):

Ein Betonzertrümmerer (1) entspannt und zerkleinert die alte Betondecke. Ein Hydrau-likbagger (2) nimmt die Betonteile auf und übergibt sie der mobilen Anlage (3) (meist auf Raupenfahrwerk). Durch die Prallmühle (4) wird der Betonaufbruch in Material von ca. 0/60 mm zerkleinert. Der Fahrbahnausbau erfolgt in Schritten entlang der zu erneu-ernden Fahrbahn. Das aufbereitete Material wird anschließend wieder als Frostschutz- oder Tragschicht in die Fahrbahn eingebaut. Mit diesem Verfahren entstehen keinerlei Transportkosten. Es ist weiter möglich, alte Betondecken von Autobahnen oder Start- und Landebahnen bei entsprechender Betonqualität in mobilen Recyclinganlagen zu brechen und in Fraktionen 0/2, 2/8, 8/15, 16/32 zu trennen. Die Recyclingzuschläge 2 bis 32 wer-den dann für die neue Betondecke verwendet, während die Fraktion 0/2 als ungebrauchtes Material zugegeben wird.

Bildnachweis

Folgenden Firmen danke ich für die Überlassung von technischen Unterlagen und Bildern:

[1] ALPINE WESTFALIA, DBT GmbH
     Industriestr. 1, 44534 Lünen
[2] AMMANN-Asphalt GMBH
     Hannoversche Straße 7–9,
     31061 Alfeld (Leine)
[3] Atlas Copco MCT GmbH
     Ernestinenstr. 155, 45141 Essen
[4] ATLAS TEREX GMBH
     Postfach 1844, 27747 Delmenhorst
[5] AUMUND Kransysteme
     GmbH & Co
     Postfach 101261, 47493 Rheinberg
[6] AURA GMBH
     Postfach 1208, 76712 Germersheim
[7] BAUER SPEZIALTIEFBAU GmbH
     Postfach 1260,
     86522 Schrobenhausen
[8] Bell Equipment GmbH
     Willy-Brandt-Str. 4–6, 36304 Alsfeld
[9] BHS-Werk Sonthofen
     Postfach 1164, 87527 Sonthofen
[10] Bobcat Europe
     Dreve Richelle 167,
     B-1410 Waterloo, Belgien
[11] Boge-Kompressoren
     Postfach 100713, 33507 Bielefeld
[12] BOMAG BOPPARD, Bomag GmbH
     Postfach 1155, 56135 Boppard

H. König (Hrsg.), *Maschinen im Baubetrieb*, Leitfaden des Baubetriebs und der Bauwirtschaft,   395
DOI 10.1007/978-3-658-03289-0, © Springer Fachmedien Wiesbaden 2014

[13] Casagrande – Hütte Bohrtechnik
      57462 Olpe/Biggesee
[14] CEDIMAGmbH
      Postfach 1608, 29206 Celle
[15] DB-AG Geschäftsbereich Netz
      Stromerstr. 12, 90443 Nürnberg
[16] DIA-Pumpen
      Postfach 102052, 40011 Düsseldorf
[17] Eichinger GmbH
      Postfach 64, 92332 Berching
[18] Eisenwerke Kaiserslautern GmbH
      Postfach 2540, 67613 Kaiserslautern
[19] Essig H. Jürgen
      Bamihlstr. 8, 13587 Berlin
[20] FDI-SAMBRON GmbH
      Postfach 1470, 76604 Bruchsal
[21] Frutiger + Co
      Rundstr. 25, CH-8401 Winterthur
[22] Greifzug Hebezeugbau GmbH
      Schneidtbachstr. 19–21, 51469 Bergisch Gladbach
[23] HAMM AG
      Postfach 1150, 95643 Tirschenreuth
[25] Herrnknecht GmbH Tunnelbaumaschinen
      77963 Schwanau-Allmannsweier
[26] HÜDIG GmbH & Co KG. Absenk- und Beregnungsanlagen
      Heinrich-Hüdig-Str. 2, 29227 Gelle
[27] Hydropa Ölhydraulik Hydraulik Erzeugnisse GmbH + Cie
      Därmannsbusch 4, 58456 Witten
[28] IR-ABG Allgemeine Baumaschinengesellschaft mbH
      Kuhbrückenstr. 18, 31785 Hameln
[29] ITT Flygt Pumpen GmbH
      Postfach 101320, 30834 Langenhagen
[30] Kleemann Maschinen- und Anlagenbau GmbH
      Postfach 760, 73007 Göppingen
[31] KNAUER Engineering GmbH
      Postfach 1460, 82525 Geretsried
[32] Kramer-Werke GmbH
      Postfach 101563, 88645 Überlingen
[33] KVH Verbautechnik GmbH
      Am Weidenhof 8, 52525 Heinsberg-Demmen

[34] Krupp GfT Gesellschaft für Anlagen-, Bau- und Gleistechnik mbH
      Fronhauser Str. 75, 45143 Essen
[35] Krupp GfT Tiefbautechnik GmbH
      Alte Liederbacher Str. 5,
      36304 Alsfeld
[36] LASER ALIGNMENT Inc.
      Breslauer Str. 42–46,
      86884 Landsberg/Lech
[37] Leffer Stahl- und Apparatebau GmbH
      Pfählerstr. 1, 56125 Saarbrücken
[38] Liebherr-Werk Biberach GmbH
      Postfach 1663,
      88396 Biberach an der Riss
[39] Liebherr-Werk Ehingen GmbH
      Postfach 1361, 89584 Ehingen
[40] Liebherr-France
      B.P. 287, 68005 Colmar-Cedex
[41] Liebherr-Werk Telfs GmbH
      Postfach 36, A-6410 Telfs
[42] Liebherr-Mischtechnik GmbH
      Postfach 145,
      88423 Bad Schussenried
[43] Lissmac GmbH
      Postfach 1269, 88405 Bad Wurzach
[44] MAN GHH Logistics GmbH
      Postfach 2640, 74016 Heilbronn
[45] Manitou Deutschland
      Dieselstr. 34, 61239 Ober-Mörlen
[46] Mannesmann Demag Baumaschinen
      Postfach 180361, 4050 Düsseldorf
[47] Mannesmann Demag Fördertechnik
      Postfach 67, 58300 Wetter
[48] Maschinenbau Ulm GmbH
      Robert-Bosch-Str. 1,
      89179 Beimerstetten
[49] Menzi Muck AG Maschinenfabrik
      CH-9443 Widau/Schweiz
[50] NOGGERATH & CO Betontechnik GmbH
      Neuer Wall 75, 20354 Hamburg
[51] New Holland Construction GmbH
      13581 Berlin

[52] Pfeifer Seil- und Hebetechnik
Gmbh & Co
Postfach 1754, 87687 Memmingen

[53] PRESSLUFT-FRANTZ GMBH
Postfach 630267, 60352 Frankfurt

[54] Putzmeister-Werk Maschinenfabrik GmbH
Postfach 2152, 72629 Aichtal

[55] RAMMAX Maschinenbau GmbH
Gutenbergstr. 33, 72555 Metzingen

[56] Rammer Deutschland GmbH
Hafenstr. 280, 45356 Essen

[57] Sauter AG Sulgen
Zelgstr. 8, CH-8583 Sulgen

[58] SENNEBOGEN Maschinenfabrik GmbH
Postfach 262, 94302 Straubing

[59] Spectra-Trimble
Am Prime Parc 11, 65479 Raunheim

[60] Schaeff GmbH & Co Maschinenfabrik
Postfach 61, 74595 Langenburg

[61] SCHWING GmbH
Postfach 200362, 44647 Herne

[62] Steinweg GmbH
Postfach 1554, 59358 Werne

[63] Stehr-Baumaschinen GmbH
36318 Schwalmtal-Storndorf

[64] TRACTO-TECHNIK Paul Schmidt Spezialmaschinen KG
Postfach 4020, 57356 Lennestadt

[65] Vermeer Deutschland GmbH
Puscherstr. 9, 90411 Nürnberg

[66] Vögele AG
Neckarauer Str. 168–228, 68199 Mannheim

[67] VOEST-ALPINE Bergtechnik Ges.m.b.H.
Postfach 2, A-8740 Zeltweg

[68] WACKER-WERKE
GmbH & Co KG
Preusenstr. 41, 80809 München

[70] Wirtgen GmbH
Hohner Str. 2, 53578 Windhagen

[71] Zahnradfabrik Passau GmbH
Donaustr. 25–71, 94034 Passau

[72] Zeppelin Baumaschinen GmbH
Nordring 55–57, 63843 Niedernberg
[73] Zeppelin Baumaschinen GmbH
Zeppelinstr. 1–5, 85748 Garching
[74] Zeppenfeld GmbH & C KG
Oberveischeder Str. 5,
77462 Olpe/Biggesee

Sachwortverzeichnis